K. W. Bernath

Technik des Fernsehens

Aufnahme, Wiedergabe, Speicherung,
Übertragung, Empfang,
Meßtechnik, Qualitätskriterien

Mit 161 Abbildungen und 24 Tabellen

Springer-Verlag
Berlin Heidelberg New York Tokyo 1986

Dr.-Ing. K. W. Bernath
Chef der Sektion Rundfunktechnik i. R., vormals Gruppenleiter für Fernsehsysteme, an der Abteilung Forschung und Entwicklung der Generaldirektion der PTT-Betriebe, Bern
em. Lehrbeauftragter an der Eidgenössischen Technischen Hochschule, Zürich
Ehrenmitglied der Fernseh- und Kinotechnischen Gesellschaft
Fellow der Royal Television Society

ISBN-13: 978-3-540-15600-0 e-ISBN-13: 978-3-642-47539-9
DOI: 10.1007/978-3-642-47539-9

CIP-Kurztitelaufnahme der Deutschen Bibliothek
Bernath, Konrad W.: Technik des Fernsehens : Aufnahme, Wiedergabe, Speicherung, Übertragung, Empfang, Meßtechnik, Qualitätskriterien / Konrad Walter Bernath. – Berlin ; Heidelberg ; New York ; Tokyo : Springer, 1986
ISBN-13: 978-3-540-15600-0

Satz: H. Hagedorn, Berlin, Druck: Saladruck, Steinkopf & Sohn, Berlin,

2362/3020-543210

Vorwort

1982 erschien vom Verfasser im gleichen Verlag unter dem Titel „Grundlagen der Fernseh-System- und -Schaltungstechnik" ein mit vielen Referenzen versehenes Lehr- und Nachschlagewerk, das auf technisch-wissenschaftlicher Grundlage in die fachbezogene Lichttechnik, Farbmetrik und Schaltungstechnik einführt sowie ausführliche Daten über Schwarzweiß- und Farbsysteme des Heimfernsehens vermittelt.

Auch der vorliegende, auf der gleichen Fachvorlesung an der Eidgenössischen Technischen Hochschule in Zürich basierende Folgeband wendet sich – reich ausgestattet mit Figuren und Tabellen – an einen breiten Leserkreis. Er möchte das im genannten Buch vermittelte Wissen im Sinne einer Gesamtschau über die analoge Fernsehtechnik der Gegenwart ergänzen und abrunden. Der Bogen ist dabei weiter als im allgemeinen üblich gespannt, da nebst den Bildaufnahme-, -speicher- und -wiedergabeverfahren auch die Übertragungstechniken sowie Qualitäts- und Meßfragen behandelt werden, womit der ganze Übertragungsweg zur Darstellung gelangt.

Die große Tiefen- und Breitenentwicklung der Fernsehtechnik zwingt im vorgegebenen Rahmen zu einer stofflichen Beschränkung. Während grundlegende physikalische Beziehungen, Technologien und Systemeigenschaften verhältnismäßig eingehend erörtert werden, bleibt für Geräte und Sonderentwicklungen nur wenig Raum. Digitale Techniken und Textsysteme können nur im Überblick behandelt werden. Eine ausführliche Darstellung dieser Materie wie auch der hochauflösenden neuen Fernsehsysteme würde einen dritten Band beanspruchen. In diesem Zusammenhang darf auf das 1983 im gleichen Verlag erschienene Buch „Bildkommunikation" von H. Schönfelder verwiesen werden.

Dem vorliegenden Werk ist – kapitelweise geordnet – eine große Zahl sorgfältig ausgewählter Literaturstellen beigefügt, auf die im Textteil hingewiesen wird. Empfehlungen und Berichte internationaler Normungsgremien nehmen dabei einen breiten Raum ein. Leser, die sich in ein besonderes Sachgebiet gründlich einarbeiten möchten, werden diese Angaben sehr begrüßen.

Abschließend dankt der Verfasser den Herren Dipl.-Ing. H. Brand und H. Gysel für fachliche Hinweise zum Abschnitt über Gemeinschaftsantennenanlagen und Kabelnetze. Er dankt ferner seiner Frau sowie Herrn lic. phil. nat. E. Breidenbach für wertvolle Mithilfe bei der

Ausarbeitung und Reinschrift des Manuskripts. Dem Springer-Verlag gebührt Dank für die angenehme Zusammenarbeit und die gewohnt vorbildliche Ausstattung des Buches.

Rubigen/Bern, im Sommer 1985 K. W. Bernath

Inhaltsverzeichnis

1 Elektro-optische Wandler, Bildspeicherung

1.1 Physik und Technik der Bildaufnahme

1.1.1 Einleitung

Bis um die Mitte der dreißiger Jahre wurde die Bildzerlegung beim Fernsehen mit mechanischen Mitteln bewerkstelligt. Nach einem Vorschlag von Nipkow (1884) wurden auf einer mit Bildwechselfrequenz rotierenden Scheibe auf einer Spirallinie eine der Zeilenzahl entsprechende Anzahl feiner Löcher angebracht (Bild 1-01). Die Umsetzung des Lichts in elektrische Signale erfolgte über Vakuum-Photozellen (äußerer Photoeffekt). Eine ähnliche Abtasteinrichtung war das Weillersche Spiegelrad (1889).

Vorschläge für vollelektronische Abtastvorrichtungen wurden schon verhältsmäßig früh gemacht (Swinton, 1908/1911), konnten aber erst sehr viel später verwirklicht werden (s. Abschnitt 1.1.4). Von besonderer Bedeutung war die Entwicklung von Bildaufnahmeröhren mit Speicherung der Lichteinwirkung zwischen zwei Abtastzyklen (Zworykin, 1933: Ikonoskop). Erst Anordnungen dieser Art waren genügend empfindlich für Direktübertragungen bei Tageslicht; bei Kunstlicht ergaben sich Grenzen. Die Mitte der dreißiger Jahre leiteten das elektronische Zeitalter des Fernsehens und die Einführung öffentlicher Fernsehrundfunkdienste ein.

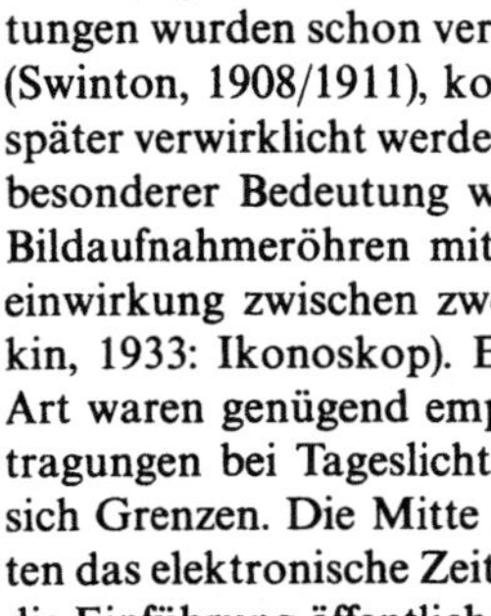

Bild 1-01. Prinzip der Nipkow-Scheibe (System mit 11 Zeilen). Je Umlauf erfolgt eine Bildabtastung. B Bildfeldblende

Weite Teile des Inhalts dieses Buches beziehen sich sinngemäß sowohl auf das Schwarzweiß- wie das Farbfernsehen, ohne daß dies speziell erwähnt wird. In diesem Zusammenhang sei auf die Kurzdarstellung des PAL-Farbfernsehsystems im Anhang 1.4.1 dieses Kapitels verwiesen (siehe auch einführende und allgemeine Literatur).

1.1.2 Physikalische Grundlagen der Lichtumwandlung

[0.4; 0.5; 0.14; 1.2–1.4]

Äußerer Photoeffekt

Hallwachs entdeckte 1888, daß Metalle bei Bestrahlung mit elektromagnetischen Wellen hinreichend hoher Quantenenergie Elektronen an ihre Umgebung abgeben. Dieser sogenannte äußere Photoeffekt basiert auf komplizierten physikalischen Vorgängen an Metalloberflächen und in dünnen metallischen Schichten (Quantenphysik, quantenstatistische Arbeiten von Fermi über die innere Verteilung der kinetischen Energie im Ionengitter eines Metalls usw.).

Nach Einstein (1905) gilt für die Austrittsenergie, d. h. den Impuls des Elektrons, die folgende grundlegende Beziehung:

$$\frac{m v_0^2}{2} = hf - W.$$

Darin sind v_0 die mittlere Geschwindigkeit des Elektrons, (Masse m), h das Plancksche Wirkungsquantum, f die Frequenz der Strahlung und W die Austrittsarbeit (Angabe meist in Elektronenvolt), für die sich auch schreiben läßt $W = hf_g$; f_g stellt die Grenzfrequenz dar, ab der Elektronen aus dem Metall austreten können.

Die Austrittsenergie des Elektrons setzt sich aus einem thermischen Impuls (für Dunkelstrom verantwortlich) und einem vektoriell überlagerten Lichtquantimpuls zusammen (statistische Größe). Ob Elektronen den Metallverband verlassen können, hängt nur von der Grenzfrequenz, nicht aber

von der Strahlungsmenge ab. Liegt die Grenzfrequenz genügend hoch, so daß Elektronen austreten können, ist die Zahl der ausgelösten Elektrizitätsträger proportional zur Strahlungsmenge.
Die Austrittsarbeit ist eine Materialkonstante, die aber von der Oberflächenbeschaffenheit des Metalls, mit Einschluß allfälliger adsorbierter Gasreste, mitbeeinflußt wird. Unter der Quantenausbeute wird das Verhältnis austretende Elektronen/auffallende Lichtquanten verstanden. Im sichtbaren Bereich des Spektrums geben von den Elementen nur die Alkalimetalle Elektronen ab. Besonders geeignet ist Cäsium. Typische Austrittsenergien für solche Stoffe sind 1,6 bis 3,1 eV. Mit diesem „normalen äußeren Photoeffekt" lassen sich nur bescheidene Quantenausbeuten erzielen. Bild 1-02 zeigt die Schaltung und Bild 1-03 die Charakteristik einer einfachen Photozelle. Für Fernsehzwekke kommen aus Gründen der Trägheit nur Hochvakuumzellen in Frage. Deren Innenwiderstand ist bei allen solchen Anwendungen viel größer als der Arbeitswiderstand. Sie können deshalb als Stromquellen betrachtet werden und werden im Sättigungsstrombereich betrieben. Nebst Aufsichts- gibt es auch Durchsichtszellen.

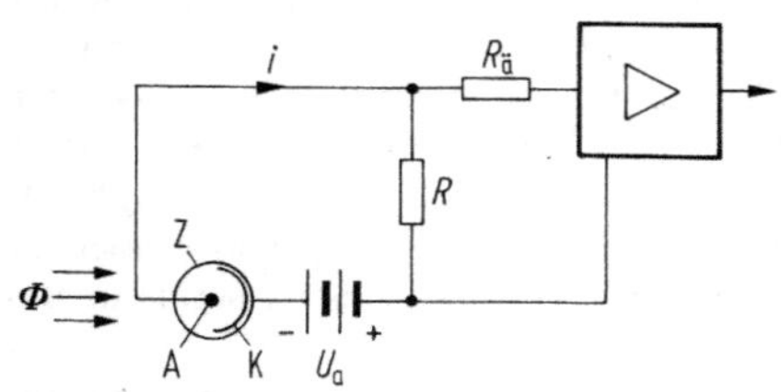

Bild 1-02. Photozelle Z (A Anode, K Kathode) in praktischer Schaltung. *R* Arbeitswiderstand, $R_ä$ äquivalenter Rauschwiderstand des Verstärkers, Φ Lichtfluß, U_a Zellenspannung (via R), *i* Photostrom

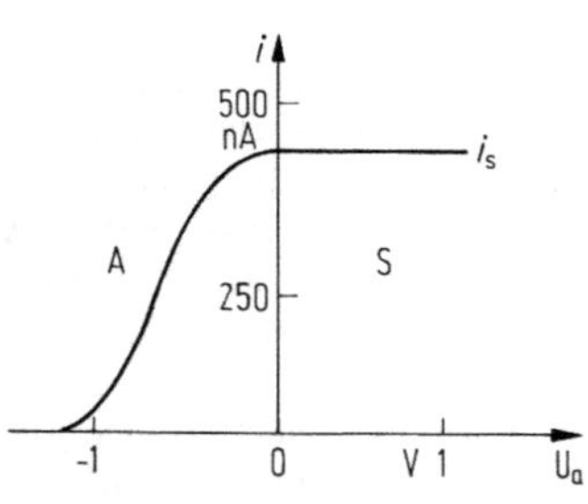

Bild 1-03. Charakteristik der Photozelle von Bild 1-02. Gearbeitet wird im Sättigungsstromgebiet S (A Anlaufstromgebiet). Der Sättigungsstrom i_s ist weitgehend porportional zum Lichtstrom Φ.

Selektiver äußerer Photoeffekt
(Elster und Geitel, 1889)

Beim selektiven äußeren Photoeffekt werden Resonanzeffekte und Dipolmomente in der Mikrostruktur der Materie — insbesondere in dünnen Schichten — ausgenutzt. (Alkalihydrid-Kathode; legierte Mehrschicht-Photokathoden). Anordnungen dieser Art bestehen aus zwei oder mehr sehr dünnen Schichten, die teils dotiert sind. Der Emissionsmechanismus ist vom normalen sehr verschieden. Es ergeben sich in Funktion der Lichtwellenlänge z. T. mehrere ausgeprägte Maxima mit hoher Quantenausbeute. Ziel ist immer, die Austrittsarbeit weitmöglichst herabzusetzen. Dies kann im Extremfall zu Feldemission führen, d. h. es werden dann schon ohne Lichteinwirkung, durch das bloße Vorhandensein eines hinreichend starken elektrischen Feldes, Elektronen aus dem Stoffverband herausgelöst. Der jeder Photozelle anhaftende Dunkelstrom ist auf Effekte dieser Art zurückzuführen. Einzelne Elektronen können durch Wärmebewegung kurzzeitig hohe Spitzenenergien erhalten. Die Herabsetzung der Austrittsarbeit bedeutet nach Gl. (1.1) eine Verschiebung der Grenzfrequenz nach längeren Wellen, d. h. gegen Rot und Infrarot, hin.
Bild 1-04 zeigt, als Beispiel, den Aufbau einer älteren legierten Photokathode. Auf Bild 1-05 ist

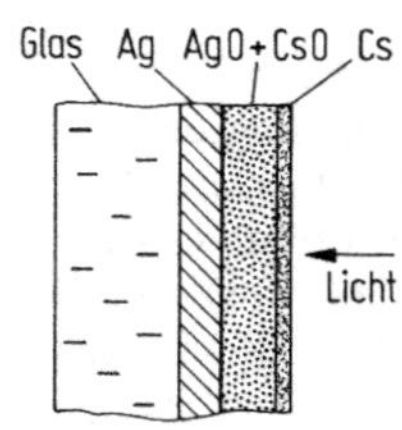

Bild 1-04. Beispiel einer legierten Photokathode älterer Bauart (vergrößerter Ausschnitt, nicht maßstäblich)

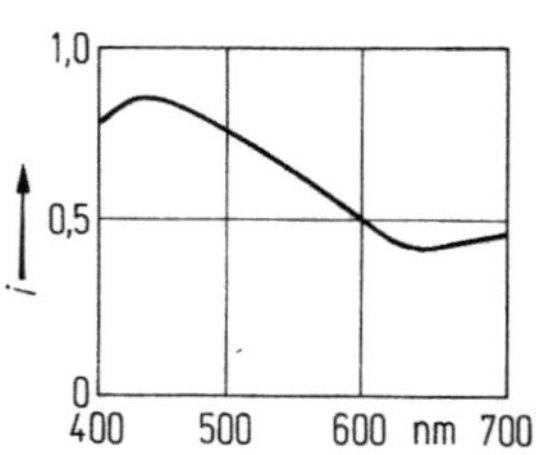

Bild 1-05. Spektrale Charakteristik der Photokathode nach Bild 1-04 (typischer Verlauf). λ Lichtwellenlänge, *i* Photostrom (willkürliche Einheit)

deren spektrale Charakteristik wiedergegeben. Grundstoffe moderner legierter Kathoden sind GaInAs, GaAs, GaAsP usw. Damit lassen sich Lichtausbeuten von bis zu etwa 300 µA/lm erzielen, was im sichtbaren Teil des Spektrums einer Quantenausbeute von bis zu rund 30% entspricht.

Sekundäremissionseffekt, Photozellen-Elektronenvervielfacher

Seit etwa Mitte der fünfziger Jahre werden in der Fernsehtechnik Hochvakuum-Photozellen nur noch in Verbindung mit Elektronenvervielfachern gebraucht (photomultipliers). Auf diese Weise lassen sich bei niedrigem Rauschpegel hohe Ausgangssignale erzielen, deren weitere Verarbeitung keine Probleme stellt.

Der Elektronenvervielfacher beruht auf dem Sekundäremissionseffekt, der Metallen und auch gewissen anderen Stoffen anhaftet. Durch Bombardement mit Elektronen mittlerer Energie lösen sich aus dem Stoffverband Sekundärelektronen, die im Vakuum mit positiv vorgespannten Elektroden abgefangen werden können.

Der Sekundäremissionsfaktor entspricht dem Verhältnis Zahl der eintretenden zu Zahl der austretenden Elektronen. Er ist für viele Stoffe bei Beschleunigungsspannungen von etwa 50 bis zu einigen tausend V größer als eins (Bild 1–06). Man kann diesen Vorgang zur Verstärkung eines Elektronenstroms ausnutzen.

Praktische Anordnungen arbeiten wie folgt: Der Primärstrom einer Photozelle gelangt der Reihe nach auf mehrere in Kette geschaltete Prallelektroden. Durch besondere Formgebung und geometrische Anordnung wird erreicht, daß fast alle sekundär ausgelösten Elektronen auf das darauffolgende Prallelement fallen. Die Prallbleche haben entweder Gitterstruktur oder sind passend gekrümmte Flächen. Sie werden über einen Spannungsteiler derart gespeist, daß zwischen benachbarten Elektroden eine Spannung von etwa 200 V liegt (Bilder 1–07 und 1–08). Bis zu 10 und mehr Prallelektroden sind üblich. Auf diese Weise ergeben sich stabile Stromverstärkungen von bis zu etwa 100000. Im Verein mit Hochleistungsphotozellen lassen sich je Watt Strahlungsleistung im sichtbaren Spektralbereich Signalströme von bis zu rund 80 mA erzielen. Die Laufzeiten in einem solchen Elektronenvervielfacher (Multiplier) sind von der Größenordnung 10 ns, also viel kürzer als die Bildpunkt-Einschwingzeit beim Fernsehen, die bei 5 MHz Videobandbreite im Idealfall 0,1 µs beträgt.

Sekundäremissionsvervielfacher haben die sehr vorteilhafte Eigenschaft, daß sie nur ganz wenig zusätzliches Rauschen erzeugen (typisch Faktor <2). Das Störsignal ist damit im wesentlichen durch das Schrotrauschen des schwachen primären Elektronenstroms der Photozelle gegeben, wenn man zunächst vom Dunkelstrom absieht (vgl. Abschnitt 1.1.5).

Photozellen-Elektronenvervielfacher werden in Lichtpunkt-Diapositiv- und -Filmgebern in großer Zahl verwendet, ferner auch auf vielen andern Fachgebieten (Physik, Astronomie usw.). Mit den

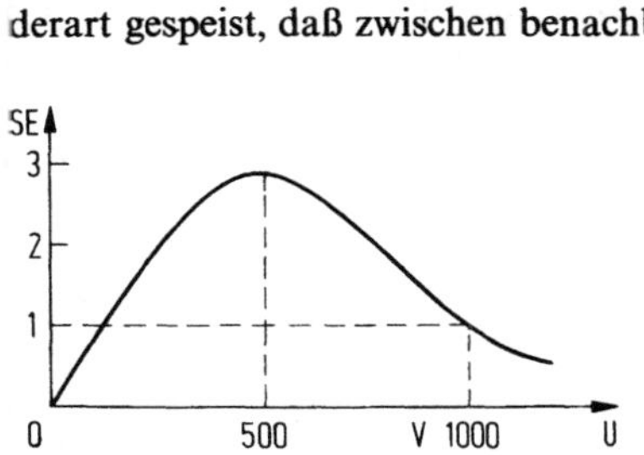

Bild 1-06. Sekundäremissionsfaktor *SE* (charakteristischer Verlauf) als Funktion der Beschleunigungsspannung *U*

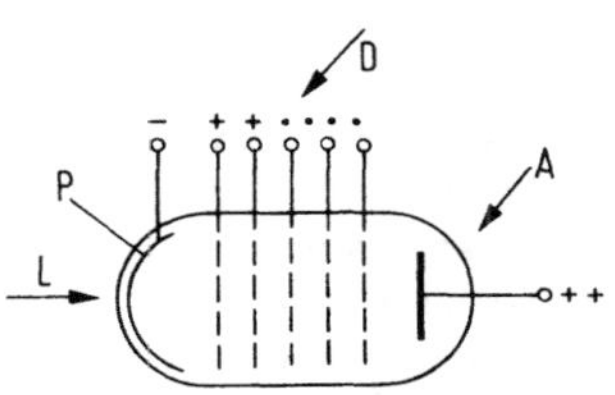

Bild 1-07. Photokathode mit Sekundäremissionsvervielfacher in Gitterstruktur (schematisch). L Lichteinfall, P Photokathode, D Dynoden (Spannung von links nach rechts ansteigend), A Anode

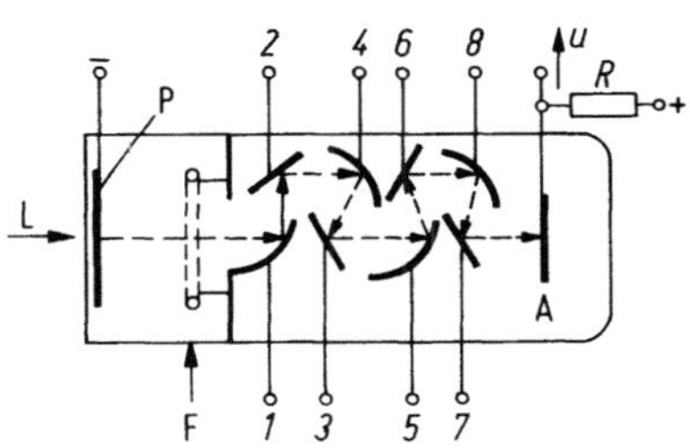

Bild 1-08. Photokathode mit Sekundäremissionsvervielfacher in Prallelektroden-Struktur. L Lichteinfall, P Photokathode, F Fokussierung, *1* bis *8* Prallelektroden (Dynoden), A Anode, *R* Arbeitswiderstand; *u* Ausgangsspannung

Fortschritten der Halbleitertechnologie können sie aber mehr und mehr durch hochempfindliche Halbleiter-Photosensoren ersetzt werden.

Innerer Photoeffekt

Der innere Photoeffekt hat, vor allem im Zusammenhang mit den Halbleiter-Kameraröhren, in der Fernsehtechnik große Bedeutung erlangt. Man versteht darunter das Herauslösen von Elektronen aus einem Atom- oder Molekülverband im Innern eines Stoffs durch Lichteinwirkung. Im Bändermodell werden dabei Elektronen vom Valenz- auf ein Leitungsband angehoben. Isolatoren haben im sichtbaren Spektralbereich keine Absorptionsbanden, sie sind im Prinzip durchsichtig. Metalle und Halbleiter haben im Gegensatz dazu von Infrarot bis Ultraviolett sich überlappende Absorptionsbanden und sind deshalb undurchsichtig.

Die Bindungsenergie der Valenzelektronen an die Gitterbausteine erreicht bei Isolatoren einen Wert von mindestens 3 eV. Im Halbleiter liegt die Breite der verbotenen Zone bei ungefähr 1 eV; in Metallen ist sie gleich null, da sich Valenz- und Leitungsbänder überlappen. In dotierten Halbleitern, d.h. bei Gitterstellen mit spurenweise eingebauten Fremdatomen, deren energetische Einstufung im Elektronenbändermodell etwas unterhalb des Leitfähigkeitsbandes (Donatoren) oder oberhalb des Valenzbandes (Akzeptoren) angesiedelt ist, lassen sich die Absorptionsbanden innerhalb weiter Bereiche des Spektrums, bis ins Infrarot, verschieben (vgl. Bändermodell, Bild 1–09).

Sperrschichtlose Halbleiter dieser Art werden Photowiderstände genannt. Deren Leitfähigkeit läßt sich bei geeigneter Stoffwahl und Dotierung bei Bestrahlung in weiten Grenzen ändern (bis etwa $1{:}10^9$). Sie sind für fernsehtechnische Anwendungen im allgemeinen zu träge.

Photodioden weisen eine pn-Sperrschicht auf. Be-

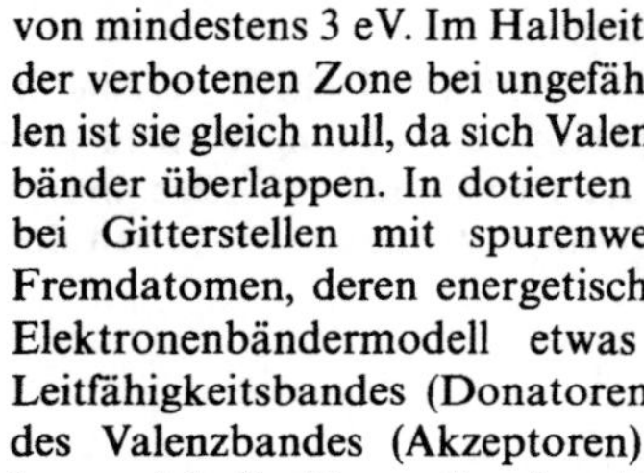

Bild 1-09. Bändermodell. W_D Donatorniveau, W_A Akzeptorniveau, W_{iD}, W_{iA} Ionisierungsenergie von Donator- bzw. Akzeptoratom

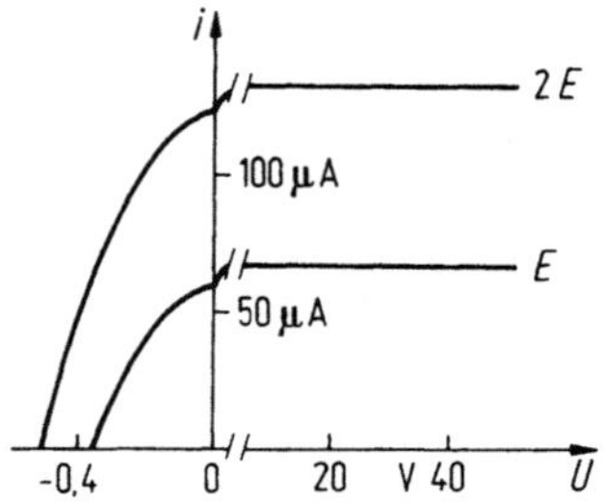

Bild 1-10. Kennlinienfeld $i(U)$ einer Photodiode (positiver Spannungsbereich). Im negativen Bereich wirkt sie als Sperrschicht-Photoelement. E Beleuchtungsstärke (z.B. 1000 lx)

lichtung erzeugt hier eine Vergrößerung des Sperrstroms (Bildung von Trägerpaaren durch Zerstörung von Kristallbildungssträngen). Photodioden (Kennlinienfeld siehe Bild 1–10) weisen eine Eigen-Urspannung auf (bei Si etwa 0,5 V) und können deshalb in geeigneter Ausführung und Beschaltung auch als Photoelemente verwendet werden.

Si-Elemente sind im Kurzschlußbetrieb über viele Dekaden linear und haben eine hohe Langzeitstabilität (Solarzellen usw.). In der normalen Ausführung sind sie für fernsehtechnische Anwendungen im allgemeinen zu träge. Bei Ge- und Si-Photodioden liegt das Maximum der Empfindlichkeit im Infrarot. Spezialausführungen mit Intrinsic-Zwischenschicht (PIN-Dioden) erreichen aber Grenzfrequenzen um 1 GHz. Eine geringe Trägheit haben auch Avalanche-Photodioden, mit denen sich, ähnlich wie bei den Sekundäremissionsvervielfachern, bei geringer Zunahme des Eigenrauschens hohe Stromverstärkungen erzielen lassen (bis ca. 1000). Eine PbO-PIN-Schicht findet beim Plumbikon Anwendung (Abschnitt 1.1.4).

Der innere Photoeffekt des Selens ist schon seit 1873 bekannt (Smith). Zum Selen gesellen sich heute die Kristalle der Elemente Ge, Si, Te, S, P, J wie auch die Oxide, Sulfide, Selenide und Telluride fast aller Metalle, sowie die Mischkristalle der Welkerschen 3,5-Verbindungen wie GaAs, InSb usw. Die Quantenausbeute kann beim inneren Photoeffekt recht groß sein, in gewissen Fällen sogar größer als eins. Bild 1–11 zeigt die spektralen Charakteristiken zweier Photohalbleiter (Ge, Si) auf. Bei beiden liegt das Maximum im infraroten Bereich, was sich auf deren Blauempfindlichkeit ungünstig auswirkt. Durch besondere Maßnahmen läßt sich der Spektralverlauf im gewünschten Sinne beeinflussen.

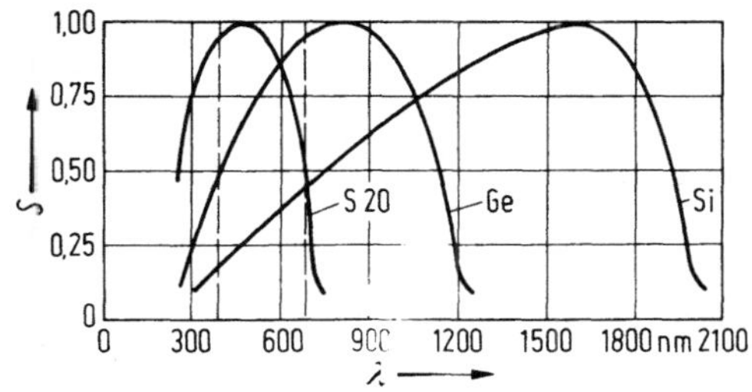

Bild 1-11. Relative spektrale Charakteristiken S von Photohalbleitern (Ge Germanium-, Si Siliziumtyp). Zum Vergleich ist der Verlauf einer neueren Photokathode (Typ S 20) mit eingetragen. Der Bereich des sichtbaren Lichts ist gestrichelt abgegrenzt

1.1.3 Elemente der fachbezogenen Elektronenoptik

Fast alle derzeitigen Bildgeber und Wiedergabeanordnungen des Fernsehens benötigen scharf gebündelte Elektronenstrahlen im Vakuum, die dem Fernsehraster entsprechend horizontal und vertikal abzulenken sind. Der Wissenschaftszweig, der sich mit Problemen dieser Art auseinandersetzt, heißt Elektronenoptik (Begründung durch Busch, 1926). Er ist der technischen Physik zuzuordnen und kann im Rahmen des vorliegenden Buches nur kurz gestreift werden. Fachbezogene Elektronenoptik findet sich vor allem in älteren Fernsehlehrbüchern [0.4; 0.14–0.16; 1.4].

Zwischen Licht- und Elektronenoptik bestehen eine Reihe von Analogien, auf die Hamilton schon im 19. Jahrhundert hinwies (Fermatsches Prinzip der kürzesten optischen Weglänge, Maupertuissches Prinzip der minimalen Bewegungsenergie). Die Analogien beziehen sich im wesentlichen auf den geometrischen Teil der Optik. Es gibt aber auch hier bereits Unterschiede. Scharfe Grenzflächen zwischen Medien unterschiedlichen Brechungsindexes existieren in der Elektronenoptik nicht, in der Lichtoptik sind sie der Normalfall. Grundlegende Unterschiede sind auf dem Gebiet der physikalischen Optik festzustellen, auf die hier aber nicht näher eingetreten werden muß.

Grundgesetze der Elektronenoptik im elektrischen Feld

Was die Reflexion an einer Grenzschicht zwischen zwei Medien betrifft, sind in der Elektronen- wie in der Lichtoptik Einfall- und Ausfallwinkel einander gleich.

Brechung an Grenzschicht zwischen zwei Medien

In Bild 1–12 sind die Verhältnisse für Licht- und Elektronenoptik einander gegenübergestellt, wobei vereinfachend auch für den letzteren Fall das Existieren einer Grenzfläche zwischen zwei homogenen räumlichen Bereichen angenommen wird. Aus dem Fermatschen Prinzip läßt sich zunächst das Snelliussche Berechnungsgesetz ableiten, es gilt:

$$\frac{\sin\alpha}{\sin\beta}=\frac{n_2}{n_1}=n_{1;2}\,. \tag{1.2}$$

Darin sind α der Einfall- und β der Ausfallwinkel, ferner n_1 und n_2 die Brechungsindices der entsprechenden Medien und $n_{1;2}$ deren Gesamt-Brechungsindex.

Analog dazu gilt im Falle der Elektronenoptik:

$$\frac{\sin\alpha}{\sin\beta}=\frac{v_2}{v_1}=\frac{n_2}{n_1}=\sqrt{\frac{\Phi_2}{\Phi_1}}, \tag{1.3}$$

da $\frac{1}{2}m\,v^2=e\Phi$ und $v_{t1}=v_{t2}$.

Darin sind Φ bzw. Φ_1, Φ_2 das Potential des entsprechenden Mediums in V; v_1, v_2 die Geschwindigkeit der Elektronen in den entsprechenden Medien in m/s (Beträge der Vektoren); e die Ladung und m die Masse des Elektrons (in C bzw. kg); v_{t1} und v_{t2} die tangentialen Geschwindigkeitsanteile des Elektronenstrahls in den entsprechenden Medien.

Der absolute elektrische Brechungsindex ist definiert zu $n_{el}=v/c=\text{const}\cdot\sqrt{\Phi}$, mit c als Lichtgeschwindigkeit. In der Praxis hat man es stets mit relativen Brechungsindices zu tun, weshalb die Konstante weiter nicht interessiert. Bei Berechnungen tritt der Feldstärkevektor $\boldsymbol{E}$ auf, der in V/m gemessen wird. Es gilt $\boldsymbol{E}=$-grad Φ, worin Φ als

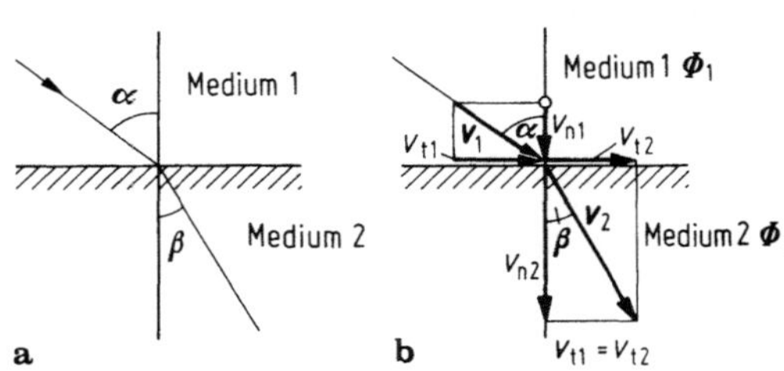

Bild 1-12. Gegenüberstellung der **(a)** optischen und **(b)** elektrischen Brechung an der Grenzfläche zweier Medien mit unterschiedlichem Brechungsindex (Fall **a**: Lichtstrahl, Fall **b**: Elektronenstrahl). Erläuterungen im Text

Potential ein Skalar ist. (Statt Φ wird auch das Spannungssymbol U gebraucht.)
Auf ähnliche Weise läßt sich ein Brechungsindex für das magnetische Feld herleiten [1.4]. Die Verhältnisse sind dort u. a. insofern komplizierter, als die Richtung der Strahlbrechung senkrecht zur Ebene erfolgt, die durch den Vektor der Strahlgeschwindigkeit und denjenigen des Magnetfeldes gegeben ist. Wie in nachfolgenden Abschnitten gezeigt wird, ist es für die Behandlung der magnetischen Fokussierung und Ablenkung nicht notwendig, magnetische Brechungsindices explizite einzuführen.

Elektrostatische Fokussierung

Bild 1–13 zeigt das Grundprinzip der elektrostatischen Fokussierung auf. Das divergierende Elektronenbündel gelangt zunächst in einen auf niedrigem Potential liegenden ersten Hohlzylinder und hierauf in eine zweite solche Anordnung, an der eine höhere positive Spannung liegt. In der Nähe von Kathode und Wehnelt-Zylinder (Steuerelektrode) überkreuzen sich die Bahnen der emittierten Elektronen (cross over) auf kleinstem Raum bei großer Stromdichte (im Bild nicht eingezeichnet). Dieser Objektpunkt ist auf den Phosphorschirm abzubilden. Die Sammelwirkung kommt wie folgt zustande.
Beim Eintritt in den ersten Zylinder werden die Elektronen abgebremst. Sie haben dementsprechend beim Austritt aus dem ersten Zylinder eine kleine Geschwindigkeit und werden deshalb stark gegen die Normale der Äquipotentiallinien hin umgelenkt (fokussiert), gleichzeitig durch den auf positivem Potential liegenden zweiten Zylinder aber auch beschleunigt („Beschleunigungslinse").
Die Feldlinien haben in diesem Bereich eine gegen die Achse gerichtete Radialkomponente.
Im Bereich des zweiten Zylinders sind die Radialkomponenten der Feldlinien nach außen gerichtet. Dies wirkt auf das Elektronenbündel wie eine Zerstreuungslinse. Da die Elektronen in diesem Bereich eine größere Geschwindigkeit haben, ist die divergierende Wirkung kleiner als im Bereich des ersten Zylinders. Das optische Analogen einer solchen Fokussieranordnung ist damit, äußerlich betrachtet, das achromatische Objektiv (Bild 1–14).
Für die rechnerische Behandlung elektronenoptischer Probleme dieser und ähnlicher Art geht man von der Laplaceschen Potentialgleichung aus,

$$\frac{\partial^2 \Phi}{\partial x^2}+\frac{\partial^2 \Phi}{\partial y^2}+\frac{\partial^2 \Phi}{\partial z^2}=0, \tag{1.4}$$

worin das Potential Φ eine Funktion der räumlichen Koordinaten x, y und z ist.
Das elektrostatische Feld ergibt sich durch partielle Differentiation des Potentials Φ nach den Koordinatenrichtungen. Die Komponenten des Feldstärkevektors sind:

$$E_x=-\partial\Phi/\partial x,\quad E_y=-\partial\Phi/\partial y,$$
$$E_z=-\partial\Phi/\partial z. \tag{1.5}$$

Das Feld muß damit folgender Differentialgleichung genügen:

$$\frac{\partial E_x}{\partial x}+\frac{\partial E_y}{\partial y}+\frac{\partial E_z}{\partial z}=0. \tag{1.6}$$

Als besonderes einfaches Beispiel sei der Fall eines ebenen Feldes zwischen zwei unendlich ausgedehnten Platten aufgezeigt (Bild 1/15).

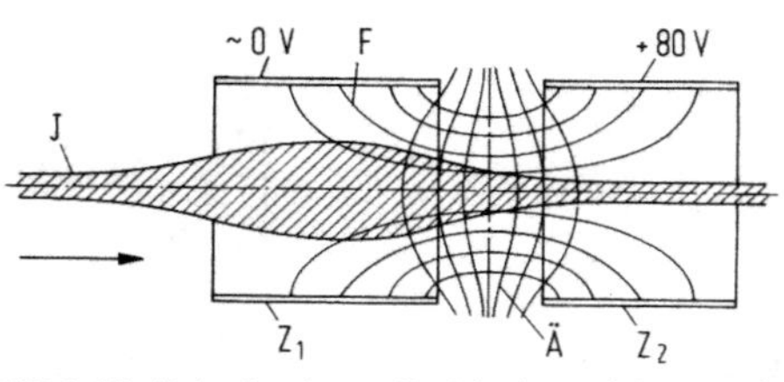

Bild 1-13. Prinzip der zylindrischen elektrostatischen Fokussierung. J Elektronenbündel, Z_1 Bremszylinder, Z_2 Beschleunigungszylinder, F Feldflächen, Ä Äquipotentialflächen

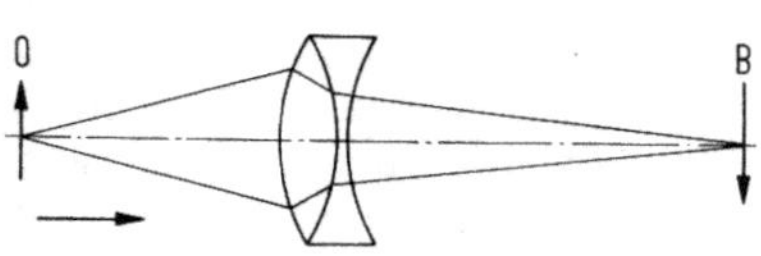

Bild 1-14. Optisches Analogon der zylindrischen elektrostatischen Fokussierung. O Objekt-, B Bildebene

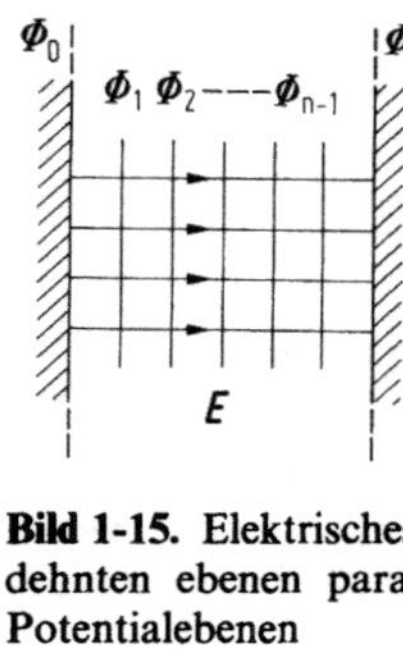

Bild 1-15. Elektrisches Feld zwischen unendlich ausgedehnten ebenen parallelen Platten. ***E*** Feldlinien, ***Φ*** Potentialebenen

Im allgemeinen hat man es mit rotationssymmetrischen Anordnungen zu tun. In solchen Fällen rechnet man zweckmäßigerweise mit Zylinderkoordinaten. Die Laplacesche Potentialgleichung erhält dann die folgende Form (z Koordinate in Achsrichtung, r radiale Koordinate):

$$\frac{\partial^2 \Phi(z,r)}{\partial z^2}+\frac{1}{r}\frac{\partial}{\partial r}\left(r\frac{\partial \Phi(z,r)}{\partial r}\right)=0. \tag{1.7}$$

Eine analytische Behandlung solcher Aufgaben ist in geschlossener Form nur für einfachste geometrische Anordnungen möglich. Im Normalfall muß man sich mit Näherungslösungen begnügen, die über Reihenentwicklungen gewonnen werden. Die Laplacesche Differentialgleichung hat stets den Randbedingungen der Elektrodenkonfiguration zu entsprechen.

Für ebene und zylindrische Grenzflächen mit unendlicher Ausdehnung senkrecht zur Feldrichtung lassen sich die Potentiallinien auch für komplizierte Fälle im elektrolytischen Trog ermitteln. Auch Gummimembranmodelle sind üblich (Zworykin u.a.). Die Feldverteilung in einem Elektrolyten gehorcht ebenfalls der Laplace-Gleichung.

Zur Bestimmung der Elektronenbahnen wird folgende Überlegung angestellt. Die Kraft, welche auf ein Elektron einwirkt, ist gleich dem Produkt aus Ladung und Feldstärke im entsprechenden Raumpunkt. Die Bewegungsdifferentialgleichungen lauten daher (Masse × Beschleunigung = Kraft):

$$\begin{aligned} m\frac{\mathrm{d}^2 x}{\mathrm{d}t^2}&=-eE_x=e\frac{\partial \Phi}{\partial x}\\ m\frac{\mathrm{d}^2 y}{\mathrm{d}t^2}&=-eE_y=e\frac{\partial \Phi}{\partial y}\\ m\frac{\mathrm{d}^2 z}{\mathrm{d}t^2}&=-eE_z=e\frac{\partial \Phi}{\partial z}\end{aligned} \tag{1.8}$$

Darin sind m die Masse und e die Ladung des Elektrons. Bei geometrisch bekannter Feldkonfiguration können die Elektronenbahnen z.B. grafisch ermittelt werden.

Um die Abbildungsfehler klein zu halten, beschränkt man sich bei der elektrostatischen Fokussierung wenn immer möglich auf achsennahe (paraxiale) Elektronenbündel. In gewissen Fällen, z.B. bei der Formgebung der Prallbleche in Elektronenvervielfachern, ist eine exakte Fokussierung nicht erforderlich.

Ablenkung im homogenen elektrischen Querfeld

Ein Elektronenstrahl durchlaufe ein senkrecht zur Zeichenebene unendlich ausgedehnt gedachtes paralleles Plattenpaar (Bild 1–16). Es sei der Einfachheit halber eine scharfe Begrenzung des elektrischen Feldes auf den Bereich zwischen den beiden Platten angenommen. Die Geschwindigkeit v der in das Ablenksystem eintretenden Elektronen ist durch die Endbeschleunigungsspannung U_0 des kathodenstrahlerzeugenden Systems gegeben. Die Spannung zwischen den Platten betrage U_p. Die mittlere Spannung der beiden Platten entspreche U_0, d.h. der Elektronenstrahl soll in Achsrichtung durch das Ablenkfeld im Mittel in seiner Geschwindigkeit nicht zusätzlich beeinflußt werden.

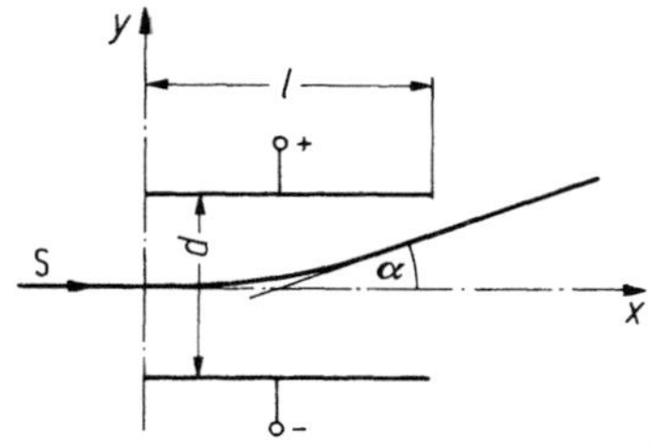

Bild 1-16. Auslenkung des Elektronenstrahls S im elektrischen Feld zwischen zwei parallelen Platten. d Abstand, l Länge der Platten; α Auslenkwinkel; x, y Koordinatensystem

Für die Beschleunigung $a=\mathrm{d}^2 y/\mathrm{d}t^2$ des Elektrons in y-Richtung (vgl. Bild 1–16) läßt sich zunächst implizite schreiben: $ma=-eE_y$, worin $E_y=\partial U_p/\partial_y$ die Feldstärke zwischen den Platten darstellt. m entspricht der Masse und e der Ladung des Elektrons. Bei konstantem Plattenabstand d ergibt sich daraus für die Beschleunigung, mit $E_y=U_{p/d}$,

$$a=\frac{eU_p}{md}. \tag{1.9}$$

Mittels der allgemeinen Beziehungen $v=x/t$ und $a=2y/t^2$ läßt sich die Zeit t eliminieren und es folgt für die Bahngleichung

$$y=\frac{eU_p}{2md}\frac{x^2}{v^2}, \tag{1.10}$$

bzw. für die Plattenlänge $x=l$,

$$y_l=\frac{eU_p}{2md}\frac{l^2}{v^2}. \tag{1.11}$$

Der Winkel, den die Tangente bei $x=l$ mit der Richtung des ursprünglichen Elektronenstrahls einschließt, wird durch Differentiation gewonnen,

$$\left.\frac{\mathrm{d}y}{\mathrm{d}x}\right|_{x=l} = \tan\alpha = \frac{e\,U_p}{m\,d}\,\frac{l}{v^2}. \qquad (1.12)$$

v seinerseits ist eine Funktion der Beschleunigungsspannung U_0, denn aus $\frac{1}{2}mv^2 = e\,U_0$ folgt für das Quadrat der Elektronengeschwindigkeit v in x-Richtung $v^2 = 2e\,U_0/m$. Wird dieser Ausdruck in Gl. (1.12) für v^2 eingesetzt, folgt schließlich als Formel für die elektrische Strahlablenkung zwischen parallelen Plattenpaaren [0.14–0.16]

$$\tan\alpha = U_p l/2\,d\,U_0. \qquad (1.13)$$

Grundgesetze der Elektronenoptik im magnetischen Feld

Wenn es auf höchste Strahlschärfe ankommt, wird im allgemeinen das elektromagnetische Strahlfokussierprinzip angewendet. Für die Beschleunigung des Elektronenstrahls sind aber naturgemäß auch in diesem Fall elektrische Felder nötig. Analog dazu ist für große Auslenkwinkel die elektromagnetische Ablenkung der elektrostatischen überlegen.

Fokussierung im homogenen magnetischen Längsfeld

Der Punkt P_1 in Bild 1–17 sende in einen zylindrisch begrenzten luftleeren Raum in gemischt axial-radialen Richtungen Elektronen aus. Durch

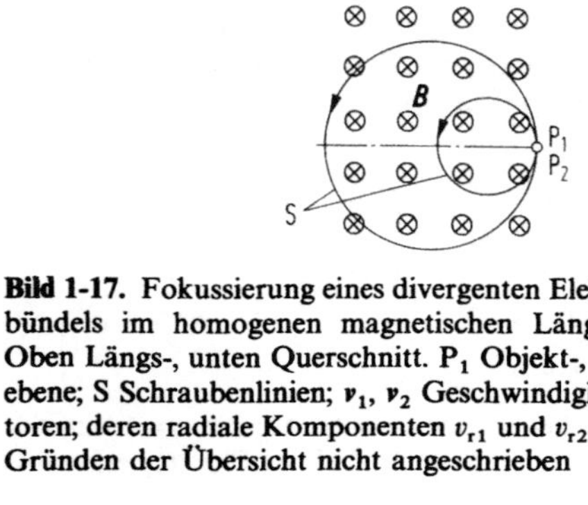

Bild 1-17. Fokussierung eines divergenten Elektronenbündels im homogenen magnetischen Längsfeld $\boldsymbol{B}$. Oben Längs-, unten Querschnitt. P_1 Objekt-, P_2 Bildebene; S Schraubenlinien; $\boldsymbol{v}_1$, $\boldsymbol{v}_2$ Geschwindigkeitsvektoren; deren radiale Komponenten v_{r1} und v_{r2} sind aus Gründen der Übersicht nicht angeschrieben

ein Solenoid werde in Achsrichtung ein homogenes Magnetfeld erzeugt. Der evakuierte Hohlzylinder sei rechts durch eine zweite ebene Fläche begrenzt, die auf einem höheren elektrischen Potential liegt als die elektronenemittierende linke Ebene.

Bei einer solchen elektrisch-magnetischen Feldkonfiguration bewegen sich die Elektronen auf Schraubenlinien von links nach rechts. Unter bestimmten Feldbedingungen findet nun eine elektronenoptische Abbildung statt, d.h. alle bei P_1 emittierten Elektronen treffen sich bei P_2 wieder. Im allgemeinen wird dabei die Bildfeldebene gedreht. Die Laufzeit des Elektrons in Achsrichtung zwischen P_1 und P_2 hängt dabei nicht von dessen radialer Geschwindigkeitskomponente $\boldsymbol{v}_r$ (Betrag v_r) ab. Dies sei nachfolgend aufgezeigt.

Die auf ein Elektron senkrecht zum Magnetfeld $\boldsymbol{B}$ (Flußdichte) und zur Geschwindigkeit $\boldsymbol{v}$ wirkende Kraft $\boldsymbol{P}$ ist $\boldsymbol{P} = e[\boldsymbol{v} \times \boldsymbol{B}]$, bzw. da $\boldsymbol{v}_r \perp \boldsymbol{B}$, $P = e v_r B$. Dieser wirkt die Zentrifugalkraft $Z = m v_r^2/r$ entgegen. Man kann also schreiben $Z = P$, woraus für den Radius der Kreisbahn (Projektion auf Ebene senkrecht zur Achsrichtung) resultiert:

$$r = \frac{m\,v_r}{e\,B}. \qquad (1.14)$$

Ein Elektron benötigt für einen Umlauf auf der Kreisbahn die Zeit $T = 2\pi r/v_r$, bzw. nach Substitution von v_r,

$$T = \frac{2\pi m}{e\,B}, \qquad (1.15)$$

unabhängig von v_r.

Bei der Fokussierung im homogenen Magnetfeld ergeben sich besonders kleine Abbildungsfehler.

Fokussierung im inhomogenen, in Achsrichtung begrenzten Magnetfeld

Eine fokussierende Wirkung läßt sich auch mit einem inhomogenen in Achsrichtung z verhältnismäßig eng begrenzten Magnetfeld erzielen. Das Solenoid hat dann in dieser Richtung nur eine geringe Ausdehnung und wird, zwecks Energieeinsparung, im allgemeinen außerdem mit einem gegen die Achse hin offenen oder geschlitzten Weichstahl-Torus versehen (Bild 1–18). Bei Verwendung von Permanentmagneten muß die Anordnung eine Veränderung des Luftspaltes erlauben.

Die Auslenkung erfolgt auch hier senkrecht zur Strahl- und Magnetfeldrichtung. Bei einfachen

Solenoidanordnungen ergibt sich eine Drehung der Bildfeldebene. Im Gegensatz zur Abbildung im homogenen Magnetfeld erlauben magnetische Linsen dieser Art — analog zu optischen Sammellinsen — Bildvergrößerungen und -verkleinerungen. Für dünne magnetische Linsen (axiale Ausdehnung des Magnetfeldes kleiner als Objekt- und Bildweite) läßt sich für achsnahe Elektronenpfade eine Brennweite f wie folgt definieren [0.4; 0.14]:

$$f = \frac{1}{\frac{e}{8mU_0}\int_{z_o}^{z_b} B^2(z)\,dz}. \qquad (1.16)$$

Als Verdrehungswinkel zwischen Objekt- und Bildebene resultiert in Radianten:

$$\varphi = \sqrt{\frac{e}{8mU_0}}\int_{z_o}^{z_b} B(z)\,dz. \qquad (1.17)$$

z und f sind darin Längenmaße, e die Ladung und m die Masse des Elektrons, U_0 die Beschleunigungsspannung und $B(z)$ die magnetische Flußdichte längs der Achse zwischen Objektpunkt z_o und Bildpunkt z_b (alle Größen in SI-Einheiten). Gl. (1.18) ist zu entnehmen, daß die Bedingung für Verdrehungsfreiheit darin besteht, daß die von z_o bis z_b integrierte magnetische Flußdichte B (z) gleich null ist. Da in Gl. (1.17) das Quadrat der magnetischen Flußdichte auftritt, bleibt die Brennweite dabei endlich. Verhältnisse dieser Art ergeben sich z. B. bei zwei gleichartigen eng benachbarten Toroiden, deren Wicklungen gegengeschaltet sind.

Die elektromagnetischen Linsen zeichnen sich, im Vergleich zu den elektrostatischen, durch besonders kleine Abbildungsfehler aus. Dabei wird vorausgesetzt, daß — was normalerweise der Fall ist — das Elektronenbündel sich aus achsennahen Strahlen zusammensetzt. Anordnungen dieser Art werden in der modernen Fernsehtechnik aber nur noch verhältnismäßig selten benötigt.

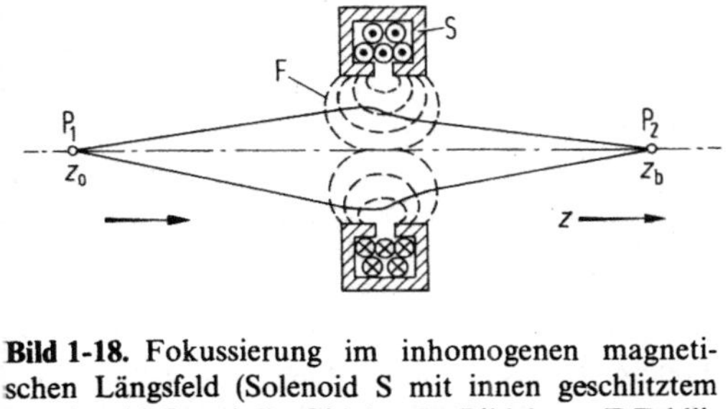

Bild 1-18. Fokussierung im inhomogenen magnetischen Längsfeld (Solenoid S mit innen geschlitztem Weichstahl-Torus). P_1 Objekt-, P_2 Bildebene, F Feldlinien; z Achsrichtung, z_o Objekt-, z_b Bildpunkt

Ablenkung im homogenen magnetischen Querfeld

Ein Elektron durchlaufe mit konstanter Geschwindigkeit v in x-Richtung ein in z-Richtung, d. h. senkrecht zur Zeichenebene (Bild 1–19), verlaufendes Magnetfeld $\boldsymbol{B}$ (Betrag B). In diesem Fall erfolgt nach der „Linke-Hand-Regel" eine Auslenkung des Elektronenstrahls in y-Richtung. Wie bei der Fokussierung im homogenen Magnetfeld gilt zunächst

$$r = \frac{mv}{eB}. \qquad (1.18)$$

Analog zur elektrischen Ablenkung sei auch hier idealisierend ein homogenes, örtlich scharf begrenztes Magnetfeld angenommen (s. Bild 1–19). Für nicht allzu große Ablenkwinkel ($l \ll r$) darf man dann implizite schreiben:

$$\tan\alpha \approx l/r = \frac{leB}{mv}. \qquad (1.19)$$

Die Geschwindigkeit v ist wiederum, gemäß $\frac{1}{2}mv^2 = eU_0$, von der Beschleunigungsspannung U_0 abhängig,

$$v = \sqrt{\frac{2eU_0}{m}}. \qquad (1.20)$$

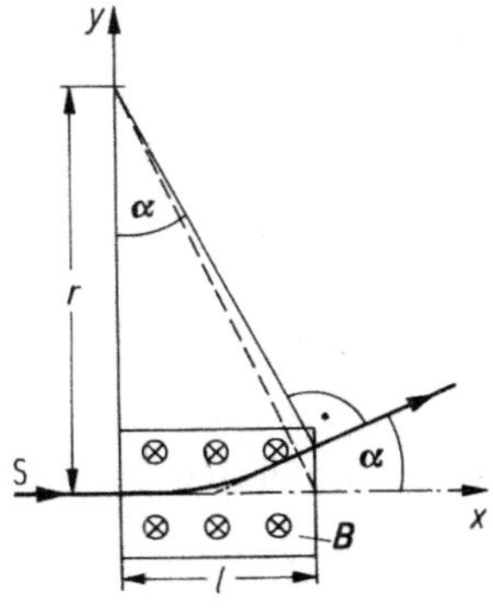

Bild 1-19. Ablenkung im homogenen magnetischen Querfeld. $\boldsymbol{B}$ Flußdichte, l idealisierte Länge des Magnetfeldes in Strahlrichtung, r Ablenkradius, α Ablenkwinkel, S Elektronenstrahl. (Linke-Hand-Regel, räumlich: Daumen ≙ Ablenkrichtung, Zeigefinger ≙ Feldrichtung, Mittelfinger ≙ Strahlstromrichtung). x, y Koordinatensystem

Wird dieser Ausdruck in Gl. (1.19) eingesetzt, folgt für den magnetischen Ablenkungswinkel die Formel

$$\alpha \cong \arctan lB\sqrt{\frac{e}{2mU_0}}. \tag{1.21}$$

Bei großen Beschleunigungsspannungen läßt sich durch den Umstand, daß diese bei der magnetischen Ablenkung, im Gegensatz zur elektrischen, im Nenner unter dem Wurzelzeichen erscheint, eine besonders wirkungsvolle Ablenkung erzielen. Die Spezielle Einsteinsche Relativitätstheorie besagt, daß die Masse bewegter Körper entsprechend der Beziehung

$$m_v = m(1/\sqrt{1-v^2/c^2}) \tag{1.22}$$

zunimmt. c ist darin die Lichtgeschwindigkeit. Alle die Elektronenmasse m enthaltenden Ausdrücke dieses Abschnitts sind für praktische Verhältnisse ab Beschleunigungsspannungen von etwa 10000 V entsprechend zu korrigieren.

1.1.4 Röhren und Halbleiteranordnungen für die Bildaufnahme

Abtastanordnungen für die Wandlung der optischen Szene in entsprechende Fernsehsignale findet man zur Zeit fast nur in der Form technologisch anspruchsvoller im Vakuum arbeitender Röhrensysteme. Flächenförmige vakuumfreie Halbleiter-Abtastsensoren erlauben sehr kleine Abmessungen, sind aber für die Zwecke des Heimfernsehens noch nicht allgemein eingeführt. Elektro-optische Wandler dieser Art können nach folgenden Gesichtspunkten geordnet werden:

— nichtspeichernde Abtastanordnungen;
— Abtastanordnungen mit Lichtspeichereffekt.

Was letztere betrifft:

— Abtastanordnungen mit Hochvakuum-Bildaufnahmeröhren:
  — Stabilisierung des Ladungsbildes auf annähernd Anodenpotential (Ikonoskop, Super-Ikonoskop),
  — Stabilisierung des Ladungsbildes auf Kathodenpotential (Orthikon, Super-Orthikon, Vidikon/Plumbikon usw.);
— Festkörper-Sensoren.

Nichtspeichernde Abtastanordnungen

Bis zu Anfang der dreißiger Jahre kannte man nur nichtspeichernde, mechanische Abtastanordnungen nach Art der bereits erwähnten „Nipkow-Scheibe" und des Spiegelrades nach Weiller [0.4]. Später kam die Sondenröhre nach Farnsworth dazu (Bild 1–20), die für das Heimfernsehen bis in die fünfziger Jahre Verwendung fand und für Sonderzwecke (extrem hohe Auflösung) auch heute gelegentlich noch angetroffen wird. Die vom Licht örtlich, der Helligkeit des Bildpunktes entsprechend, aus der Photokathode ausgelösten Elektronen werden hier auf eine Sondenebene fokussiert und horizontal und vertikal darüber hinweggelenkt. Die Sondenöffnung hat Bildpunktabmessungen.

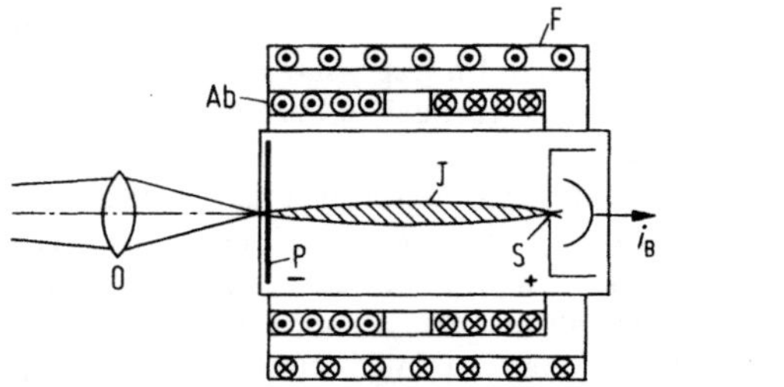

Bild 1-20. Sondenröhre (auch Dissectorröhre genannt). O Objektiv, P Durchsicht-Photokathode, J Elektronenbündel, F Fokussierspule für achsiales Magnetfeld, Ab Ablenkspulen für radiale Magnetfelder, S Sonde mit Auffangelektrode, i_B Bildsignal

Nichtspeichernde Abtastanordnungen haben einen sehr schlechten Lichtwirkungsgrad. Der erhöhte Lichtbedarf gegenüber den in den nachfolgenden Abschnitten behandelten speichernden Anordnungen liegt in der Größenordnung der Bildpunktzahl des Vollbildes, d. h. im Bereich von 10^5 bis 10^6. Sie sind deshalb bei höherer Zeilenzahl nur für die Filmabtastung zu gebrauchen, wo es keine besondere Mühe bereitet, sehr hohe Lichtströme zu erzeugen.

Zu den nichtspeichernden Abtastanordnungen zählt auch der zur Zeit für die Dia- und Filmabtastung noch häufig benützte Lichtpunktbildgeber, dessen Aufbau für das monochrome Fernsehen aus Bild 1–21 hervorggeht. Auf dem Schirm einer Kathodenstrahlröhre mit sehr kurz nachleuchtendem Phosphor wird ein Fernsehraster erzeugt. Das Raster wird über ein Objektiv auf die Dia- bzw. Filmebene abgebildet. Das durchtretende Licht ist in seiner Intensität den Bildpunkten variabler Dichte entsprechend moduliert und gelangt über eine Kondensorlinse auf einen elektrooptischen Wandler (meist Photozelle mit eingebautem Se-

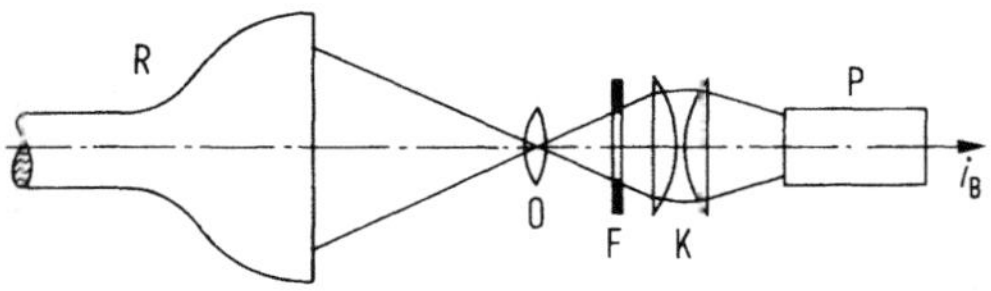

Bild 1-21. Lichtpunktabtaster für das Schwarzweißfernsehen. R Kathodenstrahlröhre mit Fernsehraster (Ablenkspulen nicht eingezeichnet), O Objektiv, F Filmfenster, K Kondensorlinsen, P Photozelle mit Sekundäremissionsvervielfacher, i_B Bildsignal

kundäremissionsvervielfacher). Im anschließenden Bildverstärker wird mit elektrischen Mitteln das restliche Nachleuchten des Phosphors kompensiert. Anordnungen dieser Art eignen sich auch gut für das Farbfernsehen, da sie inhärent frei von Deckungsfehlern sind. Die Aufspaltung des Lichts in die Primärfarben erfolgt mittels dichroitischer Filter, die zwischen Filmebene und Wandler eingefügt sind [0.1; 0.5].

Bildaufnahmeröhren mit Speichereffekt

Bildaufnahmeröhren dieser Art liegt der äußere lichtempfindliche Effekt zugrunde. Superikonoskope werden seit etwa Ende der fünfziger Jahre, Superorthikone seit ungefähr Ende der sechziger Jahre nicht mehr verwendet. Sie sollen deshalb im folgenden nur in sehr knapper Form behandelt werden. Genaue Beschreibungen findet man in der älteren Fachliteratur [0.4; 0.14].

Beiden Röhrentypen gemeinsam ist eine ebene Durchsichtsphotokathode, auf welche zunächst die Szene über ein Objektiv abgebildet wird, und ein elektronenoptisches Abbildungssystem, das die bildpunktweise emittierten Elektronen unter Anwendung einer hohen Beschleunigungsspannung auf eine Speicherplatte abbildet. Dabei entsteht durch Sekundäremission ein Ladungsbild: helle Bildstellen emittieren mehr Primär- und damit auch mehr Sekundärelektronen; die Speicherschicht lädt sich positiv auf. Die Sekundäremissionselektronen werden durch leicht positiv vorgespannte Elektroden aufgenommen. Im übrigen arbeiten die beiden Röhrenarten sehr unterschiedlich.

Beim Superikonoskop besitzt die Speicherplatte eine gemeinsame metallische Gegenelektrode, d. h. die Speicherelemente sind auf dieser fein verteilt aufgebracht (Bild 1–22). Ein schräg angeordnetes Kathodenstrahlsystem schreibt auf die Speicherplatte ein unmoduliertes Fernsehraster. Dabei werden ebenfalls Sekundärelektronen ausgelöst, doch ist deren Zahl von der örtlichen Vorladung der Speicherschicht abhängig. Die Differenz im Strom der Sekundärelektronen erzeugt durch Influenzwirkung an der gemeinsamen Gegenelektrode der Speicherplatte das Bildsignal. (Erste Art des stabilen Ladungsgleichgewichts: Stabilisierung auf praktisch Anodenpotential.)

Um ein einwandfreies Bildzeichen zu erhalten, sind eine Reihe von Korrekturmaßnahmen erforderlich, auf die hier nicht eingegangen werden kann. Das Superikonoskop ist nicht sehr empfindlich. Sein Gammawert liegt um 0,6.

Das Superorthikon weist demgegenüber eine Empfindlichkeit auf, die derjenigen moderner Halbleiterbildröhren entspricht. Das Speicherelement besteht hier aus einem sehr dünnen Glasplättchen mit definierter Leitfähigkeit (Bild 1–23). Von der dem Lichteintritt abgewandten Seite her schreibt ein feiner, nichtmodulierter Strahl langsamer Elektronen auf der Speicherplatte ein Fernsehraster. Dadurch werden die den hellen Bildstel-

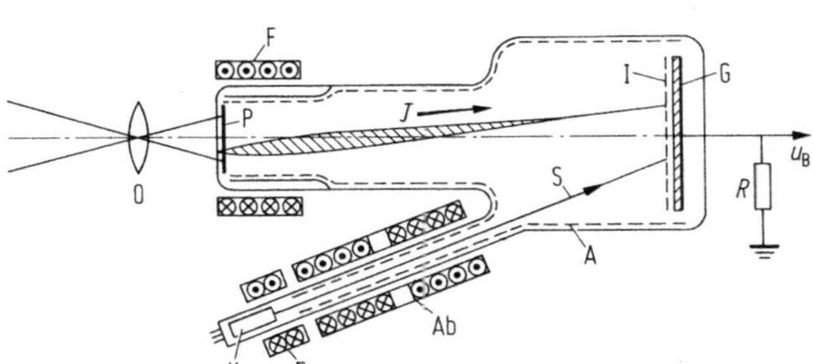

Bild 1-22. Superikonoskop. O Objektiv, P Durchsicht-Photokathode (–1400 V), F Fokussierspulen, J Elektronenbündel, I Signalplatte mit isolierten Elementen, G gemeinsame Gegenelektrode, S Abtaststrahl ab Erzeugungssystem K (–1400 V), Ab Ablenksystem, A Anode (ca. +1 V), R Signalwiderstand, u_B Bildsignal.

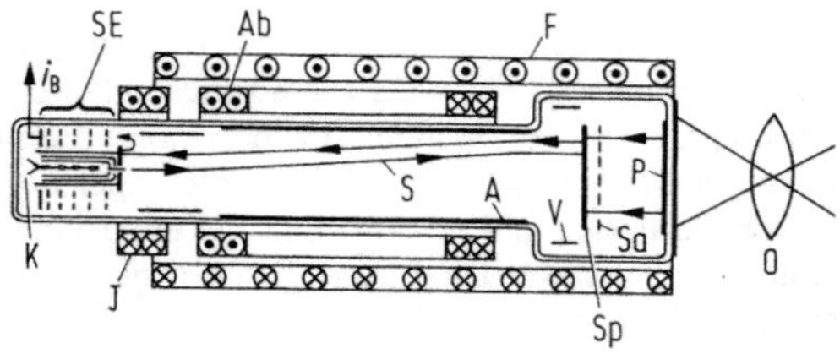

Bild 1-23. Superorthikon. O Objektiv, P Durchsicht-Photokathode (−500 V), Sa Saugnetz, Sp Speicherplatte (0 V), S Elektronenstrahlen, F Fokussierspule, Ab Ablenkspulen, V Verlangsamungsring (0 V), J Justierspule, K Kathode und Strahlerzeugungssystem (0 V), A Anode (+200 V), SE Sekundäremissionsvervielfacher, i_B Bildsignal. Die Arbeitsweise geht aus dem Text hervor.

len entsprechenden durch Sekundäremission positiv geladenen Teile der Speicherschicht wieder auf Nullpotential gebracht. Überschüssige Elektronen werden elastisch reflektiert und gelangen auf ähnlichen Bahnen wie der primäre Elektronenstrom rückläufig auf einen in Kathodennähe angeordneten Sekundäremissionsvervielfacher, dessen Ausgang ein negatives Bildsignal entnommen werden kann (dunkle Bildteile: volle Strahlreflexion, maximales Bildsignal und umgekehrt). Der Gammawert ist praktisch eins. (Zweite Art der Erzeugung eines stabilen Ladungsbildes: Stabilisierung auf Kathodenpotential mit langsamen Elektronen.) Auch das Superorthikon ist nicht frei von Störsignalen. Diese lassen sich aber durch besondere Schaltmaßnahmen zum guten Teil beheben.

Bildaufnahmeröhren mit innerem Photoeffekt

Bei Aufnahmeröhren dieser Art ist die lichtempfindliche Schicht – ein Photohalbleiter – gleichzeitig auch Speicherschicht. Die Röhre hat deshalb einen verhältnismäßig einfachen Aufbau [0.2–0.10; 1.5–1.13; 1.23–1.26].

Die Idee für diese Art von Bildaufnahmeröhren ist alt. Erst die Fortschritte in der Halbleitertechnologie führten aber zu funktionstüchtigen Anordnungen. Deren erste war das von RCA 1952 auf den Markt gebrachte Vidikon [1.5]. Neben den ursprünglichen selbstleitenden Halbleiterschichten wie Selen, Arsentrisulfid, Antimontrisulfid werden seit der Einführung des Plumbikons durch Philips in der zweiten Hälfte der sechziger Jahre auch dotierte Halbleiterschichten verwendet (Plumbikon: Bleioxid in PIN-Dotierung [1.6]. Saticon von Hitachi: Selen, dotiert mit Arsen und Tellur [1.9]).

Von Bedeutung ist z. B. auch das Chalnicon von Toshiba, dessen Halbleiterplatte aus Cadmiumselenid besteht [0.7], ferner das Newvicon (Matsushita) mit Zinkselenid und Zink-Cadmiumtellurid als Halbleiter.

Der prinzipielle Aufbau der Halbleiter-Bildaufnahmeröhre ist aus Bild 1–24 ersichtlich. Die Funktionsweise läßt sich wie folgt umschreiben:

- Das optische Bild der Szene wird auf eine dünne Halbleiterschicht abgebildet, deren Leitfähigkeit lichtabhängig ist (innerer Photoeffekt).
- Die Halbleiterschicht bildet den Schirm einer kleinen Kathodenstrahlröhre und ist auf einer ebenen Glasplatte angebracht. Diese weist auf ihrer Oberfläche einen leitenden, durchsichtigen Belag auf (SnO, InO oder leichte Metallisierung).
- Auf der Halbleiterschicht wird mit langsamen Elektronen ein homogenes Fernsehraster geschrieben. Der auf einige 100 V beschleunigte, magnetisch oder elektrostatisch fokussierte und abgelenkte Elektronenstrahl passiert ein feines Drahtgitter, das unmittelbar über der Halbleiterschicht angebracht ist. Dieses liegt auf der Beschleunigungsspannung des Kathodenstrahlrohrs oder etwa 100 V darüber (im letzteren Fall besonders gute Fleckschärfe und wenig Randeffekte).
- Nach Passieren des Drahtnetzes wird der Elektronenstrahl auf Potential null (Kathodenpo-

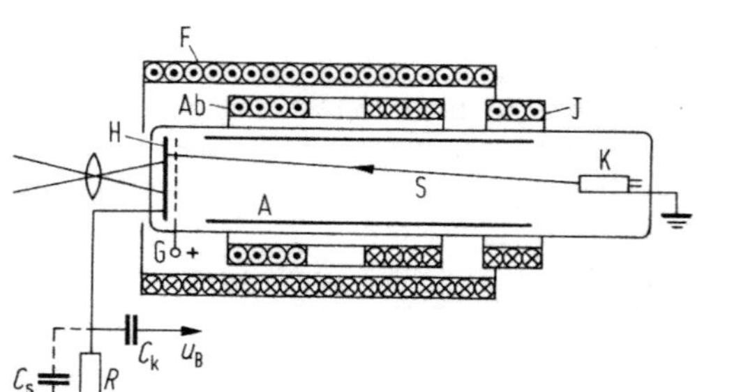

Bild 1-24. Halbleiter-Bildaufnahmeröhre. F Fokussierspule, Ab Ablenkspulen, J Justierspule, K Kathode und Strahlerzeugungssystem (0 V), S Elektronenstrahl, A Anode (+300 V), H Halbleiterspeicherplatte, auf Lichteintrittsseite durchsichtiger leitender Belag, auf Strahlseite periodisch auf 0 V nachgeladen, G Gitter (+400 V), C_s Schaltkapazität, C_k Kopplungskondensator, R Arbeitswiderstand, U_0 Vorspannung des leitenden Belags (10 bis 50 V), u_B Bildsignal

tential) abgebremst. Der Sekundäremissionskoeffizient ist dann kleiner als eins und die Halbleiterplatte wird gleichmäßig mit Elektronen auf Kathodenpotential null aufgeladen (zweite Art des stabilen Ladungsgleichgewichts: Stabilisierung des Speicherplattenpotentials auf Kathodenpotential null mittels langsamer Elektronen, wie beim Superorthikon.)

— Die leitende Gegenelektrode der Halbleiterschicht wird auf eine schwache positive Spannung gebracht (ca. 10 bis 50 V). Durch Variieren dieser Spannung läßt sich die Empfindlichkeit einstellen.
— In der Zuleitung dieser Elektrode liegt ein ohmscher Widerstand. An diesem wird die Bildsignalspannung abgenommen.
— Je nach Belichtung des Photohalbleiters (Integral der Lichtmenge zwischen zwei Abtastvorgängen) fließt die auf Kathodenpotential null liegende Elektronenladung mehr oder weniger gegen die positiv vorgespannte gemeinsame Gegenelektrode ab.
— Bei der nachfolgenden Abtastung werden die fehlenden Ladungen bildpunktweise nachgefüllt und die ganze dem Strahlrohr zugekehrte Seite der Halbleiterschicht wieder auf Kathodenpotential null gebracht. Überschüssige Elektronen werden dabei reflektiert und vom positiv vorgespannten Netz abgesaugt.

Dieser Nachladevorgang geht so schnell vor sich, daß sich die Spannung am einzelnen über den Halbleiter gebildeten Bildpunkt-Kondensatorelement dabei nicht ändern kann. Durch Influenzwirkung wird so die Ladungsänderung, welche ein Maß für das Integral des Lichtflusses des Bildelements darstellt, auf die gemeinsame Gegenelektrode übertragen und erzeugt am Arbeitswiderstand eine entsprechende Signalspannung. Bild 1–25 zeigt schematisch die Vorgänge am einzelnen Bildpunkt der Speicherplatte auf.

Auch die Halbleiterbildröhre ist nicht ohne Störeffekte. Nach sehr starker Belichtung der Halbleiterschicht (z. B. „Blendung“ durch direkte Einstrahlung einer Scheinwerferlampe) erfordert das Nachladen auf Kathodenpotential mehrere Abtastperioden, vgl. Bild 1–26. Dies führt bei bewegtem Bildinhalt auf kometenschweifähnliche Störerscheinungen (Nachziehen). Effekte dieser Art sind beim Plumbikon schwächer als beim Vidikon, weil dessen Speicherschicht dicker ist und damit eine geringere Kapazität aufweist. Bei hinreichendem Lichtfluß stellt das Nachziehen aber auch beim Vidikon keine Probleme. Ebenfalls auf ungenügende Nachladung nach starker Belichtung ist beim Plumbikon ein mit „Blooming“ bezeichneter Effekt zurückzuführen. Dabei werden durch örtliche Potentialdifferenzen am Rande stark ausgeleuchteter Bildpartien benachbarte Bildpunkte in Mitleidenschaft gezogen. Örtliche Überstrahlungen dieser Art treten auch bei ruhendem Bildinhalt auf. Auch das Halbleitermaterial selber weist — vor allem beim verhältnismäßig billigen Vidikon — eine gewisse meist helligkeitsabhängige Trägheit auf.

Störeffekte der beschriebenen Art lassen sich durch besondere Maßnahmen wirksam bekämpfen. Eine merkliche Verbesserung bringt bereits eine gleichmäßig diffuse Grundbeleuchtung der Halbleiterschicht. Eine andere Methode besteht darin, den Strahlstrom an denjenigen Bildstellen, welche einer großen Nachladung bedürfen, hochzutasten.

Halbleiterröhren vom Vidikontyp haben ein Gamma von etwa 0,7, Plumbikons ein solches von

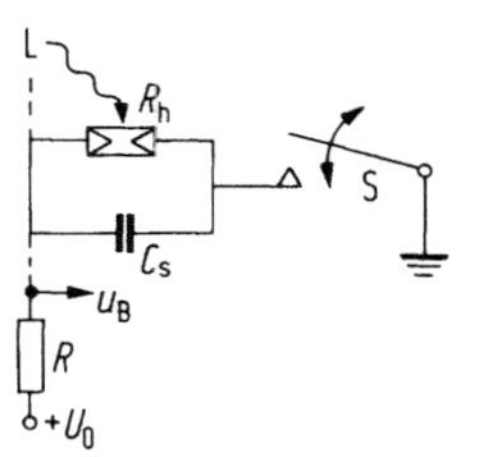

Bild 1-25. Ersatzschaltbild der Vorgänge am Halbleiter (einzelner Bildpunkt). R_h Ausschnitt aus Photohalbleiterschicht; C_s zugehörige Schaltkapazität; L Lichteinfall; S Schalter, symbolisiert Elektronenstrahl: über Bildpunktabtastung geschlossen; Umladung auf Nullpotential erzeugt an R das Bildpunktsignal u_B (U_0 s. Bild 1-24)

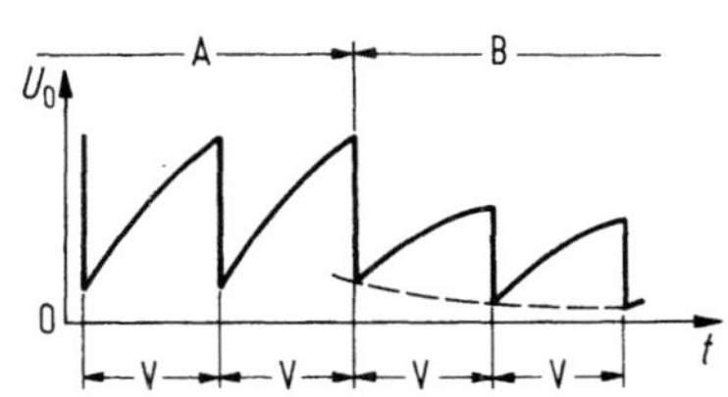

1-26. Unvollkommene Nachladung der Speicherschicht am Anfang des Dunkelbereichs B nach Überbelichtung im Bereich A. V vertikale Abtastperiode, t Zeit (U_0 s. Bild 1-24)

praktisch 1. Die Größe des abtastenden Elektronenflecks bestimmt die Modulationstiefe und den Rauschabstand. Dies gilt ganz allgemein für alle Bildgeber. Der praktische Kompromiß liegt bei der Halbleiterkamera für das öffentliche Fernsehen, von Sonderausführungen für elektronische Reportagen abgesehen, bei einer Modulationstiefe von etwa 30 bis 50% bei 5 MHz (625-Zeilen-Normen des CCIR). Der Amplitudengangfehler wird durch Aperturkorrekturschaltungen ausgeglichen. Auch die endliche Fleckauflösung in vertikaler Richtung läßt sich mit schaltungstechnischen Mitteln korrigieren [0.2; 0.5; 0.6].

Bleioxid-Halbleiterschichten weisen einen sehr kleinen Dunkelstrom auf. Dadurch ergibt sich bei $\gamma \cong 1$ die Möglichkeit, Streulicht-Störeinflüsse elektrisch zu kompensieren, was für das Farbfernsehen wichtig ist. Tabelle 1–I vermittelt Betriebswerte dieses Kameratyps für das Heimfernsehen (s. auch Schluß von Abschnitt 1.1.5)

Multiplikative Amplitudenkorrekturen im Rhythmus der Zeilen- und Bildwechselfrequenz kompensieren Signalabfälle gegen den Bildrand hin, die elektronenoptisch und optisch bedingt sind. (Zoomobjektive mit dem üblichen extremen Brennweite-Variationsbereich haben keine ideale Bildfeldausleuchtung.) Bei allen Bildaufnahmeröhren nimmt die Bildauflösung gegen die Ränder hin etwas ab.

Für die Filmabtastung stellt die Erzeugung hoher Lichtströme keine Probleme, so daß hier neben modernen Röhrentypen auch Vidikone verwendet werden können (vgl. Tabelle 1–I).

Wie erwähnt, sind eine Reihe verschiedener Typen von Halbleiter-Bildaufnahmeröhren bekannt geworden. Eine solche besonderer Art stellt die in den Bell-Laboratorien (USA) entwickelte Multidiodenröhre dar [1.8]. Hier besteht die Grundsubstanz der Halbleiterschicht aus n-leitendem Silizium. Darauf sind eine große Zahl von kleinen Inseln aus p-leitendem Silizium aufgetragen (Planardioden). Auf der Seite des Abtaststrahls sind die einzelnen den Bildpunkten entsprechenden Miniaturdioden durch Siliziumdioxid voneinander isoliert. Die p-leitenden Inseln sind mit Gold bedampft. Beim Überstreichen des Abtast-Elektronenstrahls wird diese Seite der Dioden auf Kathodenpotential gebracht, analog dem beschriebenen Vorgang bei den übrigen Halbleiterbildröhren. Bild 1–27 zeigt den Aufbau der Speicherplatte. Der lichtabhängige Widerstand der pn-Übergänge tritt an die Stelle des Halbleiters.

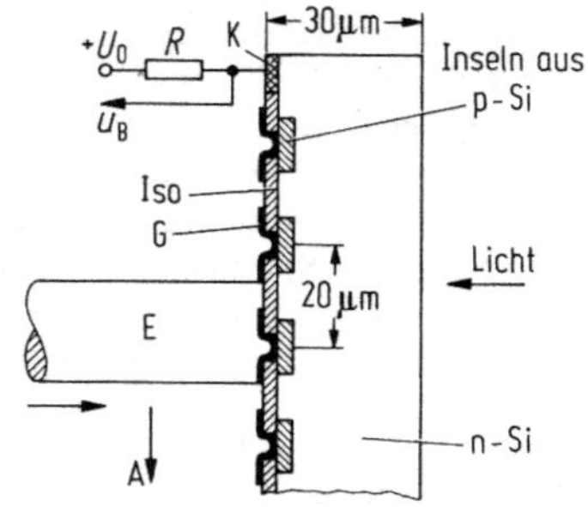

Bild 1-27. Aufbau der Multidiodenröhre. Iso Isolationsbelag (SiO_2); E Elektronenstrahl; A Abtastrichtung; K Kontaktring, G Belag aus Gold; U_0 Vorspannung des leitenden Belags (5 bis 10 V); u_B Bildsignal. Nach [1.8]

Dieser Röhrentyp ist außerordentlich robust und unempfindlich auf extreme Überstrahlung. Selbst direktes Sonnenlicht (10^8 lx auf Signalplatte) er-

Tabelle 1–I. Mögliche Betriebswerte für Halbleiterkameras (Direktaufnahme und Filmabtastung). Die aufgeführten Lichtflüsse entsprechen folgenden typischen Röhrenbeleuchtungsstärken: Vidikon: > 20 lx, Plumbikon: 5 lx. Der unbewertete Rauschabstand liegt um 40 dB, was ungefähr der Sichtbarkeitsgrenze entpricht[a].

Röhrentyp	Max. Szenenkontrast	Lichtfluß auf Signalplatte für Weiß in mlm	Objektivblende	Szenenbeleuchtung in lx für		Bemerkungen
				SW	Farbe	
Vidikon	100:1	10	2	400		noch Nachziehen
Vidikon		150				Filmabtast. kein Nachziehen mehr
Plumbikon	100:1	1	4	160	800[a]	Studiobetrieb

[a] Mit modernen Bildaufnahmeröhren lassen sich bei merklich höherem Lichtangebot wesentlich höhere Rauschabstände erzielen.

zeugt noch kein Einbrennen. Er wurde z. B. bei Bildübertragungen aus dem Weltall eingesetzt. Schwierigkeiten bereitet bei der mit einem Gamma von eins arbeitenden Röhre die Herstellung hinreichend homogener Speicherschichten.

Der Durchmesser von Halbleiterbildröhren liegt, je nach Anwendungszweck und Entwicklungsstand, im Bereich von ½ bis 1½″ (rd. 13 bis 38 mm). Auch Röhren kleineren Durchmessers (z. B. $^{3}/_{4}$″) haben einen sehr hohen Entwicklungsstand erreicht. Extrem klein ist beispielsweise die ½″-Newvicon-Röhre. Sie eignet sich — bei etwas reduzierter Bildauflösung und erkennbarer Trägheit — vor allem für professionelle und private Kleinstfarbkameras. Hervorzuheben ist deren hohe Empfindlichkeit, lassen sich doch mit einer lichtstarken Optik bereits ab Beleuchtungsstärken von etwa 10 lx brauchbare Bilder gewinnen. Auch die Saticonröhre wird häufig für solche Zwecke eingesetzt, wobei in den Prospekten ähnliche minimale Beleuchtungsstärken zu finden sind.

In jüngerer Zeit ist man vermehrt bestrebt, Fernsehsysteme mit wesentlich höherer Bilddefinition zu verwirklichen. Auf dem Gebiet der Bildaufnahmeröhren wurden in dieser Richtung bereits bemerkenswerte Fortschritte erzielt (Return-beam Saticon, Auflösung 2000 Zeilen). Die angestrebte hochauflösende Fernsehnorm soll weltweit einheitlich standardisiert werden (HDTV, high definition television). Wirtschaftliche und auch technische Gründe lassen jedoch — trotz bemerkenswerter Anstrengungen und beachtlicher erster Erfolge — die baldige Einführung einer solchen Neuerung kaum erwarten, weshalb im folgenden nicht weiter auf Entwicklungen, die in dieser Richtung zielen, eingegangen wird [1.28–1.31]. Man hat hier auch zu bedenken, daß die inhärente Qualität heutiger Heimfernsehsysteme noch nicht voll ausgeschöpft ist [1.67]. Für Sonderfälle können HDTV-Systeme wie auch stereoskopische Verfahren [1.27] schon heute erwünscht sein.

Festkörpersensoren für die Bildaufnahme

Der allgemeine Entwicklungstrend in Richtung hochintegrierter Schaltungen führte zu neuartigen Bildgeberanordnungen, die ohne Vakuumgefäß und Elektronenabtaststrahl auskommen. Linien- und flächenhafte Anordnungen einer Großzahl von Halbleiter-Sensorelementen ermöglichen den Bau äußerst kompakter und robuster Bildgeber. Schwarzweißkameras dieser Art sind seit etwa 1976 im Handel. Seit diesem Zeitpunkt sind weitere bedeutende Fortschritte in Richtung Homogenität und Auflösungsvermögen der elektro-optischen Halbleiterchips gemacht worden, was sich zunächst im Bau von Farbfernseh-Kleinstkameras für professionelle Anwendungen manifestierte. Eine führende Stellung schien 1983/84 eine CCD-Kamera von RCA einzunehmen (Details am Schluß des Abschnitts über CCD-Sensoren). Es ist anzunehmen, daß Festkörper-Abtastmethoden einen Qualitätsstand erreicht haben, der ihre Verwendung für Heimfernsehzwecke möglich macht [1.14–1.20].

Die leichter herzustellenden zeilenförmigen Sensoranordnungen haben einen sehr hohen Gütegrad erreicht. Sie werden u. a. für die Abtastung von Farbfilmen für das Heimfernsehen eingesetzt [1.19]. Die vertikale Bildabtastung kann dabei durch eine kontinuierliche Filmbewegung erreicht werden. Nachteilig ist, daß wegen des Zwischenzeilenverfahrens ein verhältnismäßig aufwendiger Bildspeicher benötigt wird.

Um zu einem hinreichend hohen Lichtwirkungsgrad zu kommen, müssen auch Festkörpersensoren nach dem Speicherprinzip arbeiten. Dies bedeutet, daß durch die kontinuierliche Lichteinwirkung Ladungen aufzubauen sind, die dann in geeigneter Weise umgeschichtet und herausgelesen werden müssen. Als Halbleiter kommt praktisch nur Silizium mit seiner hochentwickelten Technologie in Frage. Zur Entnahme der Bildpunktinformation wird eine hinreichend hohe Taktfrequenz benötigt. Für das Heimfernsehen sollte diese wesentlich über 10 MHz liegen.

Als Sensorelement bieten sich zur Zeit die pn-Diode und der MOS-Kondensator an. Die Wirkungsweise beruht in beiden Fällen darauf, daß zunächst durch das einfallende Licht Elektronen-Loch-Paare entstehen. Diese werden in einem internen elektrischen Feld getrennt und entladen die vorher vorhandene Raumladung eines Miniaturkondensators. Bild 1–28 zeigt den schematischen Aufbau der genannten zwei Sensorelemente.

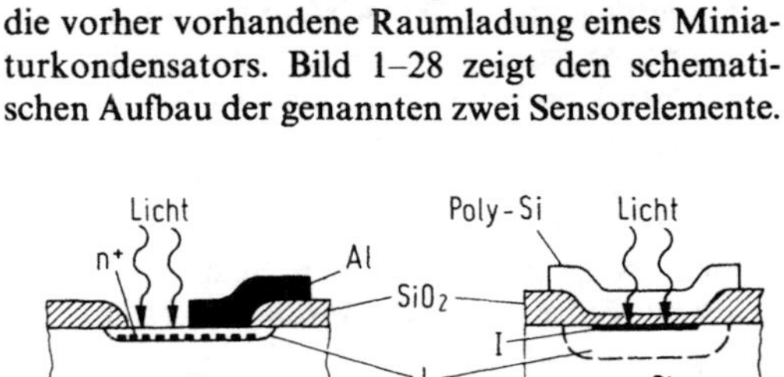

Bild 1-28. a) pn-Diode; b) MOS-Kondensator. L Raumladungszone, I Inversionsschicht (dieses und folgende Bilder nach [1.17])

Vom Blau abgesehen, paßt sich die spektrale Empfindlichkeit solcher Anordnungen gut dem sichtbaren Bereich des Lichts an. Der Quantenwirkungsgrad kann hier theoretisch annähernd eins werden; in der Praxis wurden mittlere Werte um etwa 20% erzielt.

Große flächenhafte Sensoren verwenden heute nur noch den MOS-Kondensator als lichtempfindliches Element. Anfänglich wurden hier auch Photodioden und -transistoren eingesetzt. Die Herstellung von Sensorfeldern sehr hoher Bildpunktzahl stößt vorläufig noch auf gewisse technologische Schwierigkeiten (Homogenität, Empfindlichkeit). Gewisse Probleme gibt es auch im Zusammenhang mit der Gradation sowie mit dem Farbfernsehen. Beim Digitalfernsehen muß zur Vermeidung von Interferenzstörungen die horizontale Sensorzahl mit der Abtastrate in fester Beziehung stehen.

Es gibt zwei Hauptorganisationsformen von zweidimensionalen Festkörpersensoren: Ladungsgekoppelte Anordnungen (charge coupled devices) und ladungsinjizierende Anordnungen (charge injection devices). In beiden Gruppen gibt es hinsichtlich Feinstruktur und Funktionsweise Abarten, auf die im folgenden nicht eingegangen werden kann.

Ladungsgekoppelte Anordnungen (CCD-Sensoren)

Bei solchen Abtastanordnungen werden MOS-Kondensatoren so dicht nebeneinander angeordnet, daß ihre Raumladungszonen ineinander übergreifen. Die Ladung kann dann unter bestimmten äußeren Bedingungen von einem Kondensator in den benachbarten überfließen. Bild 1–29 zeigt das Prinzip der Ladungskopplung und -verschiebung für das einfachste Schaltungsprinzip (Einlagenmetallisierung) auf. Es gibt auch Anordnungen mit Mehrlagenmetallisierung und Ladungstransport im Innern des Halbleitersubstrats (Bulk-CCD).

Ein Ladungsträgerpaket wird zu Beginn des Übertragungsvorgangs in der Raumladungszone eines einzelnen Kondensatorelements gehalten. Es handelt sich um Minoritätsträger. An der schaltbaren Elektrode liegt eine positive Spannung. Die gemeinsame Elektrode besteht aus p-Substrat. Durch Anlegen der gleichen Spannung an die nächste Einzelelektrode verteilen sich die Ladungsträger über beide Kondensatoren. Damit alle Ladung weiterfließt, wird hierauf die Spannung der ersten Elektrode auf einen niedrigeren Wert zurückgeschaltet. Das Ladungspaket ist damit um eine Kondensatoreinheit verschoben worden.

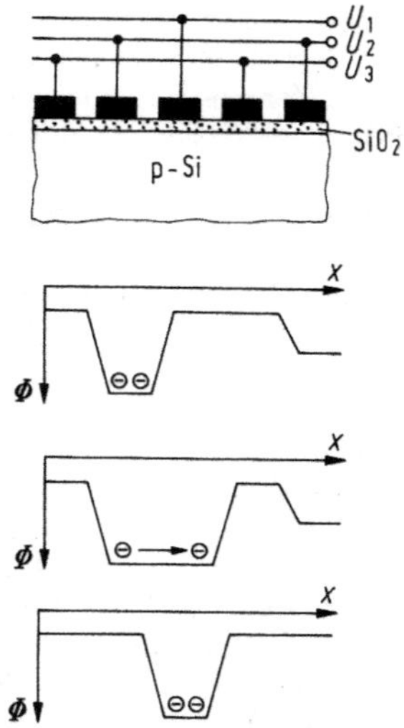

Bild 1-29. Prinzip der Ladungskopplung und -verschiebung bei einlagiger Metallisierung. Erläuterungen im Text

Damit die Übertragungsrichtung definiert ist, muß jeweils an der davorliegenden Elektrode ein niedrigeres Potential liegen. Um ein Ladungspaket (Bildelement) zu speichern und zu verschieben (übertragen), benötigt man also mindestens drei Elektroden. Je drei Elektroden bilden zusammen ein Sensorelement (Dreiphasenbetrieb).

Das serielle Prinzip der Ladungsverschiebung mit schließlicher Informationsentnahme am Ende der Zeile arbeitet nicht völlig verlustlos, indem bei jeder Verschiebung ein kleiner Teil der Ladung zurückbleibt. (Die Umladung erfolgt näherungsweise nach einer Exponentialfunktion, der genaue Mechanismus ist aber recht kompliziert.) Für das Auslesen der Information aus zweidimensionalen Sensoranordnungen haben sich zwei Prinzipien durchgesetzt.

Bild 1–30a zeigt schematisch die Arbeitsweise des Zwischenspaltenprinzips auf. Die Information wird hier durch Öffnen einer Torelektrode aus den einzelnen Sensorelementen in CCD-Register übertragen, die abgedeckt sind, und aus diesen verhältnismäßig langsam zeilenweise in ein dem Licht nicht ausgesetztes Ausleseregister geschoben. Eine solche Anordnung hat einen komplizierten Aufbau und ist nicht besonders empfindlich, da für die lichtempfindlichen Teile nur die halbe Fläche verfügbar ist. Die Auflösung kann prinzipiell gute Werte erreichen (Interline-Transfer).

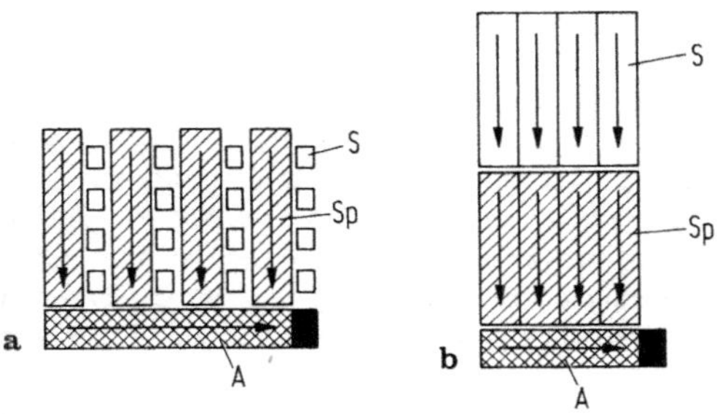

Bild 1-30. Auslesen der Bildinformation. **a** nach dem Zwischenspaltenprinzip; **b** nach dem bildorganisierten Prinzip. S Sensorteil, Sp Speicherteil, A Ausleseteil. Näheres im Text

Sensorchips nach dem bildorganisierten Prinzip (Bild 1–30b) sind einfacher aufgebaut. Sensor- und Speicherteil sind hier identisch ausgeführt. Das im Sensorteil aufgenommene Bild wird sehr schnell in den vom Licht abgedeckten Speicherteil verschoben und von dort verhältnismäßig langsam zeilenweise in das Ausleseregister weitergeschoben. Anordnungen dieser Art haben im Vergleich zum Zwischenspaltenprinzip bei reduzierter Auflösung eine verbesserte Empfindlichkeit. Eine Anpassung an das Zeilensprung-Abtastverfahren ist durch Übergang auf ein Vierphasen-Schiebesystem ohne Vergrößerung der Zahl der Sensorelemente möglich. 1979 fand man CCD-Flächensensoren mit beispielsweise 475 × 496 (Bell Laboratorien, USA) bzw. 492 × 452 (Sony, Japan) Abtastelementen auf dem Markt. Die Bild-Chipflächen betrugen 16 × 20 bzw. 10,3 × 9,1 mm^2 (Frame-Transfer).

Eine 1983 erfolgreich demonstrierte Heimfernseh-CCD-Farbkamera von RCA weist folgende Merkmale auf [1.18]: Der Chip hat die Abmessungen von 8,38 × 10,14 mm^2 und enthält 403 horizontale und 512 vertikale Bildelemente. Die Auflösung soll damit etwa einer $^2/_3$-Zoll-Kameraröhre entsprechen. Es werden drei Chips eingesetzt, die nach dem Frame-Transferprinzip (nicht Interline-Transferprinzip) arbeiten, d.h. die gesamte Ladung auf der lichtempfindlichen Fläche wird bildweise in den Speicher überführt. Die nachziehfreie Kamera weist bei sehr gutem Rauschabstand eine praktische Grenzempfindlichkeit von 32 lx auf.

Anordnungen mit Ladungsinjektion (CID-Sensoren)

Der äußere Aufbau der CID-Sensoren (charge injection devices) ist zunächst gleich wie derjenige der CCD-Sensoren. Je zwei benachbarte MOS-Kondensatoren bilden ein Sensorelement; die Ladung wird entlang der Oberfläche transportiert. Es ist zwischen Zeilen- und Spaltenleitungen zu unterscheiden. Ein Kondensatorelement ist einer Zeilen-, das andere einer Spaltenleitung zugeordnet. Durch dieses „Kreuzschienensystem“ ist jeder Bildpunkt von außen ansteuerbar (xy-Adressierung). Bild 1–31 zeigt den Aufbau eines Sensorelements. Das Potential an den Zeilen- und Spaltenleitungen bestimmt darüber, ob die Inversionsladung unter beiden oder nur einer Elektrode gehalten wird, oder ob die Minoritätsträger in das Substrat injiziert werden.

Nach einem ersten Verfahren wird die Bildinformation durch sequentielle Ladungsinjektion ausgelesen. Bei Beginn des Auslesevorgangs wird unter den Kondensatorelementen von Bild 1–31 gleichmäßig verteilt eine Inversionsladung, die dem Integral der Lichtstärke über die Belichtungszeit entspricht, gehalten. Darauf wird über ein Schieberegister eine einzelne Zeile angewählt und die Spannung darauf soweit reduziert, daß keine Inversion mehr in Erscheinung treten kann. Alle Elemente dieser Zeile geben daher die Inversionsladung an die zugeordneten Spaltenelektroden ab. Nun wird über ein zweites Schieberegister eine bestimmte Spalte angewählt. Bei allen Zeilen, außer der vorher ausgewählten, fließt jetzt – da auch hier die Spannung verringert wird – die Inversionsladung unter die entsprechende Zeilenelektrode. Im angesteuerten Bildelement kann unter keiner der beiden Elektroden mehr Ladung gehalten werden. Als Folge davon werden die Minoritätsträger in das Substrat injiziert und von dort über eine gemeinsame Elektrode als Bildsignal abgenommen. Ein aus Majoritätsträgern bestehendes überlagertes Taktfrequenz-Störsignal muß dabei noch herauskompensiert werden. Wegen der verhältnismäßig großen Substratkapazität

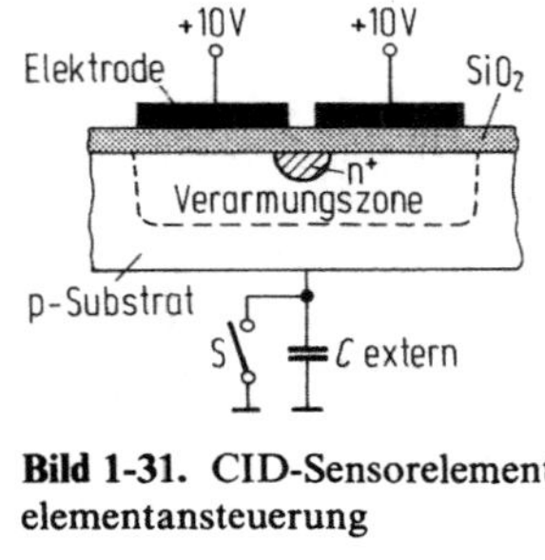

Bild 1-31. CID-Sensorelement. S Schalter zur Bildelementansteuerung

liegt die Auslesefrequenz solcher Anordnungen unter 10 MHz. Die Auflösung genügt damit den Anforderungen des Heimfernsehens nicht ganz.

Beim zweiten Verfahren, dem Auslesen durch parallele Ladungsinjektion, sind der Auslese- und der Löschvorgang voneinander getrennt. Zur Erläuterung der Funktionsweise wird Bild 1–32 herangezogen. Bei Beginn des Auslesezyklus liegt an den Zeilenelektroden eine höhere Spannung als an den Spaltelektroden. Die Ladung wird dadurch unter den Zeilenelektroden gehalten. Im Verlauf des Auslesens werden zunächst sämtliche Spaltenleitungen kurzzeitig an eine Bezugsspannung gelegt und hierauf von der Spannungsquelle getrennt, wodurch deren Potential frei schwebt.

Im nächsten Schritt wird über ein Schieberegister eine Zeile ausgewählt und dabei die Elektrodenspannung aller entsprechenden Kondensatorelemente derart verringert, daß deren Ladungen unter die entsprechenden Spaltelektroden fließen. Durch Influenzwirkung (kapazitive Kopplung) ändert sich, der aufgenommenen Inversionsladung der Spaltenelektrode entsprechend, das Potential der Spaltenleitungen gegenüber dem vorher aufgeprägten Bezugspotential. Diese Spannungsdifferenz stellt das Bildsignal dar, das von Spalte zu Spalte über Schalttransistoren auf einen Verstärker geführt wird.

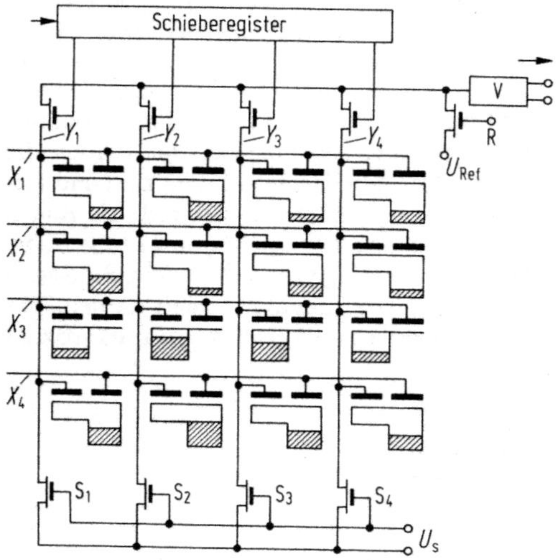

Bild 1-32. Auslesen der Bildinformation durch parallele Ladungsinjektion. X_i Zeilen-, Y_i Spalten-Sammelelektroden, S_i Spaltenschalter, U_s Steuerspannung; U_{Ref} Bezugsspannung, R Rückstellung, V Video-Vorverstärker (vgl. Text)

Will man die Elemente der gelesenen Zeile löschen, wird das Prinzip der parallelen Ladungsinjektion angewandt. Hierbei wird gleichzeitig das Potential dieser Zeilenleitung und dasjenige sämtlicher Spaltenleitungen unter die Einsatzspannung der starken Inversion reduziert. Ein Löschen der Bildinformation nach dem Herauslesen ist aber nicht unbedingt erforderlich; der Auslesevorgang an sich ist zerstörungsfrei. Bei Anordnungen dieser Art sind Auslesetaktfrequenzen von mehr als 10 MHz erreichbar. 1979 wurden z.B. bereits CID-Sensoren von bis zu 248 × 244 Elementen gebaut (General Electric, USA). Die Chipfläche ist größer als bei CCD-Anordnungen vergleichbarer Bildpunktzahl. Indem die Sensorelemente der Anordnungen mit Ladungsinjektion auf einer zum Substrat umgekehrt dotierten Epitaxieschicht aufgebracht werden, lassen sich Festkörpersensoren mit ausgezeichneten „Anti-Blooming"-Eigenschaften bauen (vgl. Ausführungen zur Halbleiterbildröhre).

Empfindlichkeitsvergleich von sendeseitigen Wandlern

Festkörpersensoren sind etwas empfindlicher als Halbleiterbildaufnahmeröhren: Die für einen guten Rauschabstand erforderlichen Photoschicht-Beleuchtungsstärken liegen bei Größenordnung 1 lx. Für Farbfernsehanwendungen kann die geringe Blauempfindlichkeit des Silizium-Photohalbleiters Probleme stellen. Auch ist der im wesentlichen thermischen Einflüssen zuzuschrei-

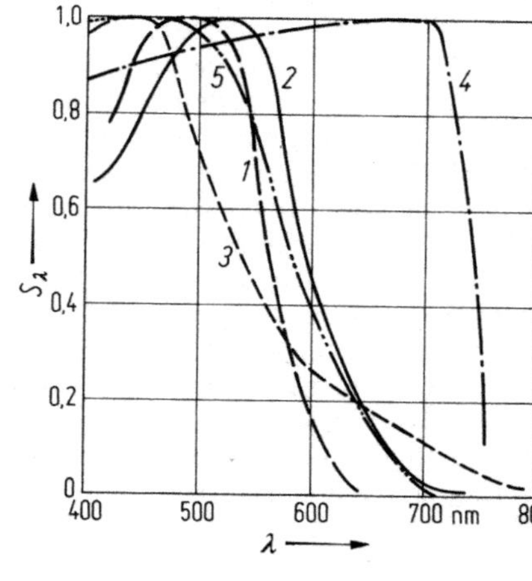

Bild 1-33. Relative spektrale Empfindlichkeit S_λ einiger Halbleiterbildröhren. *1* normales Plumbikon, *2* Plumbikon mit erweitertem Rotbereich, *3* Antimontrisulfid-Vidikon, *4* Chalnicon, *5* Saticon; λ Lichtwellenlänge

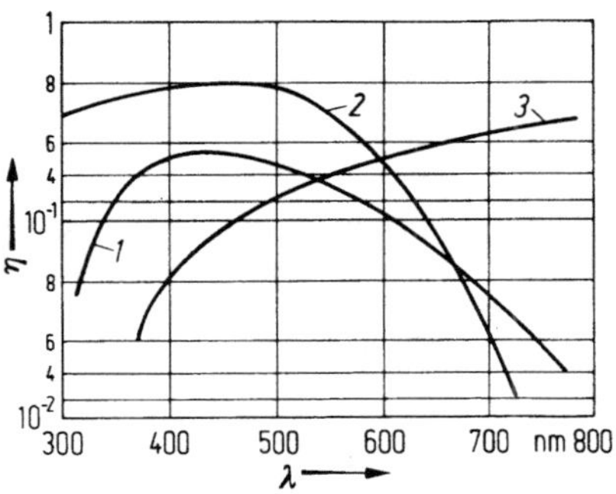

Bild 1-34. Quantenwirkungsgrad η einiger photoelektrischer Wandler. *1* Photokathode neuerer Bauart, *2* Bleioxid-Halbleiterbildröhre, *3* Si-Bildsensor; λ Lichtwellenlänge

bende Dunkelstrom noch ungleichmäßig. Man hat aber stets vor Augen zu halten, daß die Entwicklung von Halbleitersensoren erst angelaufen ist. Bild 1–33 zeigt die relative spektrale Empfindlichkeit einiger Bildgeberanordnungen auf. Es handelt sich um typische Werte. Für das Farbfernsehen ist ein möglichst flacher Verlauf über den ganzen sichtbaren Bereich des Spektrums anzustreben. Der Relativverlauf für einen einfachen Siliziumsensor kann Bild 1–34 entnommen werden.

Über die bei sendeseitigen Wandlern erzielbaren Quantenausbeuten orientiert Bild 1–34. Von der Physik her sind in dieser Beziehung Anordnungen, welche den inneren Photoeffekt ausnutzen, besonders günstig. So soll die im Bild nicht aufgeführte Newvicon-Halbleiterröhre einen Quantenwirkungsgrad von größer als eins haben.

1.1.5 Rausch-Störeffekte

Die Empfindlichkeit der Bildgeber ist durch physikalische Effekte eingeschränkt. Ein Teil der Störsignale ist mit dem Abtastvorgang geometrisch korreliert, andere beruhen auf statistischen Schwankungsvorgängen. Dieser Abschnitt befaßt sich mit den letztgenannten Erscheinungen. Die wichtigsten Rauschstörungsarten beim Fernsehen sind [0.3–0.6]:

- Schrotrauschen in kleinen Signalströmen,
- Wärmerauschen von Widerständen,
- Rauschen von Halbleitern und Röhren.

Schrotrauschen (Schottky, 1918)

Das Schrotrauschen hat seine Ursache in einer durch die endliche Zahl von Ladungsträgern (meist Elektronen) verursachten zeitlich nicht völlig gleichmäßigen Stromstärke bei kleinen Strömen. Es schränkt die Empfindlichkeit von Photozellen,. Photovervielfachern und andern Bildaufnahme-Röhrenarten, z. B. des Superorthikons, ein. Für eine normal betriebene Halbleiter-Bildaufnahmeröhre stellt es dagegen keinen qualitätsbestimmenden Einflußfaktor dar.

Die Grundformel des Schrotrauschens bringt das mittlere spektrale Schwankungsquadrat $\overline{\mathrm{d}i_s^2}$ mit dem mittleren Gleichstrom I in Beziehung;

$$\overline{\mathrm{d}i_s^2} = 2eI\,\mathrm{d}f, \tag{1.23}$$

worin $e = 1{,}59 \cdot 10^{-19}$ C (Ladung des Elektrons). Der Effektivwert der spektralen Stromschwankung ist

$$\mathrm{d}I_{s\,\mathrm{eff}} = \sqrt{\overline{\mathrm{d}i_s^2}}. \tag{1.24}$$

Das Schrotrauschen hat eine von der Frequenz unabhängige spektrale Leistungsdichte, so daß man für das Stromschwankungsquadrat am Ausgang eines idealen Tiefpasses (Amplitude eins bis Grenzfrequenz f_g) schreiben kann:

$$\overline{i_s^2} = 2eI \int_0^{f_g} \mathrm{d}f = 2eIf_g. \tag{1.25}$$

In praktischen Anordnungen kann nur ein Teil des Stroms I zum Nutzstrom gerechnet werden. Als Nutzsignal gilt für Störabstandsberechnungen stets der SS-Wert des vollen Schwarzweißsprungs mit Einschluß des Austastsignals. (Im international genormten Videosignal entspricht dies einem Spannungswert von 0,7 V_{SS} an 75 Ω.) Wählt man für den Nutzstrom das Symbol I_b, läßt sich schreiben:

$$I_b/I = \eta. \tag{1.26}$$

η ist gewissermaßen der Wirkungsgrad der Signalstromquelle; praktische Werte liegen um 0,1 bis 0,3. Physikalisch betrachtet setzt sich der Gesamtstrom aus dem Bildstrom und dem Dunkelstrom zusammen. Letzterer wird durch thermische Effekte im lichtempfindlichen Material, im Verein mit Potentialunterschieden, ausgelöst (Feldemission). Mit den oben aufgeführten Beziehungen läßt sich der Schrot-Störabstand eines einfachen opto-elektronischen Wandlers beim Vorliegen eines idealen Tiefpasses mit Grenzfrequenz f_g für das Fernsehen wie folgt anschreiben:

$$S_s = I_b/i_{s\,\mathrm{eff}} = \sqrt{\frac{I_b\eta}{2ef_g}}. \tag{1.27}$$

Der Störabstand steigt mithin proportional zur Wurzel des Bildstroms und indirekt proportional zur Wurzel der Grenzfrequenz an.
Als Photozellen kommen für das Fernsehen zur Zeit fast nur Hochvakuumanordnungen in Frage. Diese werden normalerweise im Sättigungsstromgebiet, d.h. ohne Raumladung, betrieben. Die Raumladungskonstante, welche streng genommen den oben angeschriebenen Beziehungen als Faktor vorangestellt werden müßte, ist dann gleich eins. Bei Raumladung reduziert sich das mittlere Stromschwankungsquadrat, d.h. die Raumladungskonstante ist dann kleiner als eins.
In opto-elektronischen Halbleitern können sich Rauscheffekte besonderer Art den hier beschriebenen überlagern. Darauf sei hier nicht eingegangen. Halbleiter-Lichtwandler werden zur Zeit noch laufend verbessert.
Mit einfachen opto-elektronischen Anordnungen erreicht man für bestimmte fernsehtechnische Anwendungen z.T. noch keine guten Störabstände. Kombiniert man aber, wie im Abschnitt 1.1.2 erwähnt, die Photozelle mit einem Sekundäremissions-Elektronenvervielfacher, erhält man einen außerordentlich empfindlichen photoelektronischen Wandler.
Ist M der Stromvervielfachungsfaktor (10^3 bis 10^5) und α der Faktor, um den sich der Rauschanteil durch die Sekundäremission erhöht ($\alpha = 1{,}2 \ldots 1{,}5$; Zworykin-Faktor), so gilt für das mittlere Stromschwankungsquadrat des raumladungsfreien Photovervielfachers

$$\overline{i_s^2} = M^2\, 2 e I_b \frac{\alpha}{\eta} f_g \tag{1.28}$$

und als Störabstand für das Schrotrauschen resultiert

$$S_s = M I_b / I_{s\,\mathrm{eff}} = \sqrt{\frac{I_b \eta}{2 e \alpha f_g}}, \tag{1.29}$$

d.h. $S_s \sim \sqrt{I_b}$, $\sim 1/\sqrt{f_g}$.

I_b ist darin der maximale SS-Wert des Nutzstroms vor der Vervielfachung.
Für die weitere Signalverarbeitung wird im allgemeinen eine Spannung benötigt. Man leitet deshalb den Strom des opto-elektronischen Wandlers auf einen ohmschen Widerstand. Zu diesem liegt eine unvermeidliche Streukapazität sowie die Eingangsimpedanz der ersten Verstärkerstufe parallel. Wird die resultierende Gesamtimpedanz, in welche der Strom hineinfließt, mit $\underline{Z}$ bezeichnet, ergibt

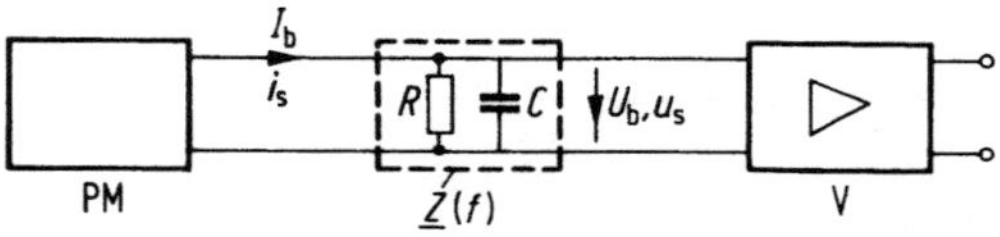

Bild 1-35. Photomultiplier PM in praktischer Schaltung. I_b Bild-, i_s Rauschstrom; $\underline{Z}(f)$ Kopplungszweipol; U_b Bild-, u_s Rauschspannung; V linearer Verstärker; R Arbeitswiderstand, C Schaltkapazität

sich für das Spannungsschwankungsquadrat des Schrotrauschens zunächst ganz allgemein

$$\overline{\mathrm{d}u_s^2} = \overline{\mathrm{d}i_s^2}\, |\underline{Z}(f)|^2 . \tag{1.30}$$

Für die Photozelle mit Sekundäremissionsvervielfacher folgt:

$$\overline{\mathrm{d}u_s^2} = K |\underline{Z}(f)|^2\, \mathrm{d}f,$$

bzw.

$$\overline{u_s^2} = K \int_0^{f_g} |\underline{Z}(f)|^2\, \mathrm{d}f, \tag{1.31}$$

worin $K = \dfrac{m^2 \alpha 2 e I_b}{\eta}$.

Wegen des verhältnismäßig großen Ausgangsstroms läßt sich für den Photomultiplier im allgemeinen das aus Bild 1–35 ersichtliche Ersatzschema anwenden, mit

$$\underline{Z}(f) = R/(1 + \mathrm{j}2\pi f R C),$$

bzw.

$$|\underline{Z}(f)|^2 = R^2/[1 + (2\pi f R C)^2]. \tag{1.32}$$

Das Wärmerauschen des Arbeitswiderstandes R wie auch das Verstärkerrauschen fallen dabei gegenüber dem Schrotrauschen nicht ins Gewicht.

Wärmerauschen (Nyquist, 1928)

Durch Wärmebewegung der Ladungsträger entsteht an den Klemmen eines ohmschen Widerstandes das spektrale Schwankungsquadrat der Rauschspannung

$$\overline{\mathrm{d}u_r^2} = 4 k T_0 R\, \mathrm{d}f, \tag{1.33}$$

worin k die Boltzmannsche Konstante ($1{,}38 \cdot 10^{-23}$ J/K), T_0 die absolute Temperatur in K, R der Widerstand in Ω und f die Frequenz in Hz ist.
Auch beim Wärmerauschen ist die spektrale Leistungsdichte konstant. Am Ausgang eines idealen Tiefpasses mit der Grenzfrequenz f_g resultiert damit für das Rauschspannungs-Schwankungsquadrat

$$\overline{u_r^2}=4kT_0R\int_0^{f_g}\mathrm{d}f=4kT_0Rf_g. \quad (1.34)$$

Oft liegt anstelle eines reinen Widerstandes ein Zweipol mit frequenzabhängiger Impedanz $\underline{Z}(f)$ vor. In solchen Fällen trägt nur der Realteil $\mathrm{Re}(f)$ der Impedanz zum Wärmerauschen bei, und es gilt:

$$\mathrm{d}\overline{u_r^2}=4kT_0\,\mathrm{Re}(f)\,\mathrm{d}f, \quad (1.35)$$

bzw., analog zu oben, im Falle eines nachgeschalteten idealen Tiefpasses mit Grenzfrequenz f_g,

$$\overline{u_r^2}=4kT_0\int_0^{f_g}\mathrm{Re}(f)\,\mathrm{d}f. \quad (1.36)$$

Arbeitet eine rauschfrei gedachte Bildaufnahmeröhre mit einem Nutzstrom I_b (*SS*-Wert des Bildsignals für SW-Sprung) über eine Kopplungsimpedanz $\underline{Z}(f)$ mit Realteil $\mathrm{Re}(f)$ auf einen Verstärker mit idealer Tiefpaßcharakteristik (Grenzfrequenz f_g), resultiert für den Störabstand des Wärmerauschens die Beziehung

$$S_r=\frac{U_b}{U_{r\,\mathrm{eff}}}=\frac{I_b|\underline{Z}(0)|}{\sqrt{4kT_0\int_0^{f_g}\mathrm{Re}(f)\,\mathrm{d}f}}, \quad (1.37)$$

worin $u_{r\,\mathrm{eff}}=\sqrt{\overline{u_r^2}}$ und U_b die Nutzspannung des Bildsignals für $f\to 0$ sind. Anstelle von $|\underline{Z}(0)|$ läßt sich bei $f\to 0$ R schreiben (Einfluß der Streukapazität C verschwindet bei sehr tiefen Frequenzen). Für den Realteil der Kopplungsimpedanz $\underline{Z}$ (Bild 1–35) ergibt sich

$$\mathrm{Re}(f)=R/[1+(2\pi fRC)^2]. \quad (1.38)$$

Verstärkerrauschen

Bisher wurde angenommen, daß der Signalverstärker, welcher der Bildaufnahmeröhre bzw. dem Photovervielfacher folgt, rauschfrei arbeitet. In Wirklichkeit sind die Verstärker-Eingangssignale aber oft so klein, daß das Eigenrauschen des Bild-Vorverstärkers nicht vernachlässigt werden kann. Dieser Sachverhalt liegt z.B. bei der Halbleiterbildröhre vor.

Es ist üblich, das gesamte Rauschen des Verstärkers — es ist im wesentlichen das Rauschen der Eingangsstufe — in einen äquivalenten Rauschwiderstand $R_ä$ zusammenzufassen, der in Serie zum Verstärkereingang geschaltet ist. Als Eingangsstufe findet fast immer ein Feldeffekttransistor Anwendung (sehr hohe Eingangsimpedanz), so daß sich das in Bild 1–36 gezeigte Ersatzschema ergibt.

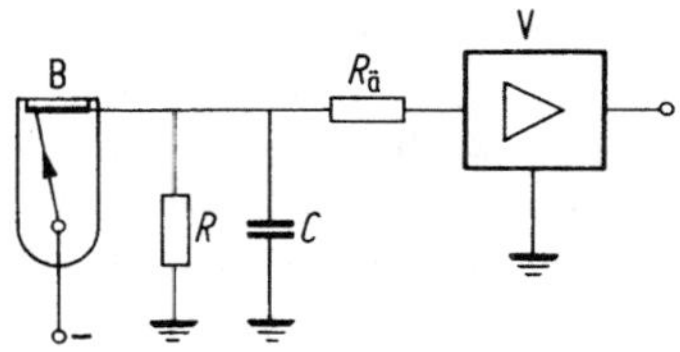

Bild 1-36. Ersatzschema für Halbleiterbildröhre *B* mit Kopplungszweipol (wie in Bild 1-35) und Vorverstärker V mit Ersatzrauschwiderstand $R_ä$ und Frequenzgang $A(f)$. Näheres im Text

Die praktischen Werte für $R_ä$ liegen im Bereich von 100 bis 500 Ω.

Der Arbeitswiderstand R wird zweckmäßigerweise relativ sehr hoch gewählt (bis 1 MΩ), wobei die starken durch die Streukapazität C (Größenordnung 20 pF) verursachten linearen Verzerrungen (Frequenzgangabfall schon etwa ab Zeilenfrequenz!) durch ein komplementäres Filter im Bildverstärker kompensiert werden. Diese Frequenzgangentzerrung wird aber erst nach der Eingangsverstärkerstufe, d.h. dort, wo man mit Sicherheit von der Filterung her keine Rauschabstandsverschlechterung mehr zu erwarten hat, vorgenommen.

Gegen höhere Videofrequenzen hin sinkt der Realteil des RC-Kopplungszweipols am Verstärkereingang stark ab. In diesem Bereich wird das Rauschen praktisch ausschließlich durch den Verstärker bestimmt (vgl. Abschnitt über den Störabstand der Halbleiterbildröhre). Frequenzabhängige Rauscheffekte von Röhren und Halbleitern sind beim Fernsehen normalerweise ohne Bedeutung.

Addition von Rauschanteilen

Beim regellosen Rauschen hat man für den Fall, daß sich Rauschanteile verschiedener Störquellen überlagern, stets Rauschleistungen zu addieren. Bei gleichzeitigem Vorliegen von Schrot-, Wärme- und Verstärkerrauschen resultiert somit für den Effektivwert der Gesamtrauschspannung

$$U_{\mathrm{tot\,eff}}=\sqrt{\overline{u_s^2}+\overline{u_r^2}+\overline{u_v^2}} \quad (1.39)$$

und damit für den Gesamtstörabstand

$$S_{\mathrm{tot}}=\frac{I_bR}{U_{\mathrm{tot\,eff}}}. \quad (1.40)$$

Dieses Spannungsverhältnis wird normalerweise im Dezibelmaß angegeben.

Visuelle Bewertung von spektralen Rauschanteilen

Rauschstörungen erzeugen auf dem Fernsehschirm regellos verteilte, zeitlich regellos schwankende helle und dunkle Bildpunkte. Bei starken Rauschanteilen im Bereich der Zeilenfrequenz umfaßt die örtlich und zeitlich regellose Schwankung ganze Zeilen.

Die Sichtbarkeit und damit auch die Störwirkung solcher Effekte hängt in hohem Maße von der mittleren örtlichen Ausdehnung des einzelnen Störzeichens ab. Um zu einem subjektiv maßgeblichen Störabstand zu gelangen, ist es deshalb notwendig, das Rauschspektrum einer Bewertung zu unterziehen.

Im CCIR einigte man sich für 625-Zeilen-Schwarzweißsignale auf die in Bild 1–37a wiedergegebene Bewertungskurve. Beim Farbfernsehen gilt sie für das Luminanzsignal und für die Luminanzanteile der einzelnen Primärfarbensignale (vgl. Abschnitt 1.4.1). Als Filter dient ein einfaches überbrücktes T-Glied, dessen Aufbau und Dimensionierungsvorschrift Bild 1–37b aufzeigt. Zur Ermittlung des bewerteten Rauschabstandes ist das mittlere Rauschstrom- oder Rauschspannungs-Schwankungsquadrat im Integranden mit dem Quadrat des Betrages der Rauschbewertungsfunktion zu multiplizieren.

Das — bewertete oder unbewertete — Leuchtdichterauschsignal $U_{\mathrm{Y\,eff}}$ setzt sich wie folgt aus den Leuchtdichteanteilen der Primärfarbensignale (Index R für Rot, G für Grün und B für Blau) zusammen:

$$U_{\mathrm{Y\,eff}} = \sqrt{\overline{(0{,}30\,u_{\mathrm{R}})^2} + \overline{(0{,}59\,u_{\mathrm{G}})^2} + \overline{(0{,}11\,u_{\mathrm{B}})^2}} \quad (1.41)$$

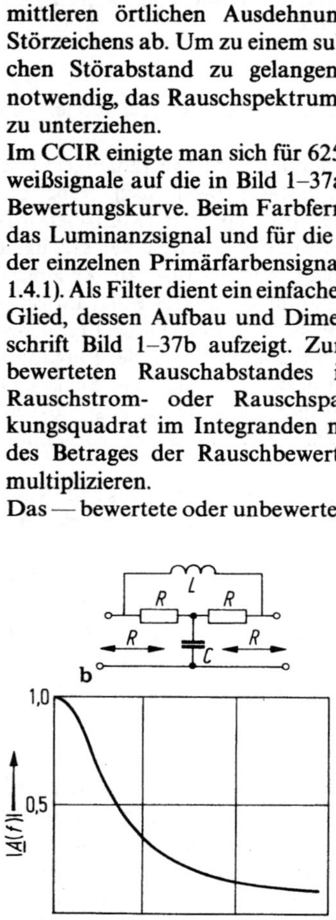

Bild 1-37. a Rauschbewertungskurve und **b** entsprechendes Filter für das Schwarzweißfernsehen sowie allgemein für uncodierte Videokanäle (nach früherer CCIR-Empfehlung 421). Es gilt (f Frequenz):

$$|A(f)| = [1 + (2\,\pi f \tau)^2]^{-\frac{1}{2}},$$

worin $\tau = (LC)^{-\frac{1}{2}} = 330$ ns, $R = 75\,\Omega$, $L = \tau R = 25\,\mu$H und $C = \tau/R = 4{,}4$ nF

In der Fernsehübertragungstechnik benötigt man eine Rauschbewertung für den Kanal des zusammengesetzten Farb-Gesamtsignals (NTSC-, PAL-, SECAM-Farbfernsehsystem). Darauf wird im Kapitel 3 eingegangen (Festlegung eines neuen CCIR-Rauschbewertungsfilters für alle Farbfernsehsysteme).

Rauschbandbreite

In der Übertragungstechnik wird für Rauschberechnungen häufig der Begriff der Rauschbandbreite eingeführt. Ist $\underline{A}(f)$ der komplexe Übertragungsfaktor des Netzwerks, versteht man unter der Rauschbandbreite im Videobereich den folgenden Ausdruck (Einheit Hz):

$$B = \frac{1}{|\underline{A}_{\max}|^2} \int_0^{\infty} |\underline{A}(f)|^2 \,\mathrm{d}f. \quad (1.42)$$

$\underline{A}_{\max}$ ist darin der Höchstwert des Betrags des Amplitudengangs. Diese Beziehung ist auch auf wechselstromgekoppelte Videoverstärker anwendbar. Deren untere Grenzfrequenz liegt im allgemeinen im Bereich von etwa 10 bis 20 Hz, so daß die in der Rechnung mitberücksichtigten Beiträge zwischen null und diesen Frequenzen zahlenmäßig ohne Bedeutung sind.

Für das Schrotrauschen eines beliebigen Tiefpasses ergibt sich damit z. B. die folgende einfache Beziehung:

$$\overline{i_{\mathrm{s}}^2} = 2\,e\,I\,B. \quad (1.43)$$

Rausch-Störabstand der Halbleiter-Bildgeberröhre

Bild 1–36 zeigt Signalauskopplung und -verstärkung für die Halbleiter-Bildaufnahmeröhre auf. Das aktive Element der Vorverstärkerstufe besteht aus einem Feldeffekttransistor mit sehr hohem Eingangswiderstand. Dessen Schaltkapazität sei in C mitberücksichtigt. Als Arbeitswiderstand R der Bildgeberröhre wird gewöhnlich ein verhältnismäßig sehr hoher Wert gewählt (typisch 1 MΩ). Gegen höhere Videofrequenzen hin sinkt damit der Realteil Re der Impedanz des RC-Zweipols stark ab, wie man aus der bekannten Beziehung

$$\mathrm{Re}(f) = R/[1 + (2\pi f R C)^2]$$

leicht verifizieren kann. Für $R=1\ \mathrm{M\Omega}$, $C=20$ pF und $f=5$ MHz ist z. B. Re nur noch 2,5 Ω. Da der äquivalente Rauschwiderstand $R_{ä}$ des Verstärkers (im wesentlichen der Beitrag der Eingangsstufe) im Bereich von 100 bis 500 Ω liegt, ist bereits klar, daß für hohe Videofrequenzen das thermische Rauschen der Arbeitsimpedanz $\underline{Z}$ ohne Bedeutung ist. Die Streukapazität C, die ja selber zum Rauschen nichts beiträgt, dämpft gewissermaßen die höherfrequenten Rauschanteile des Arbeitswiderstandes R aus. Der praktische Bereich der Schaltkapazität ist 10 bis 30 pF (Bildröhrenausgang 3 bis 6, Feldeffekttransistoreingang ca. 6 pF; Rest Verdrahtung).

Der Verstärker (Bild 1–36) hat den Frequenzgangabfall des RC-Koppelgliedes auszugleichen und muß deshalb für sich den komplementären Amplitudenfrequenzgang

$$\underline{A}(f)=A_0(1+\mathrm{j}\,2\pi fRC) \tag{1.44}$$

aufweisen. Die Ausgangsspannung des Verstärkers beträgt damit

$$\underline{u}_{ab}=\underline{u}_{eb}\,\underline{A}(f)=\underline{i}_b\,\underline{Z}(f)\,\underline{A}(f)=\underline{i}_b\,R A_0$$

bzw.

$$U_{ab}=I_b R A_0, \tag{1.45}$$

worin I_b der maximale SS-Wert des Nutzsignalstroms und U_{ab} die entsprechende Nutzspannung ist (Bezugswerte für Rauschabstand). Ein typischer Wertbereich für I_b ist 200 bis 300 nA.

Nach den Ausführungen der vorhergehenden Abschnitte resultiert für das Schrotrauschen am Verstärkerausgang der folgende Ausdruck:

$$\overline{u_{as}^2}=\overline{u_{es}^2}\,|\underline{A}(f)|^2=\frac{2eI_b}{\eta}\int_0^{f_g}|\underline{Z}(f)|^2\,|\underline{A}(f)|^2\,\mathrm{d}f$$
$$=\frac{2eI_b}{\eta}R^2A_0^2f_g. \tag{1.46}$$

Die thermischen Schwankungen am Verstärkerausgang betragen:

$$\overline{u_{ar}^2}=4kT_0\int_0^{f_g}\mathrm{Re}(f)|\underline{A}(f)|^2\,\mathrm{d}f=4kT_0RA_0^2f_g, \tag{1.47}$$

da, wie sich leicht verifizieren läßt, $\mathrm{Re}(f)|\underline{A}(f)|^2=RA_0$. Die Störkomponente des Verstärkerrauschens ergibt sich zu

$$\overline{u_{av}^2}=4kT_0R_{ä}A_0^2\int_0^{f_g}[1+(\pi RCf_g)].$$
$$=4kT_0R_{ä}A_0^2f_g[1+(\pi RCf_g)^2]. \tag{1.48}$$

Der Faktor vor der eckigen Klammer entspricht qualitativ im Prinzip der allgemeinen Beziehung für das thermische Rauschen (frequenzproportionaler Anstieg des Störspannungsquadrats). Quantitativ wird er vom äquivalenten Rauschwiderstand des Verstärkers bestimmt.

Dem Klammerausdruck ist zu entnehmen, daß das Gesamt-Verstärkerrauschen aus zwei additiven Beiträgen besteht: Dem bereits erwähnten der Natur nach thermischen Anteil mit frequenzproportionalem Leistungsanstieg und einem vom Kopplungs-RC-Zweipol abhängigen mit der dritten Potenz der Bandbreite ansteigenden Zusatzterm. Dies ist in Bild 1–38b grafisch dargestellt. In Bild 1–38a sind die entsprechenden spektralen Spannungsquadratdichten aufgetragen. Der starke Anstieg des Verstärkerrauschens gegen die Grenzfrequenz hin ist wegen der feinen örtlich-zeitlichen Struktur dieser Spektralkomponenten auf dem Bildschirm physiologisch wenig wirksam. Nachteilig ist aber, daß sie durch den Aperturentzerrer [0.1–0.6] noch weiter angeboten werden. Der Amplitudengang sollte deshalb bei der Grenzfrequenz, wie bereits erwähnt, noch mindestens 30%, besser 50%, betragen.

Für den Gesamt-Rauschstörabstand der Halbleiterkameraröhre resultiert schließlich

$$S_{tot}=\frac{U_{ab}}{U_{a\,tot\,eff}}=\frac{I_bRA_0}{U_{a\,tot\,eff}}, \tag{1.49}$$

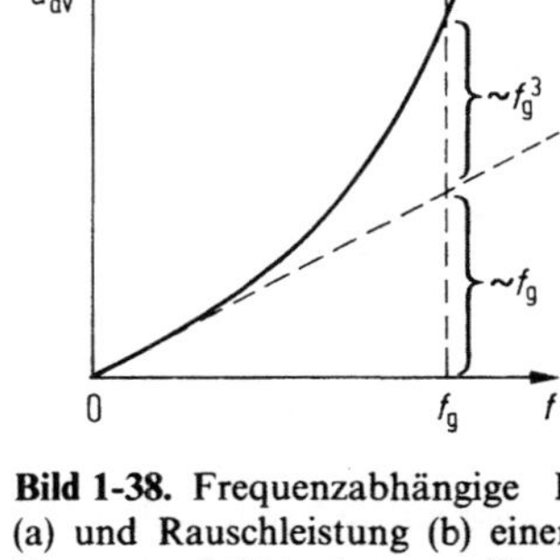

Bild 1-38. Frequenzabhängige Rauschleistungsdichte (a) und Rauschleistung (b) einer Halbleiterkamera. f Frequenz, f_g Grenzfrequenz (Bandbreite)

worin

$$U_{\mathrm{a\,tot\,eff}} = \sqrt{\overline{u_{\mathrm{as}}^2} + \overline{u_{\mathrm{ar}}^2} + \overline{u_{\mathrm{av}}^2}}. \tag{1.50}$$

Der Schrot-Rauschbeitrag (Index s) ist normalerweise bei Halbleiterkameras vernachlässigbar klein.

Der Störabstand wird generell bei Bildgebern ohne nachgeschaltete Apertur- und Gammakorrektur gemessen. Bei guten Halbleiterfarbkameras für das Heimfernsehen liegt er unbewertet um 50 dB, bewertet je nach relativer Leuchtdichte (Bereich Schwarz bis Weiß) um etwa 15 bis 5 dB höher. Empfindlichkeit und Störabstand werden auf einen definierten Strahlstrom im Grünkanal bezogen, zum Beispiel 200 nA. Handelt es sich um eine auf Studiolicht (nominell 3200 K) abgeglichene Farbkamera und beträgt die Szenenremission für Weiß 60%, wird in diesem praktischen Beispiel bei Blende 2,8 eine Szenenbeleuchtungsstärke von 1250 lx benötigt. Als maximale Empfindlichkeit findet man im entsprechenden Prospekt die Beleuchtungsstärke 300 lx; die entsprechende Blendenzahl ist 1,4 (sehr geringe Tiefenschärfe).

Die Sichtbarkeitsgrenze für das Rauschen von Halbleiterbildröhren liegt aus normalem Betrachtungsabstand unbewertet bei etwa 40 dB. Im Bereich der aktuellen Berichterstattung und Außenreportagen ist man gelegentlich gezwungen, unter diesen Wert zu gehen. Die Szenenbeleuchtungsstärke sollte aber, auch mit Rücksicht auf andere Störeffekte wie etwa Nachziehen, beim farbigen Heimfernsehen möglichst nicht unter 100 lx liegen (siehe z. B. auch Tabelle 1–I).

1.1.6 Bildgebersysteme und -geräte

Bei den Bildgebern ist anwendungsmäßig zwischen Kameras für Direktaufnahmen, Film- bzw. Diapositivabtastern und elektronisch gesteuerten Trickbildgebern zu unterscheiden. Im weitesten Sinne sind auch Geräte für Schrifteinblendungen dazuzuzählen.

Die nachfolgenden Ausführungen beschränken sich auf Kameras für Direktaufnahmen und Film- bzw. Diapositivgeber. Sie beziehen sich ferner auf farbfernsehtechnische Anwendungen, wobei der Leuchtdichtekanal im Prinzip dem Kanal des Schwarzweißfernsehens entspricht. Die Systeme für das öffentliche Fernsehen weisen simultan — d.h. elektrisch getrennt — vor der Codierung Kanäle für die roten, grünen und blauen Primärfarbensignale auf (vgl. Abschnitt 1.4.1) [0.1–0.13].

Von der Anwendung her lassen sich die Bildgeber grob in drei Qualitätsklassen einteilen:

- Systeme für das öffentliche Fernsehen (hohe Qualitätsanforderungen).
- Systeme für das professionelle Fernsehen (Anwendungen für die Industrie, das Gewerbe, für wissenschaftliche und Schulungszwecke, zur Verkehrsüberwachung, aber auch für den Heimgebrauch; allgemein oft in Verbindung mit entsprechenden mobilen Videorecordern (unterschiedliche Qualitätsanforderungen, je nach Verwendungszweck, jedoch in den meisten Fällen niedriger als für das öffentliche Fernsehen).
- Systeme für ein künftiges weltweites Fernsehen mit wesentlich höherer Bildauflösung als zur Zeit üblich (high definition television; höchste Qualitätsansprüche). Diese zur Zeit noch in Entwicklung begriffene Qualitätsklasse wurde im Abschnitt über Bildaufnahmeröhren bereits erwähnt [1.28–1.31].

Farbkamerasysteme mit drei oder vier Bildaufnahmeanordnungen

Die zentralen Teile eines jeden Kamerasystems sind die Aufnahmeröhren oder die entsprechenden Halbleitersensoren (Abschnitt 1.1.4). In Kamerabildgebern für das öffentliche Fernsehen werden zur Zeit noch praktisch ausschließlich Halbleiterröhren eingesetzt. Man hat aber vor Augen zu halten, daß diese möglicherweise später, ganz oder teilweise, von Halbleitersensoren mit entsprechend angepaßten Schaltungen abgelöst werden können. Dies gilt besonders für die roten und blauen Farbauszüge, die mehr der Kolorierung der Farbbilder dienen, und an die demzufolge nicht so hohe Auflösungsanforderungen gestellt werden wie an den Grün- oder Weißkanal [0.5; 0.6; 0.8; 0.10].

Das öffentliche Farbfernsehen benötigt sendeseitig drei voneinander unabhängige Farbsignale, die simultan (d. h. gleichzeitig) vorhanden sein müssen. Im einfachsten und sehr häufig anzutreffenden Fall verkörpern diese direkt die roten, grünen und blauen Farbauszüge der zu übertragenden Szene. Das entsprechende Kamerasystem besteht aus drei gleichartigen Bildaufnahmeröhren, die über ein Objektiv und einen dichroitischen, der Farbaufspaltung dienenden Filtersatz optisch „angesteuert“ werden. Letzterer ist im allgemeinen — zur Verkürzung der optischen Weglängen und

Verminderung des Streulichts — mit einem Prisma kombiniert. Den Bildröhren vorgeschaltete spektrale Dichte-Korrekturfilter verbessern die farbmetrischen Eigenschaften der Kamera [0.1; 0.5]. Die erforderlichen Kamera-Aufnahmespektralkurven lassen sich bei vorgegebenem Weißpunkt aus dem spektralen Verlauf der Phosphore der Wiedergaberöhre theoretisch ermitteln. Sie enthalten negative Anteile, die kameraseitig durch eine elektrische Matrix nachgebildet werden können [0.1; 0.2; 0.6; 0.8; 0.10].

Nachteilig für ein solches Kamerasystem sind die hohen Anforderungen an den Deckungsgrad der Teilbilder. Diese dürfen z.B. in horizontaler Richtung nur etwa 50 bis 100 ns, d.h. 1 bis 2‰ der sichtbaren Zeilenlänge, gegeneinander verschoben sein; andernfalls sind sichtbare Farbsäume und ein Rückgang der Modulationstiefe des Leuchtdichtesignals zu erwarten.

Bildgebersysteme, deren Leuchtdichte-(Y-)Signal getrennt erzeugt wird

Durch kameraseitige Anwendung des Kolorierungsprinzips lassen sich die Anforderungen an die Deckung der Teilbilder etwa um den Faktor 2 reduzieren. Ein so ausgelegtes Verfahren benötigt für den Leuchtdichteauszug eine getrennte Aufnahmeröhre. Erste Ausführungsformen dieser Art enthielten — über einen halbdurchlässigen Spiegel miteinander gekoppelt — eine Leuchtdichteröhre hoher Auflösung und einen Satz von drei RGB-Farbröhren niedrigerer Auflösung. Letztere erhielten ihre Teilbilder, wie bei einer „klassischen" RGB-Kamera, über einen Satz dichritischer Filter (YRGB-System).

Wenig später wurde — unter Verwendung gleichartiger Bildröhren — auf das Grünrohr verzichtet und der für die Farbcodierung erforderliche Grünanteil mit Hilfe einer elektrischen Matrix aus dem Weiß-(Leuchtdichte-), Rot- und Blausignal abgeleitet. Man spricht in diesem Fall von einem WRB- oder YRB-Kamerasystem, wobei der Weißauszug möglichst genau dem Leuchtdichteauszug entsprechen soll. Dieses Farbkamerasystem ist sehr verbreitet. Wenn man von möglichen Modulationsverzerrungen beim Restseitenbandempfang absieht, hat die getrennte Leuchtdichtesignalaufbereitung auch im kompatiblen Schwarzweißbild Vorteile.

Die ungefähr nach einem Potenzgesetz (Exponent $2\frac{1}{2}$ bis 4) gekrümmte Kennlinie der Wiedergaberöhre wird beim monochromen und farbigen Fernsehen bildgeberseitig durch einen ungefähr inversen Gammawert vorkorrigiert. Eine solche Lösung vermindert den Schaltungsaufwand im Empfänger und bringt aufgrund des Weber-Fechnerschen-Gesetzes in den Bildteilen mittlerer und geringer Helligkeit übertragungsmäßig eine Verbesserung des Störabstandes. Der Gammawert wird vom Fernsehteilnehmer durch die Einstellung der Grundhelligkeit primär mitbeeinflußt.

Beim Farbfernsehen hat das Einfügen einer solchen nichtlinearen Vorentzerrung systemmäßig, aus Gründen der angewandten Codierung, gewisse Nachteile. Diese sind bei RGB-Aufnahmeanordnungen dann am kleinsten und in der Praxis vernachlässigbar, wenn vor der Umcodierung in YUV-Signale jedes Primärfarbensignal für sich gamma-vorkorrigiert wird. Durch die ungleichen Bandbreiten der für die Übertragung codierten Farbsignale entstehen dann lediglich an gewissen Farbübergängen Helligkeitsfehler, die in natürlichen Bildern kaum sichtbar sind (vgl. z.B. [0.1]).

Farbkamerasysteme mit getrennter Leuchtdichteröhre, wie YRGB- oder YRB-(WRB-)Systeme (Bild 1–39) bieten demgegenüber, mit Bezug auf die erforderliche Gammavorkorrektur, bereits hinsichtlich einer großflächig fehlerfreien Farbwiedergabe gewisse Schwierigkeiten. Darauf soll nachfolgend kurz eingegangen werden, wobei vereinfachend angenommen wird, die Gammavorkorrektur entspreche einer Quadratwurzelfunktion [0.6]. Die gestrichelt eingezeichnete Verdrahtung gilt für die YRB-Ausführung; in diesem Fall tritt an die Stelle der Grün-Kameraröhre eine Grünmatrix $[G=(Y-0{,}30\ R-0{,}11\ B)/0{,}59]$.

In solchen Fällen wird für den Leuchtdichtekanal das Signal $\sqrt{Y}$ erzeugt, das bei der international für alle Farbfernsehsysteme genormten Leuchtdichtegewichtung der Primärfarbensignale dem Ausdruck

$$\sqrt{Y_L}=\sqrt{0{,}30\,R+0{,}59\,G+0{,}11\,B} \qquad (1.51)$$

entspricht. Für die Codierung der Farbdifferenzsignale wird dagegen mit dem etwas unterschiedlichen Leuchtdichtewert

$$Y_C'=0{,}30\sqrt{R}+0{,}59\sqrt{G}+0{,}11\sqrt{B} \qquad (1.52)$$

gearbeitet, der, wie erwähnt, nach der Decodierung im Farbempfänger, in Kombination mit den Farbdifferenzsignalen, auf dem Bildschirm großflächig fehlerfreie RGB-Wiedergabefarben ergibt (vgl. z.B. [0.1]).

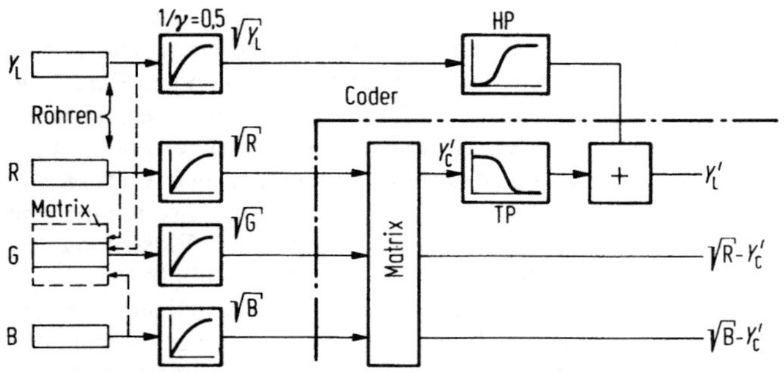

HP Hoch-, TP Tiefpaß

Bild 1-39. Aufbereitung des Leuchtdichtesignals Y_L' sowie der Farbdifferenzsignale $\sqrt{R}-Y_C'$ und $\sqrt{B}-Y_C'$ bei der YRGB- bzw. YRB-Kamera. Bei letzterer tritt an die Stelle der Grün-Aufnahmeröhre die gestrichelt eingezeichnete Matrix. Für den schmalbandigen Beitrag des Leuchtdichtesignals Y' gilt (vgl. Text)

$$Y_C'=0{,}30\sqrt{R}+0{,}59\sqrt{G}+0{,}11\sqrt{B}.$$

Man kann zeigen, daß die gammakorrekturbedingte Leuchtdichtesignaldifferenz $\Delta Y=\sqrt{Y}-Y'$ für $R=G=B=0$ (Schwarz) und $R=G=B=1$ (Weiß) verschwindet und im übrigen für stark unterschiedliche RGB-Werte, d.h. bei starker Farbsättigung, verhältnismäßig große Werte annimmt. Bei der Farbwiedergabe wird der Leuchtdichtewert um ΔY erhöht, was — besonders Farben mit niedrigem Leuchtdichteanteil (Blau, Rot) — entsättigt und außerdem zu Farbtonverfälschungen Anlaß geben kann [0.6].

Die Videosignale des Empfängers (Index e) lassen sich durch folgende Beziehungen darstellen:

$$\begin{aligned} R_e &= [\sqrt{Y}+(\sqrt{R}-Y')]^2=(\sqrt{R}+\Delta Y)^2 \\ &= R+2\sqrt{R}\,\Delta Y+\Delta Y^2, \\ G_e &= [\sqrt{Y}+(\sqrt{G}-Y')]^2=(\sqrt{G}+\Delta Y)^2 \\ &= G+2\sqrt{G}\,\Delta Y+\Delta Y^2, \\ B_e &= [\sqrt{Y}+(\sqrt{B}-Y')]^2=(\sqrt{B}+\Delta Y)^2 \\ &= B+2\sqrt{B}\,\Delta Y+\Delta Y^2. \end{aligned} \tag{1.53}$$

$$\begin{aligned} Y_e &= 0{,}3\,R_e+0{,}59\,G_e+0{,}11\,B_e \\ &= Y+\underbrace{2\,Y'\Delta Y+\Delta Y^2}_{\text{Gesamtfehler } \Delta Y_{tot}}. \end{aligned} \tag{1.54}$$

Der Einfluß solcher großflächiger Leuchtdichtefehler kann durch Zusatzschaltungen unwirksam gemacht werden. Im Bild 1-39 ist eine solche eingezeichnet (Y-Schaltteile). Großflächige Farbfehler werden hier durch das via Coder über einen Tiefpaß zugeleitete Y-Signal vermieden. Das $\sqrt{Y}$-Signal schärft — über einen Hochpaß zugesetzt — die Bildkanten. In normalen Bildern sind die subjektiven Auswirkungen solcher Leuchtdichtefehler allerdings verhältnismäßig gering, so daß sich der Korrekturaufwand kaum lohnt. Man kann also als Leuchtdichtesignal (Bild 1-39) auch direkt das $\sqrt{Y_L}$-Signal verwenden.

Im öffentlichen Fernsehen werden zur Zeit aus Qualitätsgründen auch bei Anwendungen, wo es auf große Beweglichkeit ankommt (elektronische Berichterstattung, Außenproduktionen), praktisch nur Dreiröhrenkameras eingesetzt. Diese haben bei verhältnismäßig kleinen Abmessungen und niedrigem Gewicht einen hohen Grad an Vollkommenheit erreicht.

Einstellhilfen in Form von mikroprozessorgesteuerten Logikschaltungen übernehmen — voll- oder halbautomatisch — den Grundabgleich von bis zu rund 20 Parametern, darunter die Deckung der Teilbilder, und senken so den Zeitaufwand für die Vorjustierung der Kamera auf wenige Minuten.

Zweiröhren-Farbkamerasysteme

Die öffentlich eingeführten Farbfernsehsysteme zerlegen für die Übertragung die Farbinformation in ein breitbandiges Leuchtdichtesignal und zwei schmalbandige Chrominanzsignale (Kolorierungssignale). Es ist deshalb naheliegend, für die Bildaufnahme eine Luminanzröhre hoher Auflösung und eine Chrominanzröhre niedrigerer Auflösung zu kombinieren. Die letztere hat, durch Anwendung einer Multiplextechnik, zwei voneinander unabhängige simultane Farbsignale — im praktischen Fall ein Rot- und ein Blausignal — zu liefern. Die Chrominanzröhre mit zugehöriger Schaltung ist konzeptmäßig eng mit den für Einröhren-Farbkameras getroffenen Lösungen verwandt, weshalb an dieser Stelle nicht näher darauf eingegangen werden soll [0.2].

Einröhren-Farbkamerasysteme

Einröhrenfarbkameras lassen sich systemmäßig auf unterschiedliche Weise verwirklichen. Man kann zwischen bild-, zeilen- und bildpunktsequentiellen Systemen unterscheiden. In fast allen Fällen ist zur Erzeugung simultaner RGB-Signale eine Zeitmultiplextechnik erforderlich. Dabei stellen sich — vor allem hinsichtlich Auflösung, Farbmetrik (mit Einschluß des Weißsignals) und Störabstand — Probleme, weshalb Bildgeber dieser Art in ihrer heutigen Ausführung vornehmlich für spezielle Anwendungen eingesetzt werden. Hier vermögen sie aber, der kleinen Abmessungen und/oder des zum Teil niedrigen Preises wegen, eine Marktlücke zu füllen [0.2; 0.7].
Aus der Reihe der verschiedenen Ausführungsformen seien nachfolgend einige herausgegriffen und in groben Zügen erläutert. Hinsichtlich Einzelheiten wird jeweils auf die einschlägige Fachliteratur verwiesen. Die technische Entwicklung auf diesem Gebiet ist zur Zeit noch nicht abgeschlossen.

Bildsequentielles Verfahren

Im systemmäßig einfachsten und naheliegendsten Fall läßt man vor der Aufnahmeröhre — synchron zur Vertikalfrequenz — eine Filterscheibe mit roten, grünen und blauen Filtersegmenten rotieren (CBS-Sequenzsystem). Es entstehen dann nacheinander rote, grüne und blaue Teilfarbensignale, die sende- oder empfangsseitig mit Hilfe aufwendiger Bildspeicher in heutigen Normen entsprechende Simultansignale umgeformt werden können. Wiedergabeanordnungen mit synchron rotierenden Farbfiltern werden nicht mehr gebaut [0.4].

Zeilensequentielles Verfahren

Bei einer von Bell vorgeschlagenen bildsequentiellen Variante werden auf optischem Wege auf der Aufnahmeschicht der Bildröhre nebeneinander rote, grüne und blaue Teilbilder erzeugt und durch den Strahl der Bildröhre nacheinander, im Rhythmus der Horizontalfrequenz, abgetastet. Die zeilensequentiell vorliegenden RGB-Signale können, wie beim Tri-PAL-Bildaufzeichnungsverfahren [1.47], über einen Elektronenschalter, in Verbindung mit zwei Zeilenlaufzeitleitungen, in Simultansignale umgeformt werden (vgl. Abschnitt 1.3.1). Die Horizontalauflösung ist stark reduziert und an die Homogenität der lichtempfindlichen Schicht werden hohe Anforderungen gestellt. Auch ist ein solches System nicht inhärent frei von Deckungsfehlern.

Bildpunktsequentielle Verfahren

Alle neueren Einröhrenfarbkameras arbeiten nach bildpunktsequentiellen Methoden. Aus der Reihe der verschiedenen bisher verwirklichten Varianten seien nachfolgend einige herausgegriffen.
Die bildpunktsequentielle Erzeugung der roten, grünen und blauen Primärfarben läßt sich z. B. im Prinzip mit Hilfe eines auf der Signalplatte angebrachten optischen Filters aus schmalen vertikalen abwechselnd roten, grünen und blauen Streifen bewerkstelligen. Wird die Signalplatte der Halbleiterröhren in gleicher Weise streifenförmig unterteilt und die jeder Primärfarbe zugeordneten leitenden Plattenstreifen am Rand unter sich verbunden, können diesen drei Elektroden in einfacher Weise über Tiefpässe simultane RGB-Signale entnommen werden. Die Herstellung solcher Röhren ist aber derart schwierig, daß Verfahren, welche im Prinzip mit normalen Halbleiterbildröhren auskommen, vorgezogen werden.
Auch hier findet man in einer analogen Ausführungsform vertikal angeordnete schmale rote, grüne und blaue Farbstreifen, wobei aber jedem Farbtripel noch ein Indexstreifen zur örtlichen Kennzeichnung seiner Lage zugeordnet wird. Man spricht von optischer Codierung. Sind diese Streifen z. B. von schwarzer Farbe, liefern sie bei der Horizontalabtastung im Kameraausgangssignal negative Bezugsimpulse. Diese synchronisieren einen dreipoligen elektronischen Bildsignalumschalter in der Weise, daß die punktsequentiell vorliegenden roten, grünen und blauen Primärfarbenimpulse über Tiefpässe in entsprechende Simultansignale umgewandelt werden können (Bild 1–40) [0.7].
Bildpunktsequentiell arbeitende Einröhrenfarbkameras jüngeren Datums arbeiten nach den Gesetzmäßigkeiten der subtraktiven Farbmischung mit schräg gegeneinander angeordneten Rot-Stopp-(Blaugrün-) und Blau-Stopp-(Gelb-)filtern. Die Farbstreifen dürfen in diesem Fall direkt übereinander angebracht werden. Die Farbe in den überlappenden Zonen ist Grün und liefert, zusammen mit den filterfreien (d. h. weißen) Bereichen, den Hauptanteil zum Leuchtdichtesignal.
Bild 1–41 zeigt eine Ausführungsform von RCA (Spektraplex) [0.7; 1.21]. Die Blau-Stopp-Filterstreifen sind hier senkrecht, die Rot-Stopp-Streifen

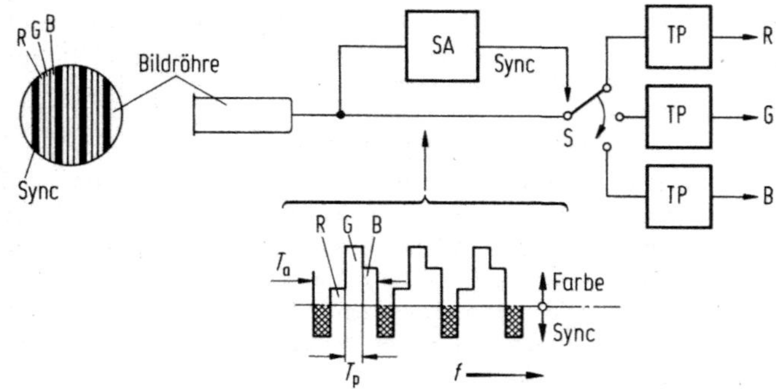

Bild 1-40. Prinzipschaltbild der einfachen Einröhren-Punktsequenz-Farbkamera. R rote, G grüne, B blaue Farbstreifen bzw. simultane Ausgangssignale der Kamera über Tiefpässe TP. Sync Synchronisationsstreifen bzw. -signale für synchrone Umschaltung des Elektronenschalters S (Frequenz f_a) via Synchronzeichenabspalter SA. T_p Dauer eines Primärfarben-Bildpunktes, $T_a = 1/f_a$ Dauer des Abtastzyklus des Bildpunktes der Mischfarbe

unter 45° Neigung aufgetragen. Dies führt in der praktischen Ausführung bei der Abtastung über entsprechende Bandpässe direkt auf amplitudengeträgerte Rot- und Blausignale von etwa einem halben MHz Bandbreite. Aus dem gesamten Multiplexsignal kann ein Leuchtdichtesignal mit einer Bandbreite von etwa 2½ MHz gewonnen werden, das in seiner Zusammensetzung farbmetrisch aber nicht genau den international festgelegten Normen entspricht.

Größere Leuchtdichtsignal-Bandbreiten lassen sich mit dem Interplex-Verfahren von Siemens erzielen [1.22]. Bei dieser Variante sind die Rot-Stopp- und Blau-Stopp-Filter in bezug auf die Bildvertikale winkelmäßig in der Weise symmetrisch zueinander angeordnet, daß die kombinierten Rot-Blau-Multiplexsignale, ähnlich wie beim PAL-Farbfernsehsystem, in spektraler Beziehung zu den Leuchtdichtesignalkomponenten im Viertelzeilenoffset stehen. Die Winkel α liegen um $\pm 20°$ (Bild 1–42). Eine solche frequenzmäßige Verschachtelung der Signalanteile läßt mit Hilfe von Kammfiltern, welche Zeilenlaufzeitleitungen enthalten, eine Auftrennung des Gesamtsignals in zwei schmalbandige RB-Signale und ein breitbandiges Y-Signal zu.

Die optische Codierung wird im übrigen so gewählt, daß sich für den gemeinsamen Farbsignalträger eine PAL-ähnliche Frequenz (um 4,43 MHz) ergibt. Die Bandbreite der geträgerten R- und B-Signale liegt ungefähr bei ± 1 MHz. Ohne Kammfilter läßt sich über einen die Farbmultiplexsignale unterdrückenden elektrischen oder optischen Tiefpaß ein Leuchtdichtesignal von

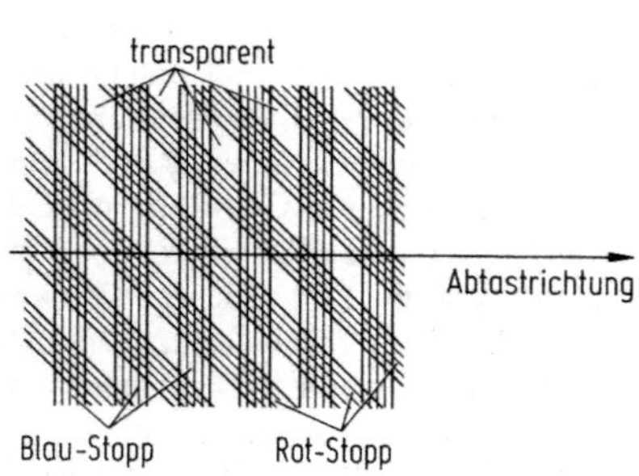

Bild 1-41. Farbstreifenmuster der Einröhren-Farbkamera von RCA (Spectraplex-Verfahren, vgl. Text)

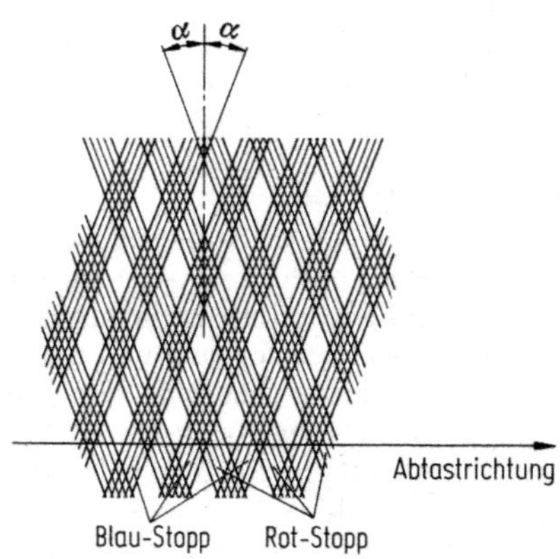

Bild 1-42. Anordnung der Farbstreifen bei der Einröhren-Farbkamera von Siemens (Interplex-Verfahren). Die Arbeitsweise geht aus dem Text und Bild 1-43 hervor

3,3 MHz Bandbreite gewinnen. Die Auftrennung des RB-Multiplexsignals in die Rot- und Blauanteile wird in einem PAL-ähnlichen Laufzeitleitungsdecoder vollzogen. Das Grünsignal läßt sich über eine Matrix aus dem auf 1 MHz bandbegrenzten Leuchtdichtesignal und den Rot- und Blau-Signalen gewinnen (Bild 1–43). Das verhältnismäßig breitbandige Leuchtdichtesignal Y (3,3 MHz) wird über eine weitere Matrix in die Leuchtdichteanteile der RGB-Ausgangssignale gebracht.

Auch diese Einkanalröhre weicht, besonders was das Leuchtdichte- und das subtraktiv gewonnene Grünsignal betrifft, in farbmetrischer Hinsicht etwas von den internationalen Normen ab. Das System kann aber, bei Verwendung von Kammfiltern und besonderen Korrekturmaßnahmen, verhältnismäßig nahe an die Qualität öffentlicher Farbfernsehsysteme herankommen.

Filmabtaster

Für die Abtastung farbiger bzw. schwarz-weißer Filme und Diapositive werden zur Zeit marktmäßig drei verschiedene Ausführungsformen angeboten:

- Lichtpunktabtaster,
- Abtaster mit Halbleiterkameras,
- Abtaster mit zeilenförmigem Halbleitersensor.

Dabei wird Positiv- und (weniger häufig) Negativabtastung angewandt.

Das beim heutigen Fernsehen fast immer anzutreffende Zwischenzeilenverfahren, bei dem in $^1/_{25}$ oder $^1/_{30}$ s zwei zeilenmäßig ineinander verschachtelte Halbraster (volle Zeilenzahl 625 bzw. 525) von je $^1/_{50}$ bzw. $^1/_{60}$ s Dauer geschrieben werden [0.5; 0.6], stellt für die Filmabtastung eine beträchtliche Komplikation dar. Dies um so mehr, als Schnellschaltwerke, die den Film innerhalb des Intervalls der Vertikalaustastung (rund 1 ms) um ein Bild weiterzutransportieren vermögen, beim normalen 35-mm-Kinofilm aus mechanischen Gründen überhaupt nicht und bei 16-mm-Film nur mit großer Mühe zu verwirklichen sind. (Geräte dieser Art sind heute nicht mehr im Handel.)

Schwierigkeiten besonderer Art ergeben sich bei den 525-Zeilen-Fernsehsystemen mit 30 Vollrastern/s (USA, Japan usw.) durch den Umstand, daß Kinofilme auf 24 sekundliche Bilder ausgelegt sind. Bei den 625-Zeilen-Systemen mit 25 Vollbildern/s (Europa usw.) tastet man die Filme im Verhältnis von 25 zu 24 schneller als normal ab, was physiologisch noch ohne weiteres zulässig ist.

Lichtpunktabtaster

Das normalerweise für 50 sekundliche Halbraster angewandte Prinzip des Lichtpunktabtasters geht aus Bild 1–44 hervor [0.5; 0.6]. Der Film wird dabei kontinuierlich von oben nach unten im Filmfenster fortbewegt, das die Höhe eines Filmbildes hat. Auf dem flachen Bildschirm einer

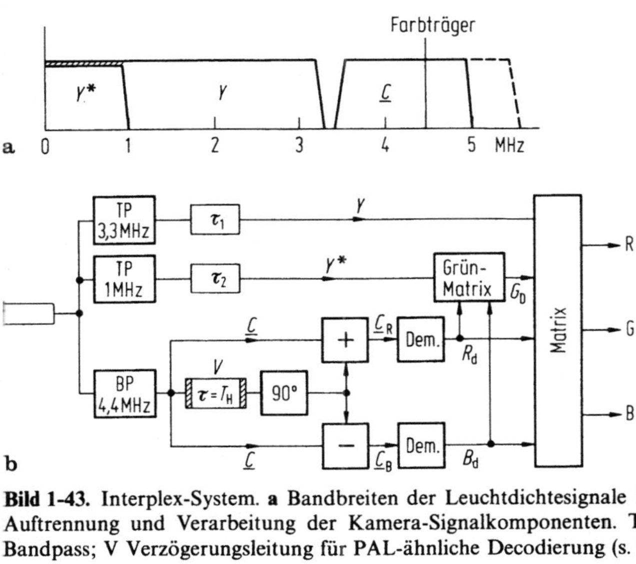

Bild 1-43. Interplex-System. **a** Bandbreiten der Leuchtdichtesignale *Y*, *Y** und der geträgerten Farbsignale C; **b** Auftrennung und Verarbeitung der Kamera-Signalkomponenten. TP Tiefpässe; τ_1, τ_2 Laufzeitausgleich; BP Bandpass; V Verzögerungsleitung für PAL-ähnliche Decodierung (s. Text)

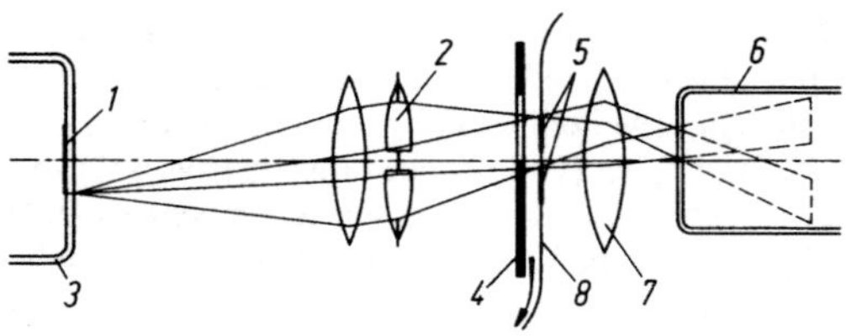

Bild 1-44. Querschnitt durch einen Lichtpunkt-Filmabtaster mit Doppelobjektiv. Erläuterungen im Text. *1* Fernsehraster, *2* Doppelobjektiv, *3* Kathodenstrahlröhre, *4* rotierende Blende, *5* Rasterbilder, *6* Photomultiplier, *7* Kondensor, *8* Filmebene

Kathodenstrahlröhre mit feinkörnigem kurz nachleuchtendem Phosphor geeigneter spektraler Zusammensetzung wird von oben nach unten ein Fernsehraster halber Bildhöhe (Seitenverhältnis 3:8) geschrieben und über ein Doppelobjektiv abwechselnd auf die obere und untere Hälfte des Filmfensters abgebildet. Dies geschieht dadurch, daß eine rotierenden mechanische Blende im Rhythmus der Halbrasterfrequenz abwechselnd das obere und untere Halbobjektiv freigibt. Entsprechend werden nacheinander das obere und untere Halbfenster abgetastet. Durch die Relativbewegung zwischen Film und Schirmraster wird dabei bewirkt, daß das einzelne Filmbild zuerst in der oberen und anschließend ein zweites Mal in der unteren Hälfte des Filmfensters vollständig abgetastet wird.

Das in Farbe und Intensität dem Bildpunkt entsprechende den Film durchtretende Licht wird im Falle des Farbfilmgebers mit einem dichroitischen Filtersatz und Korrekturfiltern in seine roten, grünen und blauen Anteile aufgespalten und entsprechenden Photozellen mit Sekundärelektronenvervielfachern zugeführt (Abschnitt 1.1.2). Das unvermeidliche leichte Nachleuchten des Phosphors der Abtaströhre wird im Bildverstärker mit einem Satz in Serie geschalteter, einzeln einstellbarer RC-Zeitkonstantenglieder auskompensiert (vgl. Bild 3–28).

Abtaster dieser Art sind verhältnismäßig lichtschwach (maximal realisierbares Öffnungsverhältnis des Halbobjektivs etwa 1:5,6). Für ausreichende Rauschabstände dürfen die Filmdichten deshalb gewisse Mindestwerte nicht überschreiten. Dies kann, besonders bei Farbfilmen, die nicht für Fernsehzwecke hergestellt werden, Probleme stellen. Zur Vermeidung von 25-Hz-Flimmern in Flächen und Kanten werden an die Mechanik und Optik höchste Anforderungen gestellt. Die Filmschrumpfung muß durch Änderung des Abstandes der Teilobjektive ausgeglichen werden können. Farblichtpunktabtaster weisen gegenüber anderen Lösungen aber den Vorteil auf, daß sie inhärent frei von farblichen Rasterdeckungsfehlern sind und eine streng lineare Aussteuerkennlinie haben.

Für Fernsehnormen mit 30 Vollrastern je Sekunde ergibt sich beim Lichtpunktverfahren in Verbindung mit einem speziellen Schnellschaltwerk, welches das Filmbild abwechselnd über zwei und drei Halbraster im Bildfeld beläßt, eine systemmäßig — keinesfalls aber mechanisch — einfache Lösung. Zwei Filmbilder, für die bei der normalen Filmprojektion $^1/_{12}$ s benötigt wird, werden dann über $^5/_{60}$ s, d.h. ebenfalls $^1/_{12}$ s, abgetastet. Bei Systemen mit 30 sekundlichen Vollrastern werden deshalb zur Zeit praktisch ausschließlich Abtaster in Verbindung mit Halbleiterspeicherröhren verwendet. Es ist zu erwarten, daß kurzfristig auch solche mit Halbleitersensoren in Verbindung mit Bildspeichern Anwendung finden werden.

Filmabtastung mit Halbleiterbildröhren

Der Anstoß zum Bau von Filmabtastern mit Speicherröhren kam damit aus den USA, bei deren Fernsehnorm, wie beschrieben, aus Gründen des Filmtransports das Lichtpunkt-Abtastprinzip kaum zu realisieren ist. Demgegenüber weisen Abtastanordnungen mit Halbleiterbildröhren den großen Vorteil auf, daß die zeitlichen Vorgänge der Belichtung und Abtastung der Halbleiterschicht im Idealfall völlig getrennt verlaufen können [0.5; 0.6]. Diesem Idealfall kann man in der Praxis deshalb sehr nahe kommen, weil es keine Mühe bereitet, für die Beleuchtung des Filmfensters verhältnismäßig große Lichtmengen bereitzustellen. Bei Beleuchtungsstärken von etwa 1000 lx ergeben sich so schon beim Vidikon bis zu maximalen Filmdichten von 1 bei praktisch vernachlässigbaren Nachzieheffekten fast ideale Speichereigenschaften (quasi-ideale Lichtintegration). Vidikone mit Röhrendurchmessern von $1\frac{1}{2}$ Zoll vermögen u.U. schon bei elektrostatischer Strahlfokussierung eine hinreichende Leuchtdichtesignal-Bildauflösung zu gewährleisten.

Mechanisch lassen sich nun im Prinzip normale Kino-Filmlaufwerke verwenden. Der Gesamtaufbau setzt sich aus diesem mechanischen Teil, einer Beleuchtungseinrichtung (z.B. 250-W-Lampe) und einem Kamerateil zusammen. Letzterer kann, bis auf die optische Anpassung, (Objektivbrennweite

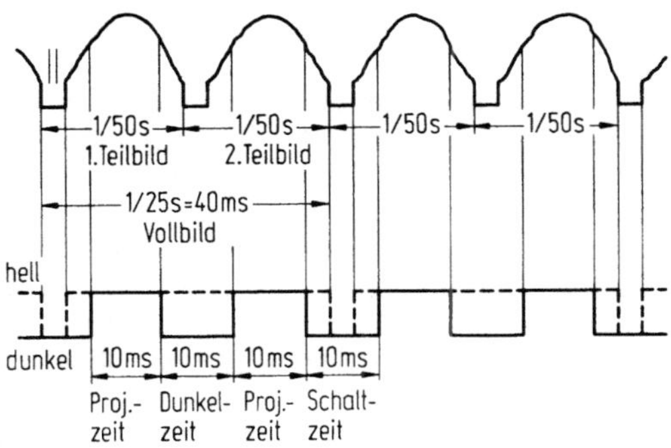

Bild 1-45. Zuordnung von Fernsehraster (oben) und Filmlaufwerk (unten) bei der Fernseh-Filmabtastung. Ausgezogen (Mäander): normale Kino-Flimmerblende; dick gestrichelt: Blendenverlauf bei einem Schnellschaltwerk (links oben zum Vergleich; normale vertikale Fernsehaustastung. Nach [0.6]

usw.), einer normalen Schwarzweiß- oder Farbkamera entsprechen.

Für Fernsehnormen mit 25 sekundlichen Vollrastern (Europa usw.) ist damit bei Kameraröhrenabtastern lediglich die Laufgeschwindigkeit im Verhältnis von 25 zu 24 leicht zu erhöhen. Solche normalen Filmlaufwerke enthalten eine rotierende Flimmerblende, welche, wie in Bild 1–45 mäanderförmig eingezeichnet, jedes Filmbild in zwei gleich lange Dunkel- und Hellintervalle zerlegt. (Die gestrichelte Rechteckfunktion entspricht dem Verlauf der Abdeckblende bei einem Schnellschaltwerk.) Ein vollständiger Abtastzyklus umfaßt bei den europäischen Fernsehnormen ein Vollraster von 40 ms, wovon im folgenden ein beliebiger einzelner Bildpunkt betrachtet sei. Die Nachladung der Speicherschicht der Halbleiterröhre erfolgt, je nach Relativphase zwischen Filmlauf und Abtastung, innerhalb von zwei bis drei Zeitintervallen, die — und dies ist wesentlich — bei der vernachlässigbar kurzen Abtastzeit des Bildpunktes stets einer konstanten Gesamtbelichtungszeit von 20 ms entsprechen (Bild 1–46).

In den Dunkelphasen der Flimmerblende bleibt dabei die Bildpunktladung konstant. Das der Nachladung des einzelnen Bildpunktes entsprechende Bildsignal hängt damit praktisch nicht von der relativen Phasenlage zwischen projiziertem Bild und Fernsehraster ab, was beachtliche Vorteile mit sich bringt.

Obwohl Halbleiterbildröhren vom Vidikontyp, unter schaltungsmäßiger Berücksichtigung der Gradationsverhältnisse ($\gamma \cong 0{,}7$), auch gut für das Farbfernsehen verwendet werden können, werden in solchen Abtastern doch mehr und mehr modernere Röhren, oft vom Plumbikontyp ($\gamma \cong 1$), eingesetzt.

Die sehr weitgehend mögliche Trennung von Belichtungs- und Abtastvorgang macht diesen Filmgebertyp, wie bereits angedeutet, vor allem auch für Fernsehsysteme mit 30 sekundlichen Vollrastern verwendbar. Bei unterschiedlicher Film- und Fernseh-Bildwechselzahl ergeben sich allerdings für aufeinanderfolgende Abtastungen etwas unterschiedliche Bildpunkt-Ausgangssignale. Diese ändern ihre Amplitude im Rhythmus der Differenzfrequenz zwischen Film- und Fernseh-Bildwech-

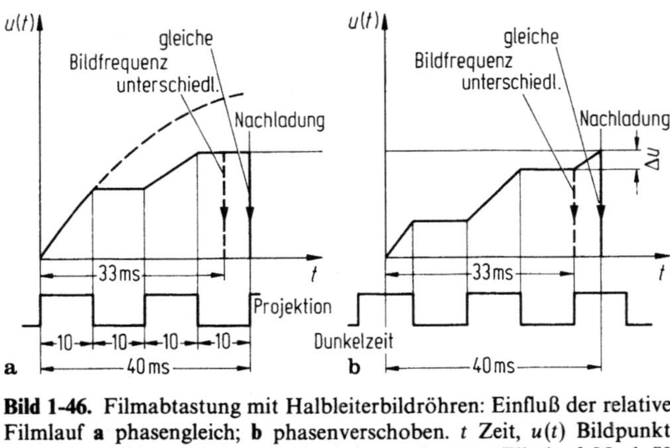

Bild 1-46. Filmabtastung mit Halbleiterbildröhren: Einfluß der relativen Phasenlage zwischen Fernsehraster und Filmlauf **a** phasengleich; **b** phasenverschoben. t Zeit, $u(t)$ Bildpunkt-Ladepotential auf Halbleiterschicht, Δu Halbleiter-Bildpunktladungsfehler bei asynchronem Filmlauf. Nach [0.6]

selfrequenz, welche im vorliegenden Fall, bei 24 Filmbildern/s, bei 6 Hz liegt. Zumindest beim Vidikon ist diese Amplitudenänderung (Δu in Bild 1–46) wegen der in der Nähe der maximalen Entladung auftretenden starken Krümmung der Entladekennlinie aber so gering, daß sich im allgemeinen besondere Korrekturen erübrigen.

Filmabtastung mit Halbleitersensoren

Der gegenwärtige Stand der Technik erlaubt — wie bereits im Abschnitt über Festkörpersensoren erwähnt — den Bau von Filmabtastern, bei welchen die Signalerzeugung über einzeilige Halbleitersensoren erfolgt. Sensorenelemente dieser Art werden z. B. auch zur Abtastung von Faksimilevorlagen eingesetzt und haben einen hohen Vollkommenheitsgrad erreicht.

Anordnungen mit Ladungsverschiebungen im Innern der Kristallschichten weisen geringe Verschiebungsverluste auf, lassen Taktfrequenzen von weit über 10 MHz und damit Video-Grenzfrequenzen von wesentlich mehr als 5 MHz zu. In der Natur der Silizium-Photoschichten liegend, können sich hinsichtlich Blauempfindlichkeit störabstandsmäßig u. U. gewisse Probleme ergeben.

Die Vertikalabtastung erfolgt vollbildmäßig und wird dadurch bewerkstelligt, daß der Film mit konstanter Geschwindigkeit durch ein zeilenweise ausgeleuchtetes Bildfenster gezogen wird. Für farbfernsehtechnische Anwendungen gelangt das den Film durchtretende Licht über eine Kondensorlinse, ein Objektiv und einen dichroitischen Filtersatz zu entsprechenden roten, grünen und blauen Bildsensoren. Die Transferkennlinie weist ein Gamma von eins auf [1.19].

Zur Gewinnung der normalerweise erforderlichen Zwischenzeilen-Halbbilder werden die abgetasteten Signale zunächst in Bildsensoren zugeordnete Vollbildspeicher gebracht und von dort halbrastermäßig herausgelesen. Der verhältnismäßig aufwendige Speicherteil ist in Festkörpertechnologie ausgelegt und arbeitet digital.

1.2 Physik und Technik der Bildwiedergabe

Die Kathodenstrahlröhre stellt zur Zeit — trotz großer Anstrengungen der einschlägigen Forschungsstellen — praktisch noch die einzige Wiedergabeeinrichtung für das Heimfernsehen und die meisten anderen fernsehtechnischen Anwendungen dar. Sie wird in Sonderausführung, in Verbindung mit lichtstarken Optiken, auch für Projektionszwecke eingesetzt. Der erzielbaren Schirmleuchtdichte sind, z. T. mit Rücksicht auf die Lebensdauer der Phosphore, natürliche Grenzen gesetzt. Dies schränkt die Fläche der Projektionsschirme im allgemeinen auf einen bis wenige Quadratmeter ein. Schirme dieser Art weisen außerdem eine mehr oder weniger betonte Richtcharakteristik auf.

Sehr lichtstark und technisch gut durchentwickelt sind Fernsehgroßprojektoren, die nach dem Eidophorprinzip arbeiten. Es handelt sich dabei um ausgeklügelte technische Anwendungen der Steuerung des Lichts einer lokalen Quelle mit Hilfe einer Schlierenoptik. Versuchsweise wurden auch Fernsehgroßprojektoren entwickelt, welche mit Laserstrahlen arbeiten, die mit Spiegeln oder anderen mechanisch betätigten optischen Anordnungen abgelenkt werden. Des weiteren wird seit langem an der Entwicklung flacher Bildschirme gearbeitet. Solche Bestrebungen sind verständlich, bestimmt doch, beim hohen Grad der Schaltungsintegrierung heutiger Heimempfänger, die Kathodenstrahl-Bildröhre weitgehend deren Tiefe und Gewicht.

Im Rahmen dieses Buches können die verschiedenen Fernsehwiedergabesysteme nicht im Detail behandelt werden. Einzelheiten sind der zitierten Sonderliteratur oder Firmenprospekten zu entnehmen.

1.2.1 Kathodenstrahl-Bildwiedergaberöhren

Aufbau und Arbeitsweise der monochromen Bildröhre gehen in ihren wesentlichen Elementen aus Abschnitt 1.1.3 (Bild 1–13) und Bild 1–47 hervor [0.4; 0.5]. Eine Glühkathode erzeugt einen mittels Wehnelt-Zylinder in der Intensität regelbaren Elektronenstrom, der elektrostatisch auf den Bildschirm fokussiert wird. Die horizontale und vertikale Strahlablenkung wird elektromagnetisch vollzogen. Der Bildschirm trägt den Phosphor, der bei Elektronenbombardement aufleuchtet. Mit der 1898 von Braun angegebenen Anordnung hat die moderne Bildwiedergaberöhre nur noch das Grundprinzip gemein. (Die ursprüngliche Braunsche Röhre hatte noch keine Elektronenoptik und arbeitete mit Gasfüllung, was keinen feinen Elektronenstrahl, wie er für das Fernsehen benötigt wird, zuließ.)

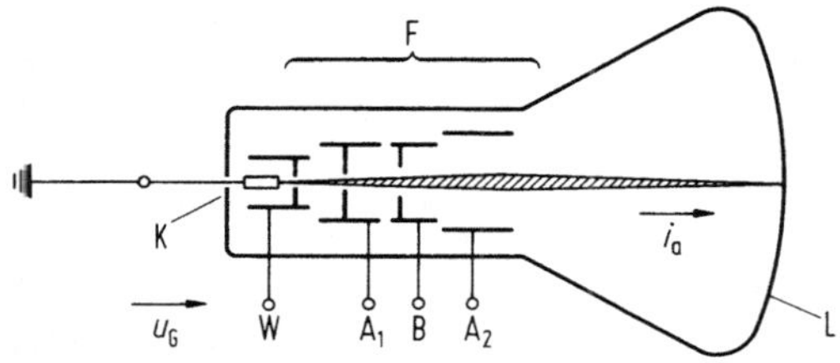

Bild 1-47. Prinzipieller Aufbau einer monochromen Fernsehbildröhre. K Kathode (0 V); W Wehnelt-Steuerzylinder (Aussteuerbereich bei negativen u_g-Spannungswerten); F Fokussiersystem, bestehend aus erstem Beschleunigungszylinder A_1 (Spannung mehrere hundert Volt), Bremszylinder B (ungefähr auf Erdpotential) und Endbeschleunigungsanode A_2, verbunden mit leitenden Teilen des Bildschirms (Spannung meist um 20 kV). i_a Bildstrom, L Schirmleuchtdichte

Etwa ab Mitte der dreißiger Jahre setzte auf dem Gebiet der Bildröhre eine intensive physikalische und technische Entwicklung ein, die erst in den siebziger Jahren (kurze Baulängen durch Anwendung der 110°-Ablenktechnik, relativ flacher rechteckiger Bildschirm, In-line-Technik bei der Farbbildröhre usw.) zu einem, wie es scheint, weitgehenden Abschluß gekommen ist. Gebräuchliche Bilddiagonalen sind 67, 56, 51, (46), 42 und 36 cm. Auch Geräte mit sehr kleinen Bildschirmen sind im Handel.

Im Innern der Bildröhre soll ein gutes Vakuum herrschen (typischer Wert: 10^{-1} Pa). Der Wehnelt-Zylinder übt hier die gleiche Funktion wie das Steuergitter bei der Elektronenröhre aus. Für die elektrische Aussteuerkennlinie (Strahlstrom als Funktion der Steuerspannung am Wehnelt-Zylinder) ist, wie bei Elektronenröhren, im wesentlichen ein Potenzgesetz zu erwarten. Abweichungen davon ergeben sich im unteren Teil (Anlaufstromgebiet, exponentieller Anstieg) sowie im obersten Teil (Sättigungsstromgebiet). Da man beim Fernsehen den Schwarzwert auf einen sehr niedrigen Strahlstromwert ansetzt, liegt der Exponent entsprechend hoch (Wiedergabe-Gammawert 2 bis 3). Auf die Abhängigkeit der Phosphorleuchtdichte und -farbe vom Strahlstrom wird im nachfolgenden Abschnitt kurz eingegangen.

Für die Strahlerzeugung werden bei Direktsichtröhren maximale Gleichspannungen im Bereich von etwa 10 bis 25 kV benötigt. Die für Weiß erforderlichen Strahlströme liegen größenordnungsmäßig bei 1 mA. Bei Farbbildröhren muß dabei jedes der drei Strahlsysteme diesen Strom erbringen. Eine Projektions-Kathodenstrahlröhre kann im Extremfall Beschleunigungsspannungen bis etwa 100 kV und Strahlströme bis etwa 6 mA benötigen. Auf dem Leuchtschirm ergeben sich damit bei Direktsichtröhren Verlustleistungen von einigen Watt, bei sehr leistungsstarken Projektionsröhren solche von bis zu einigen hundert Watt. Im letztgenannten Fall kann eine besondere Kühlung und u. U. außerdem eine Abschirmung gegen Röntgenstrahlen erforderlich sein. Das extreme Gegenstück dazu bilden Kleinströhren von einigen Zentimetern Bilddiagonale, z. B. mit um 90° gekröpftem Hals (Sony).

Bildschirm-Leuchtstoffe

Den Bildschirm-Leuchtstoffen (-Phosphoren, -Luminophoren) fällt die Aufgabe zu, mit möglichst gutem Wirkungsgrad die beim Aufprall des Elektronenstrahls freiwerdende elektrische Leistung in Lichtleistung umzusetzen. Hierzu wird der Effekt der Kathodolumineszenz, d. h. die Eigenschaft bestimmter Stoffe, beim Auftreten schneller Elektronen aufzuleuchten, ausgenutzt. Man unterscheidet zwischen Fluoreszenz (Leuchten nur während des Aufpralls) und Phosphoreszenz (Nachleuchten). Im allgemeinen treten beide Erscheinungen gleichzeitig auf, wobei eine von beiden überwiegt. Die Lichterzeugung ist nicht von der Art der Temperaturstrahler; es handelt sich vielmehr um sogenanntes kaltes Licht.

Leuchtstoffe sind chemisch-physikalisch ein Gemisch kleiner bei hoher Temperatur erzeugter Kristalle von Sulfiden, Oxiden, Silikaten oder Wolframaten der Erdalkalimetalle sowie von Zink, Cadmium und Phosphor usw., die durch kleine Beimengen (Anteil etwa 10^{-4}) bestimmter Metalle wie Silber, Mangan, Kupfer, Europium etc. „aktiviert“ worden sind. Die Ausgangsmaterialien müssen sehr rein sein (Verunreinigungen $< 10^{-6}$). Für die Schichtdicke der Leuchtstoffe gibt es wegen der geringen Leitfähigkeit und der beschränkten Eindringtiefe der Elektronen ein kritisches Optimum [1.32].

Der Aktivator (einzelne ins Ionengitter der Salze „eingebaute“ Metall-Fremdatome) bestimmt vielfach die Farbe des Aufleuchtens. Ihm kommt beim Mechanismus der Lichtquantenauslösung zentrale Bedeutung zu. Dieser ist sehr kompliziert und auch heute noch nicht in allen Phasen restlos geklärt. Besondere Schwierigkeiten bereitet die Herstellung guter Primärfarbenphosphore für das Farbfernsehen (s. nächsten Abschnitt).

Im Bereich der sichtbaren Strahlung lassen sich Phosphor-Wirkungsgrade von bis zu 40 lm/W, d.h. 5 bis 10% (Lichtäquivalent bei 555 nm 680 lm/W), erzielen. Ein einzelnes Elektron vermag bei 10 kV Beschleunigungsspannung bis zu etwa 500 Lichtquanten auszulösen. Dies gilt für das monochrome Fernsehen. Farbbildröhren erreichen zur Zeit Lichtwirkungsgrade von rund 8 lm/W.
Die Nachleuchtzeiten liegen im Bereich von etwa 1 bis 60 ms. Diese Angaben beziehen sich auf einen Abfall auf 1%. Größere Nachleuchtdauern lassen mit Rücksicht auf das Flimmern größere Schirmleuchtdichten zu, vermindern bei rasch bewegtem Bildinhalt aber die Bildschärfe. Die weißen Phosphore der monochromen Bildröhren sind ein Gemisch farbiger Leuchtstoffe. Ein Beispiel zeigt Bild 1–48. Die Leuchtfarbe des Phosphors kann etwas von der spezifischen Elektronenbelastung (flächen- und spannungsmäßig) abhängen. Bei großer spezifischer Strahldichte geht der Wirkungsgrad etwas zurück, was sich in einem Abflachen der Aussteuerkennlinie im Weiß äußert (Bild 1–49).

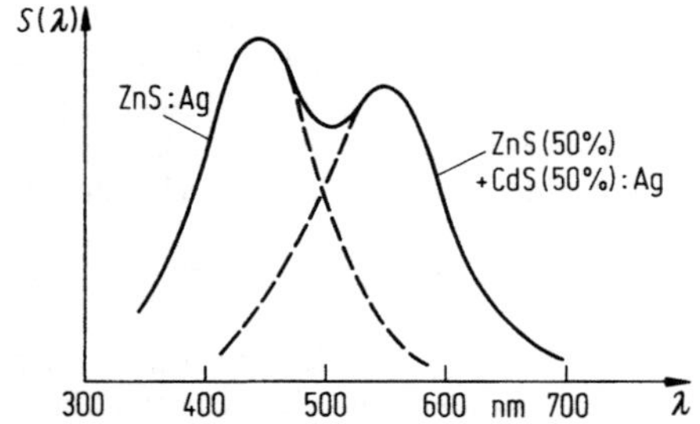

Bild 1-48. Mischphosphor für Schwarzweißbildröhre (Beispiel). Spektrale Charakteristik $S(\lambda)$, λ Lichtwellenlänge. Doppelpunkt bedeutet „dotiert mit"

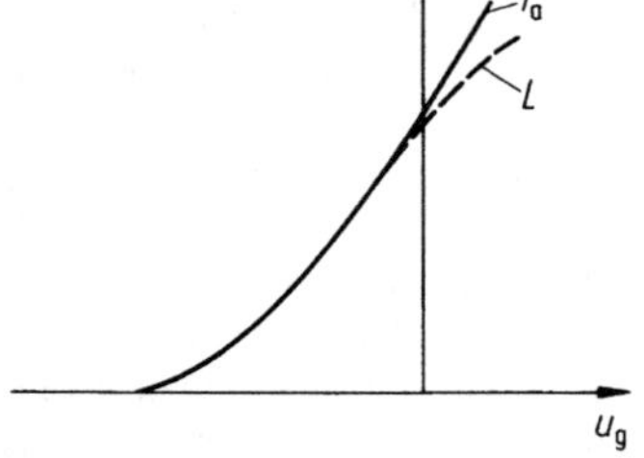

Bild 1-49. Aussteuerkennlinien einer Bildwiedergaberöhre (i_a Strahlstrom, L Schirmleuchtdichte) als Funktion der Steuerspannung u_g (linearer Maßstab)

Bildhelligkeit bzw. Kontrast — beides wichtige Größen für den subjektiven Bildeindruck — können durch folgende Maßnahmen wesentlich gesteigert werden: [1.33]:

- Aufbringen einer glatten, sehr dünnen Aluminiumschicht auf der Strahlseite des Leuchtschirms, den die schnellen Elektronen noch mühelos durchstoßen können (Dicke etwas unter 1 µm). Dadurch wird alles erzeugte Licht nach vorn abgestrahlt.
- Graufärben des Glases, auf dem der Phosphor aufgetragen ist. Auf diese Weise wird der Lichthof, der sich durch Mehrfachreflexion im Glasboden bildet, wirksam bekämpft. Gleichzeitig wird der Bildkontrast bei Betrachtung in nichtdunklen Räumen verbessert. Günstige Transmissionswerte für den einmaligen Lichtdurchgang durch den Glasboden sind 30 bis 50%. Naturgemäß geht die Leuchtdichte des Schirms durch die Graufärbung entsprechend zurück. Man ist bestrebt, diesen Nachteil durch Leuchtstoffe mit besonders gutem Lichtwirkungsgrad auszugleichen.

Durch die geschilderten Maßnahmen erreicht man im dunklen Raum einen Schirm-Großflächenkontrast von etwa 100:1 und einen Detailkontrast von Größenordnung 10:1, was zur Erzeugung sehr guter Fernsehbilder — auch Farbbilder — ausreicht. Typische Schirmleuchtdichten im Weiß sind einige hundert cd/m^2. Wesentlich höher kann man bei den 625-Zeilen-Fernsehsystemen mit 50 Halbrastern/s wegen des Flimmerns nicht gehen. Bei Farbbildröhren liegt die Leuchtdichte des Schirms meist etwas niedriger als bei Schwarzweißröhren.
Die erwähnte Schirmmetallisierung hat noch einen weiteren Vorteil. Da auch ein Hochvakuum noch keinen ideal luftleeren Raum darstellt, entstehen beim Zusammenprall der Strahlelektronen mit restlichen Gasmolekülen positive und negative Ionen. Die negativen Ionen prallen wie die Elektronen auf dem Leuchtschirm auf und können diesen bei fehlender Metallisierung mit der Zeit inaktiv werden lassen. Es bildet sich dann in Schirmmitte ein größerer diffuser dunkler Fleck. Umgekehrt können die positiven Ionen ohne besondere Vorkehren die Kathode beschädigen.
Die Schirme der hier besprochenen Bildröhren strahlen in schwarz-weißer und farbiger Ausführung, auf die Flächeneinheit bezogen, das Licht von der Normalen aus mit guter Näherung nach einem Kosinusgesetz ab; es sind praktisch Lam-

bert-Strahler. Das Bild hat damit — vom Betrachter aus gesehen — aus allen Blickwinkeln die gleiche konstante Leuchtdichte, was sehr vorteilhaft ist [0.1].

Zusätzliche Daten über Farbbildröhren und -phosphore

Die Primärfarben von Farbfernseh-Wiedergabeanordnungen müssen — bei hervorragender Lichtausbeute — in der Farbart der gewählten Farbfernsehnorm möglichst nahekommen. Diese grundsätzlich von der Systemtechnik her wichtige Forderung ist, zumindest bei den in Europa hergestellten Röhren, im allgemeinen hinreichend gut erfüllt. Die drei Primärfarbenphosphore sollten außerdem möglichst gleiche Abklingzeiten haben. Weitere Angaben über Farbphosphore finden sich im Anhang 1.4.2 in den Tabellen 1-II und 1-III. Zu erwähnen ist an dieser Stelle noch, daß es im Studio-Anwendungsbereich angezeigt sein kann, Farbbildröhren mit nicht ganz normgerechten Phosphoren durch eine elektrische Matrix passend zu korrigieren.

Der Lichtwirkungsgrad von Farbbildröhren konnte seit 1950 schrittweise von etwa 0,3 auf 8 lm/W gesteigert werden. Mit den in den nachfolgenden Abschnitten beschriebenen Lochmasken-Röhrentypen werden bei einem mittleren Kontrastverhältnis um 50:1 und einer Lebensdauer von normalerweise über 10000 h im Weiß Schirmleuchtdichten von rund 350 cd/m^2 erreicht [1.37; 1.44]. Auch Röhren hoher Auflösung wurden entwickelt.

Geberröhren für die Lichtpunkt-Filmabtastung

Anordnungen dieser Art weisen einen ebenen Schirm von bis zu 20 cm $\varnothing$ auf und verwenden Phosphore mit sehr kurzer Nachleuchtdauer (typisch: Intensitätsabfall auf $^1/_3$ in 10^{-7} s). Aber auch so ist noch eine elektrische Entzerrung des Nachleuchtens mittels differenzierender RC-Glieder notwendig (vgl. Kapitel 3, Bild 3–28). Als Schirmmaterial eignet sich z. B. Zinkoxid. Zur Vermeidung einer störenden Körnigkeit im wiedergegebenen Bild muß der Luminophor eine sehr feine Struktur haben. Phosphore für die Farbfilmabtastung haben spektrale Emissionscharakteristiken, die ungefähr der V_λ-Kurve entsprechen (vgl. z. B. [0.1]). Sie können beispielsweise auf Yttrium-Basis aufgebaut sein. Die Fokussierung solcher Röhren ist, mit Rücksicht auf die erforderliche hohe Strahlschärfe, magnetisch. Bei Blendenzahlen von $B = 2 \ldots 4$ der verwendeten Objektive und Photozellen mit Empfindlichkeiten um 100 µA/lm ergeben sich beim Schwarzweißabtaster am Eingang des Sekundäremissionsvervielfachers bei blankem Filmfenster für Bildweiß Photoströme von typisch 150 nA, was zu guten Rausch/Stör-Abständen führt (vgl. Abschnitt 1.1.5). Die Filmdichten sollten sich dabei im normalen Rahmen bewegen. In CCIR-Empfehlung 265-4 [1.1] findet man Dichtewerte von 0,3 bis 0,4 für Filmweiß und für Farbfilme einen maximalen Dichteumfang von 0,5 bis 1,7.

Direktsicht-Bildröhren für das simultane Farbfernsehen

Simultane Farbfernsehbilder lassen sich zunächst durch Überlagern roter, grüner und blauer Farbauszüge gewinnen. Es ist naheliegend, diese Überlagerung durch Verwendung dichroitischer Filter, d. h. analog zur Sendeseite, oder aber durch Übereinanderprojizieren roter, grüner und blauer Teilbilder zu bewerkstelligen. Auf Lösungen der zweitgenannten Art wird in einem der nachfolgenden Abschnitte kurz eingegangen.

Um kompakte Empfangsgeräte, wie man es vom Schwarzweißfernsehen her gewohnt ist, bauen zu können, wurde schon früh nach Lösungen gesucht, welche erlauben, simultane Farbbilder auf dem Schirm einer einzigen entsprechend gebauten Wiedergaberöhre zu erzeugen [1.35]. Von den verschiedenen im Laufe der Zeit gemachten Vorschlägen konnte sich bisher nur das Loch-, Schlitz- und Gittermaskenprinzip durchsetzen. Bis zu Anfang der siebziger Jahre waren alle Farbfernseh-Heimempfänger mit Lochmaskenröhren nach einem von RCA (USA) um 1950 angegebenen Prinzip bestückt. Nachfolgend seien zunächst Aufbau und Arbeitsweise dieser Röhre in den wesentlichen Zügen aufgezeigt [1.34].

Delta-Lochmaskenröhre

Bei dieser Röhre handelt es sich gewissermaßen um drei ineinandergeschachtelte Primärfarben-Bildröhren, wobei durch eine sinnreiche geometrische Zuordnung von Primärfarben-Elektronenstrahlen, Lochmaske in Schirmnähe und Grundfarben-Phosphortripel bewerkstelligt wird, daß der einer bestimmten Primärfarbe zugewiesene Schreibstrahl nur den Luminophor dieser Farbe erregen kann. Die drei Strahlerzeugungssysteme sind in den Ecken eines gleichseitigen Dreiecks angeordnet, gleiches gilt für den einzelnen Leuchtstoff-Farbtripel (deshalb die Bezeichnung Deltaröhre).

Neuere Röhren sind etwas anders aufgebaut, beruhen aber auf dem gleichen Prinzip. Zunächst sei die Deltaröhre noch näher erläutert.

Bild 1–50 zeigt diese Farbbildröhre schematisch als Ganzes, Bild 1–51 das geometrische Zuordnungsprinzip Elektronenstrahl–Lochmaske–Phosphortripel auf. Große Bildschirme haben in Normalausführung eine Lochmaske mit etwa 500000 kreisrunden Öffnungen und dementsprechend rund 1500000 einzelne rote, grüne und blaue Phosphorpunkte. Letztere haben z. B. bei der 56-cm-Bildröhre unter sich einen Abstand von nur 0,4 mm, so daß sie das menschliche Auge aus normalem Bildbetrachtungsabstand einzeln nicht mehr wahrnehmen kann. Es stellt sich vielmehr, entsprechend der relativen Anregung im Phosphortripel, eine additive Mischfarbe ein.

Da die drei Elektronenstrahlen-Erzeugungssysteme nicht in der Röhrenachse liegen, decken sich die von ihnen auf dem annähernd flachen Bildschirm geschriebenen Farbauszüge zunächst aus Gründen der Bildfeldwölbung und des Astigmatismus der Ablenkfelder nur sehr ungenau (Bild 1–52). Durch individuelle statische und dynamische (d. h. zeilen- und bildfrequente) Lagekorrekturen der drei Elektronenstrahlen vor ihrem Eintritt in das Magnetfeld der Ablenkspulen lassen sich aber Deckungsfehler dieser Art weitgehend vermeiden. Eine erste Justierung betrifft die gemeinsame Zentrierung der drei die Strahlerzeugungssysteme verlassenden Elektronenstrahlen in bezug auf Lochmaske und Bildschirm-Phosphortripel. Hierfür dient der torusförmige „Farbreinheitsmagnet“ (Bild 1–53), der aus zwei leicht vormagnetisierten gegeneinander verdrehbaren Blechringen besteht. Er vermag ein radiales in Stärke und Richtung veränderbares magnetisches Gleichfeld zu erzeugen.

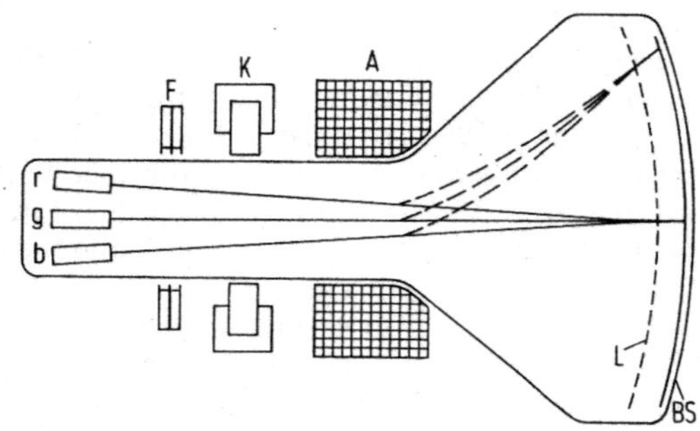

Bild 1-50. Querschnitt durch die Delta-Lochmasken-Farbbildröhre *r, g, b* Strahlsysteme für Rot-, Grün- und Blaustrahl; L Lochmaske, BS Bildschirm; F Farbreinheits-Magnetringe (Bild 1-53), K Strahlkorrektursysteme (vereinfacht gezeichnet, Bilder 1-54 und 1-55), A Ablenkspulen. Gestrichelt: ausgelenkte Elektronenstrahlen

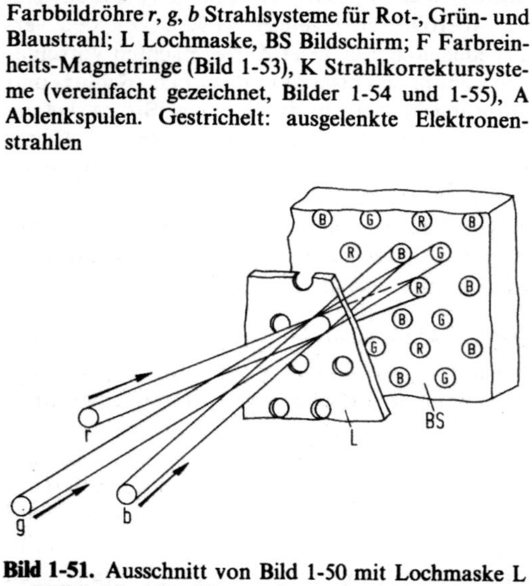

Bild 1-51. Ausschnitt von Bild 1-50 mit Lochmaske L und Bildschirm BS. Dieser trägt — den Maskenlöchern zugeordnet — rote (R), grüne (G) und blaue (B) Phosphorscheibchen. r, g, b Elektronenstrahlen für rote, grüne und blaue Primärfarbe

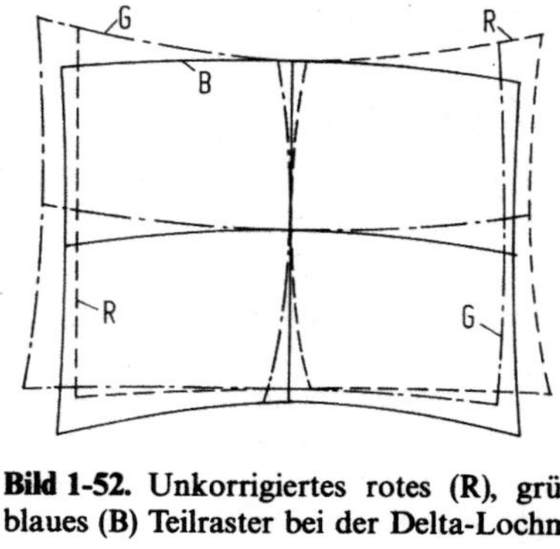

Bild 1-52. Unkorrigiertes rotes (R), grünes (G) und blaues (B) Teilraster bei der Delta-Lochmaskenröhre

Bild 1-53. Aufeinanderliegende gegenseitig und gesamthaft verdrehbare Farbreinheits-Magnetringe zur generellen Strahlzentrierung bei der Lochmaskenröhre

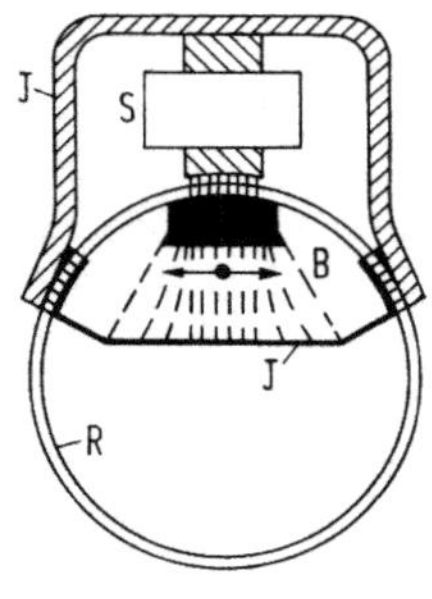

Bild 1-54. Delta-Lochmaskenröhre; Konvergenzkorrektur für laterale Verschiebung des Blaustrahls. R Röhrenhals, B Blaustrahl, J Magnetjoche, S Spule für Korrekturstrom

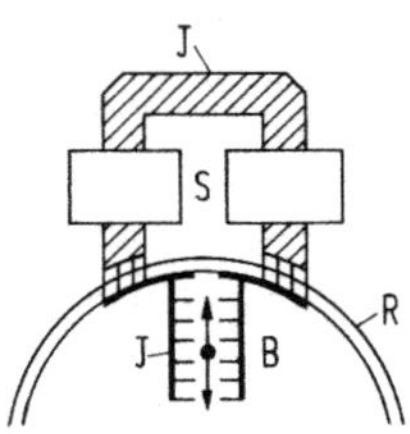

Bild 1-55. Delta-Lochmaskenröhre; Konvergenzkorrektur für radiale Verschiebung des einzelnen Elektronenstrahls (im Beispiel Blaustrahl). Die Bedeutung der Symbole geht aus Bild 1-54 hervor

Die Magnetjoche der Konvergenzkorrekturen befinden sich teilweise außerhalb und zum Teil innerhalb des Röhrenkolbens (Bilder 1–54 und 1–55). Den summarisch mit S bezeichneten Spulen werden die erforderlichen Korrekturströme zugeführt. Die tangentiale (laterale) Verschiebung ist nur für den „blauen“ Strahl erforderlich. Trotzdem ist insgesamt der Korrekturaufwand bei dieser Bildröhre recht groß (verhältnismäßig komplizierte elektrische Korrektursignale; bis zu 18 manuelle Einstellungen).

Die aus Stahl bestehende Lochmaske oder deren magnetischer Schirm im Innern des Empfängers kann sich, beispielsweise durch das Erdmagnetfeld, etwas magnetisieren. Dadurch kann vor allem die örtliche Farbreinheit beeinträchtigt werden. Um solchen Effekten entgegenzuwirken, wird die Lochmaske jeweils beim Einschalten des Empfängers selbsttätig entmagnetisiert. Ein Kaltleiter in Kombination mit einem spannungsabhängigen Widerstand sorgt dafür, daß über zwei spezielle Entmagnetisierungs-Spulenjoche, die am konusförmigen Teil der Bildröhre anliegen, kurzzeitig (etwa 1 s) ein starkes Netzstrom-Wechselfeld erzeugt wird. Dieses klingt nach wenigen Sekunden auf einen vernachlässigbaren konstanten Wert von weniger als 0,1% des Maximalwertes ab. — Die Deltaröhre zeigt nur geringe Moiréeffekte und eignet sich aus diesem Grunde gut für Studio-Kontrollempfänger.

In-line-Schlitzmaskenröhre

Ungefähr mit dem Übergang auf die 110°-Ablenktechnik um die Mitte der siebziger Jahre wurde die „klassische“ Delta-Lochmaskenröhre im Heimempfänger durch die Schlitz- oder Langlochmaskenröhre mit Anordnung der Strahlerzeugungssysteme in einer senkrecht zur vertikalen Längsachse der Schlitze liegenden Ebene abgelöst [1.38]. Bild 1–56 zeigt die räumliche Auslegung der länglichen Maskenlöcher und der entsprechenden Phosphorstreifen auf. Zudem ist die geometrische Lage der drei strahlerzeugenden Systeme angedeutet. Benachbarte Phosphorstreifen haben einen typischen Abstand von etwa 0,3 mm.

Die In-line-Röhre ist in bezug auf Deckungsmaßnahmen für die roten, grünen und blauen Teilraster wesentlich weniger aufwendig als die Deltaröhre. Aber auch hier ergibt sich, als Folge der Bildfeldwölbung und des Astigmatismus der Ablenkfelder, zunächst noch keine Strahlendeckung auf dem Bildschirm. Das mittlere der drei in einer horizontalen Ebene angeordneten Strahlerzeugungssysteme ist dem grünen Teilraster zugeordnet. Es liegt in der Achse von Röhre und Ablenksystem und dient als Bezugsraster. Durch Astigmatismus bedingte Deckungskorrekturen werden nur für die nicht in der Röhrenachse liegenden die roten und blauen

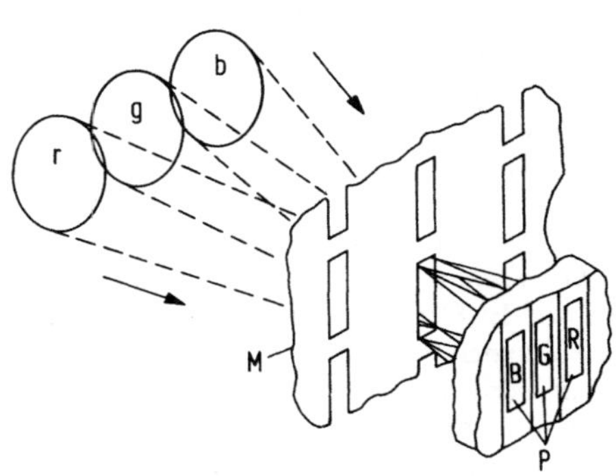

Bild 1-56. In-line-Schlitzmaskenröhre (moderne Farbbildröhre). Zuordnung von Elektronenstrahlen (r, g, b) und Phosphorstreifen P (R, G, B) durch Schlitzmaske M

Phosphore erregenden Elektronenstrahlen benötigt.
Durch Kombination eines kissenförmig verzerrenden Horizontal-(Ost-West-) und tonnenförmig verzerrenden Vertikal-(Nord-Süd-)Ablenkfeldes ergibt sich eine selbstkonvergierende annähernd astigmatismusfreie Ablenkeinheit. Diese ist aus zwei Paaren von Sattelspulen mit stark unterschiedlicher Geometrie und Wicklungsverteilung aufgebaut. Eine starke, teilweise auf den fast flachen Bildschirm zurückzuführende horizontale Kissenverzeichnung für senkrechte Linien außerhalb der Bildmitte kann z.B. durch Modulation der Induktivität des Zeilentransformators (variable Vormagnetisierung) kompensiert werden. Die vertikalen Ablenkverzerrungen sind klein; sie lassen sich ebenfalls dynamisch korrigieren.
Zur Beseitigung der restlichen z.T. fertigungsbedingten Konvergenzfehler werden in axialen Magnetringen erzeugte und/oder geführte, in der Intensität regelbare statische sowie dynamische (d.h. zeilen- und bildwechselfrequente) Mehrpolfelder angebracht, deren Zentren magnetfeldfrei sind und die damit den „grünen" Elektronenstrahl nicht beeinflussen. Im Gegensatz zu den Konvergenzkorrekturen der Deltaröhre müssen die Magnetfelder im Innern des Rohrs nicht geführt werden, was den Aufbau der Bildröhre vereinfacht. Ein ebenfalls mittels Toroid erzeugtes in Intensität und Richtung regelbares magnetisches Gleichfeld bringt, soweit nötig, wie bei der Deltaröhre die Elektronenstrahlen, welche die Maske passieren, mit den zugeordneten Phosphorstreifen optimal in Deckung (Farbreinheitsmagnet). Insgesamt ergeben sich so verhältnismäßig wenige, einfach auszuführende Korrektureinstellungen.
Die In-line-Röhre benötigt sehr ähnliche Betriebsspannungen wie die Delta-Lochmaskenröhre und weist, auf Heimfernsehgeräte bezogen, eine ähnliche Bildauflösung auf. Die Schlitzmaske besteht ebenfalls aus Stahl und wird bei Inbetriebnahme des Geräts in gleicher Weise wie die Deltaröhre mit Netzwechselstrom automatisch entmagnetisiert.
Die In-line-Technik kann so weit getrieben werden, daß die drei Elektronenstrahlen in einem gemeinsamen Fokussiersystem (Bild 1–57) elektrostatisch gebündelt werden. Ein solches Strahlerzeugungssystem wurde von Sony (Japan) 1972, d.h. wenige Jahre vor dem Aufkommen der Schlitzmaskenröhre, beim „Trinitron" angewendet, einer erfolgreichen Röhrenkonstruktion mit durch schmale Querbrücken mechanisch stabilisierter Gittermaske und durchgehenden vertikalen roten, grünen und blauen Phosphorstreifen (Bild 1–58) [1.36]. Vorjustierte, auf dem Röhrenhals fest montierte Ablenkspulen tragen zur weiteren Vereinfachung der Konvergenzeinstellungen bei. Ursprünglich nur für kleinere Bildschirme verwirklicht, findet das lichtstarke Gittermaskenprinzip heute auch bei großen Bildröhren Anwendung [1.39]. Details über Dreistrahl-Farbröhren sind den einschlägigen Firmenkatalogen zu entnehmen.

Einstrahl-Farbbildwiedergaberöhren

In den USA wurde — zur Umgehung der Konvergenzprobleme — schon in den fünfziger Jahren versucht, das Problem der Farbbildwiedergabe mit Einstrahlröhren zu lösen [0.6; 1.35]. Praktische Bedeutung haben Anordnungen dieser Art — u.a. wegen ihrer inhärenten relativen Lichtschwäche — bisher kaum erlangt. Auf den Aufbau und die Funktionsweise der beiden bis heute bekannt gewordenen Systeme sei deshalb im folgenden nur

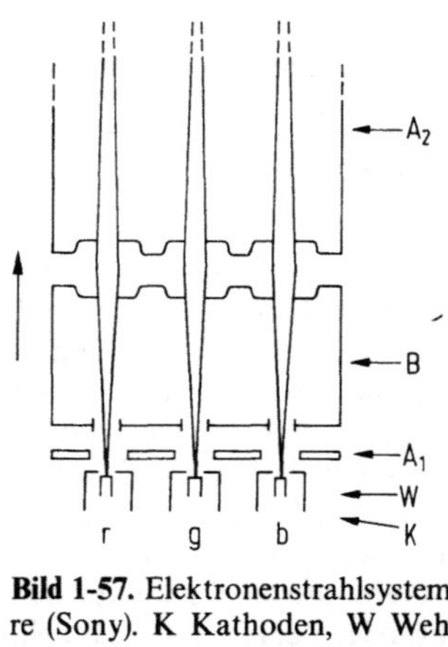

Bild 1-57. Elektronenstrahlsystem bei der Trinitronröhre (Sony). K Kathoden, W Wehnelt-Steuerelektroden für den roten (r), grünen (g) und blauen **(b)** Elektronenstrahl. A_1, B und A_2 gemeinsame Elektroden des Strahlerzeugungssystems (vgl. Bild 1-47)

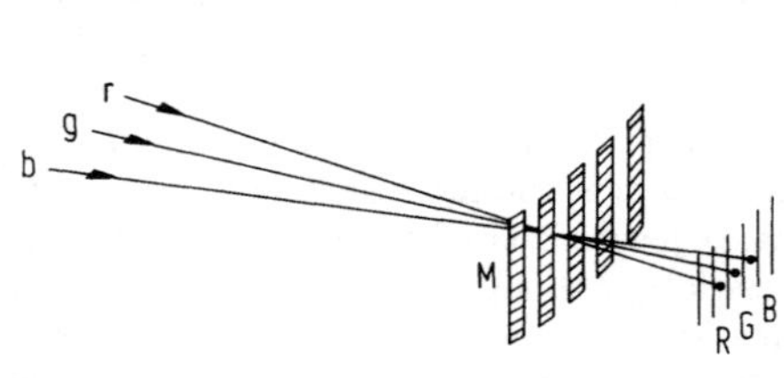

Bild 1-58. Zuordnung von Elektronenstrahlen (r, g, b) und Phosphorstreifen (R, G, B) durch Gittermaske M bei der Trinitronröhre

sehr kurz eingegangen. Beide Röhrensysteme weisen über den ganzen Bildschirm verlaufende rote, grüne und blaue Phosphorstreifen auf. Die geringe Lichtstärke dieser Röhrentypen geht auf deren punktsequentielle Arbeitsweise zurück.
Bei der von Lawrence (USA) angegebenen, Chromatron genannten Röhre sind die Leuchtstoffstreifen horizontal angebracht. An die Stelle einer Loch- oder Gittermaske treten auf die Lage der Farbtripelstreifen ausgerichtete horizontale Gitterdrähte, wobei benachbarte Drähte abwechselnd auf eine links und rechts vom Schirm angeordnete „Sammelschiene" geführt werden. An diese Anschlüsse wird ein phasenmäßig auf den modulierten Farbträger ausgerichtetes kräftiges elektrisches Wechselfeld gelegt. Auf diese Weise läßt sich erreichen, daß der Elektronenstrahl — der jeweiligen elektrischen Konfiguration des Wechselfeldes entsprechend — bildpunktmäßig in vertikaler Richtung auf die der gewünschten Farbe entsprechenden Phosphore ausgelenkt wird. Der Elektronenstrahl wird dabei mit dem Leuchtdichtesignal moduliert. Das wegen der schirmnahen Strahlauslenkung erforderliche sehr starke elektrische Wechselfeld erfordert einen beträchtlichen technischen Aufwand und bringt nur schwer zu lösende Abschirmprobleme mit sich. Diese Röhre wurde bisher noch nicht serienmäßig hergestellt.
Die versuchsweise erstmals bei Philco (USA) gebaute Index-Einstrahlröhre weist, wie die Trinitronröhre, vertikal angebrachte rote, grüne und blaue Phosphorstreifen auf. Jedem Phosphortripel ist ein schmaler „Indexstreifen" beigefügt, der beim zeilenweisen Überstreichen des Elektronenstrahls auf der Innenseite des Bildschirms einen Strahlungsimpuls auslöst. Nebst dem Sekundäremissionseffekt („apple tube") kann z.B. auch ein Photoemissionseffekt ultravioletter Natur („Zebra-Röhre") ausgenutzt werden.
Strahlerzeugungsmäßig weist dieser Röhrentyp, wie die Chromatron-Röhre, den gleichen Aufbau wie eine Schwarzweißröhre auf. Das impulsförmige Lageindexzeichen des Elektronenstrahls in bezug auf einen Farbtripel wird am konusförmigen hinteren Teil der Bildröhre mit einem geeigneten Detektor empfangen und verstärkt bzw. in ein elektrisches Signal umgewandelt. Dieses steuert über eine verhältnismäßig aufwendige, phasenmäßig mit dem modulierten Farbhilfsträger gekoppelte Schaltelektronik die Stärke des Elektronenstrahls über das dem jeweiligen Bildpunkt entsprechende Farbtripel in der Weise, daß die relative Erregung der drei Phosphore der Farbe und Leuchtdichte dieses Bildelements entspricht. In jüngerer Zeit fand dieses Prinzip bei einer Kleinbildröhre Anwendung (Matsushita [1.42]).

1.2.2 Projektionssysteme für monochrome und farbige Bildwiedergabe

Die Möglichkeiten und Grenzen der Bildwiedergabe mit Projektions-Kathodenstrahlröhren seien zunächst am Beispiel eines um 1950 herum von RCA entwickelten Schwarz-Weiß-Projektionsempfängers mit Röhre 7NP4 aufgezeigt. In jener Zeit waren in den USA viele Kinos zusätzlich mit solchen Geräten ausgerüstet. Dabei wurden spezielle Bildschirme mit Richtwirkung (typisch Faktor 2,5) eingesetzt. Die Fläche betrug bis $4{,}5 \times 6\ m^2$. Der Schirmdurchmesser der Röhre war 17,5 cm. Sie wurde mit der sehr hohen Beschleunigungsspannung von 80 kV betrieben. Bei einem Strahlstrom im Weiß von 6 mA betrug die Schirmbelastung für Weiß 480 W, dies bei der extrem großen Phosphor-Spitzenbelastung über die Bildpunktdauer von $10\ kW/mm^2$.
Als Objektiv diente eine Schmidt-Spiegeloptik von 65 cm Durchmesser mit einer relativen Öffnung von 0,6. Bei einer Phosphorergiebigkeit von (nur) 2 cd/W ergab sich so auf dem Projektionsschirm in Richtung größter Rückstrahlung für Weiß eine Leuchtdichte von $16\ cd/m^2$. Dieser Wert liegt etwa um einen Faktor 2 unter der für Lichtspieltheater üblichen Norm. Die genannte Röhre wies eine elektrostatische Fokussierung auf und benötigte eine kräftige Schirm-Gebläsekühlung sowie besondere Schutzmaßnahmen gegen die sehr intensive Röntgenstrahlung. Da Projektionsröhren dieser Art nur eine kurze Lebensdauer haben (typisch einige hundert Stunden), ist der Betrieb solcher Hochleistungsprojektoren verhältnismäßig teuer. In nichttrockenen Räumen ergeben sich auch Isolationsprobleme.
Auf der gleichen Basis wurden schon zu Beginn der sechziger Jahre Großbildprojektoren für das simultane Farbfernsehen entwickelt. Bei Geräten dieser Art werden die roten, grünen und blauen Teilbilder oft in drei nebeneinander angeordneten Projektionseinheiten mit Schmidt-Optiken erzeugt und auf dem Schirm übereinander projiziert (Beispiel: Philips-Entwicklung). Um eine Deckung der Teilraster zu erhalten, sind für die beiden seitlich angeordneten Projektoren besondere Raster-Vorentzerrungen nötig. Der Spitzenstrahl-

strom der Projektionsröhren liegt — bei einer primären Bildfläche von etwa 70 cm^2 — um 0,5 mA, die Beschleunigungsspannung um 50 kV. (Oberhalb von etwa 30 kV sind besondere Schutzmaßnahmen gegen die auftretende Röntgenstrahlung erforderlich.) Bei Verwendung eines Schirmmaterials mit einem winkelmäßig beschränkten Reflexionsfaktor von 2,5 und Schirmgrößen um 10 m^2 können von solchen Geräten Spitzenleuchtdichten im Weiß von rund 20 cd/m^2 und Bildkontraste um 40:1 erreicht werden. Größe, Gewicht und Unterhaltskosten (Projektionsröhrenwechsel) schränken die Verwendung von Anlagen dieser Art auf Sonderfälle ein, die im Ausbildungssektor liegen können. (Eine größere Anzahl im Raum verteilter Monitorempfänger stellt aber meist die billigere und zweckmäßigere Lösung dar.)

Zur Zeit besteht ein größeres Marktangebot von Bildröhrenprojektionsempfängern für das Farbfernsehen mit verhältnismäßig kleinen Abmessungen und entsprechend bescheidener Lichtstärke [1.41]. Sie arbeiten mit Schmidt-Optiken oder sehr lichtstarken Kunststoffobjektiven. Bei den Heimfernsehtypen ist der Geräteteil bei Nichtgebrauch oft zusammenklappbar und der Bildschirm fest am Projektorteil montiert. Die Projektionsschirme weisen meist eine ziemlich stark gebündelte Rückstrahlung auf und haben eine Fläche von etwa einem bis zu einigen Quadratmetern. Die erzielbaren Bildleuchtdichten und wohl auch -kontraste liegen unter den Werten von Direktsichtröhren. Besonderes Interesse haben neu entwickelte Projektionsbildröhren von NEC mit integrierter Schmidt-Optik (Bild 1–59) gefunden. Der Phosphor ist hier auf einer Metallplatte angebracht, was von außen her eine wirkungsvolle Wärmeableitung ermöglicht.

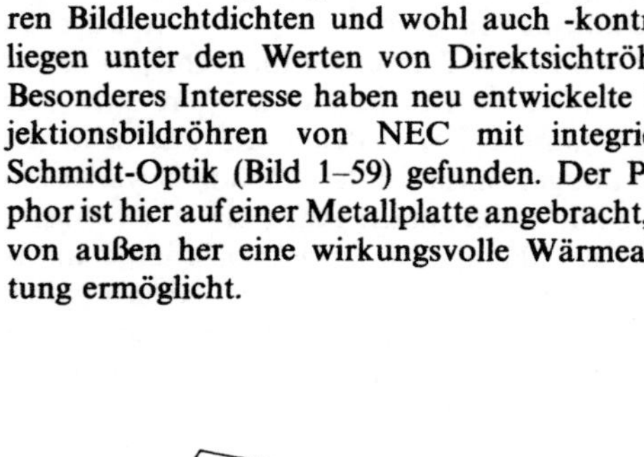

Bild 1-59. Projektionsröhre nach NEC mit integrierter Schmidt-Optik. E Elektronenstrahl, P Phosphor (Bildraster), Sp Spiegel, KL Korrektuslinse, Φ austretender Lichtstrom

Fernsehprojektoren für große Lichtströme

Aus den aufgeführten Beispielen geht hervor, daß sich auf der Basis von Kathodenstrahlröhren keine sehr großen und hellen Fernsehbilder projizieren lassen. Die Leuchtdichte der Phosphore reicht dazu nicht aus.

Auch Fernsehprojektoren auf der Grundlage von Laserlicht scheinen bereits lichtmäßig ihre Grenzen zu haben. Dazu gesellt sich hier der vielleicht noch größere Nachteil, daß die Strahlablenkungen mit optisch-mechanischen Mitteln bewerkstelligt werden müssen, was vom Unterhalt her nicht erwünscht ist. Die Literatur über solche Projektoren ist zur Zeit noch recht spärlich.

Wesentlich günstiger liegen die Verhältnisse bei Lichtrelaisanordnungen, welche sich den schlierenoptischen Effekt zunutze machen. Der von Fischer (Zürich) erfundene Eidophorprojektor, dessen Einkanal-Grundform in Bild 1–60 dargestellt ist, vermag bei Kontrastverhältnissen von 1:100 fernsehmäßig Lichtströme von rund 4000 lm auf einer Leinwand von etwa 120 m^2 zu verarbeiten. Die nachfolgend in ihrer Funktionsweise erläuterte Einkanalform läßt sich mit bescheidenen zusätzlichen Mitteln auf sequentielle Farbfernsehsysteme ausbauen (Filterrad im Fenster der Lichtquelle). Die heute gebräuchlichen Eidophoranlagen sind normalerweise für simultane Farbsysteme ausgelegt, ohne daß sich dabei das grundlegende Prinzip ändert [1.40]. Während die europäische Version (Gretag, Zürich) noch Vakuumpumpen benötigt, gibt es eine verhältnismäßig kleine Ausführung von General Electric, USA, die mit abgeschlossenem Vakuumbehälter auskommt und trotzdem beachtliche Lichtströme liefert.

Der Einkanal-Eidophorprojektor nach Bild 1–60 arbeitet wie folgt. Ein langsam rotierender Hohlspiegel (unten) trägt eine dünne, leicht leitende Ölschicht, auf die ein Kathodenstrahl im Vakuum (unten rechts) ein Fernsehraster schreibt. Die Strahldichte in der Bildebene ist dabei bildsignalmoduliert: Helle Bildstellen erzeugen scharfe Zeilen mit örtlich stark schwankender Ladungsdichte, wodurch sich die ölartige Eidophoroberfläche örtlich deformiert. Das Licht einer starken Xenonlampe (links im Bild) gelangt — beim sequentiellen Farbfernsehen durch ein im Rhythmus zur Bildwechselfrequenz sich drehendes Rot-Grün-Blau-Filterrad — über eine Kondensorlinse und ein verspiegeltes Barrensystem auf den Hohlspiegel. Das Barrensystem bildet sich im Hohlspiegel

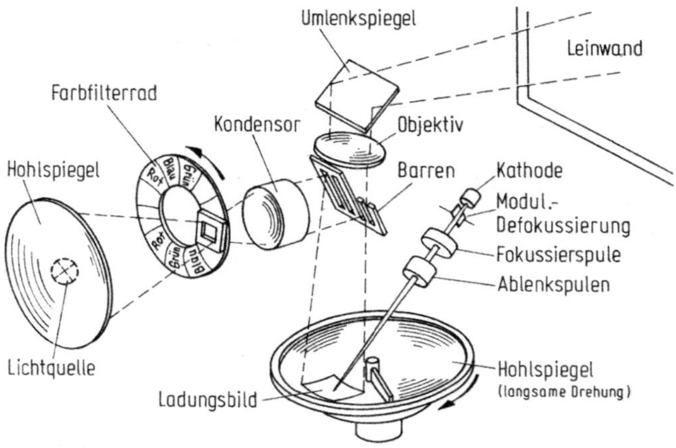

Bild 1-60. Eidophor-Projektionsverfahren für Einkanal-Fernsehen (im Bild Farbsequenzsystem). Erläuterungen im Text

selbst ab, so daß bei glatter Öloberfläche alles Licht in das Lampengehäuse zurückfällt. Bei deformierter Öloberfläche (helle Bildteile) wird ein Teil des zurückflutenden Lichts gestreut und gelangt durch die Schlitze des Barrensystems über Objektiv und Umlenkspiegel auf die rechts oben eingezeichnete Leinwand.

1.2.3 Wiedergabeanordnungen mit flachem Bildschirm

In Forschungslaboratorien großer Elektronikkonzerne wird seit etwa Mitte der sechziger Jahre mit unterschiedlichem Einsatz an der Entwicklung von Flachbildschirmen gearbeitet [1.43; 1.44]. Dabei sind zwei Zielrichtungen zu erkennen:

— Ersatz des verhältnismäßig schweren und voluminösen Vakuumgefäßes heutiger Bildröhren durch flache und nach Möglichkeit auch leichte und kein Hochvakuum erforderliche Wiedergabeanordnungen, die man im Idealfall wie ein Bild an die Wand hängen kann. Die Bildabmessungen wünscht man sich dabei größer als bei heutigen Empfängern. Auch an sehr großen Bildwänden für Großveranstaltungen ist man interessiert.

— Bau kleiner und leichter Bildschirme mit geringem Stromverbrauch für netzunabhängige Klein- und Kleinstempfänger.

An grundsätzlich nutzbaren physikalischen Effekten sind als die bekanntesten zu nennen:

— Kathodolumineszenz (Prinzip der Kathodenstrahlröhre in entsprechend modifizierter Form);

— Elektrolumineszenz;

— Gasentladung (Gleichstrom, positive oder negative Säule; Wechselstrom);

— Flüssigkristallanzeige.

Dazu gibt es ein paar weitere im Prinzip nutzbare physikalische Phänomene, auf die nicht eingetreten werden soll. Für Großveranstaltungen wurden auch große, bildpunktweise mit Lampen bestückte Bildschirme geringen Auflösungsvermögens gebaut (Karolus, Sony usw., Bildpunktzahl unter 100000).

Zumindest für Kleinstempfänger läßt sich die Kathodenstrahlröhre dadurch flach machen, daß die Bildschirmfläche parallel zur Strahlerzeugungsrichtung abgebogen wird. In gleicher Weise muß der bilderzeugende Elektronenstrahl vor dem Auftreffen auf den Schirm durch elektronenoptische Mittel umgelenkt werden (Sony; Idee von Gabor).

Grundprinzip aller übrigen flachen Bildschirme ist eine matrixförmige Anordnung einer großen Zahl im Prinzip den Bildpunkten des Fernsehsystems entsprechender Anzeigezellen, die über ein dichtes Netz horizontaler und vertikaler Zuleitungen einzeln, der zeitvariablen Bildinformation entsprechend, angesteuert werden können. Für das Farbfernsehen muß dabei die Zellenzahl gegenüber dem Schwarzweißfernsehen im Prinzip verdreifacht werden.

Die Flachbildröhre ist nach folgenden Gesichtspunkten zu beurteilen:

— Auflösungsvermögen;

— Trägheit;

— Lichtausbeute (bei Flüssigkristallanzeigen: Kontrast);
— Leistungsaufnahme;
— Schirm-Strahlungscharakteristik;
— Matrixadressierung; Integrierbarkeit entsprechender Schaltungen in den Schirmkomplex;
— Verfügbares relatives Zeitintervall zur Ansteuerung eines Bildelements;
— Grauskala und Schirmhomogenität;
— Farbtüchtigkeit;
— allfällige Anwärmzeit;
— Gewicht, Bautiefe;
— Kosten, Eignung für Massenfertigung.

Selbstleuchtende Flachbildschirme

In vielen Anwendungsbereichen ist bezüglich der meisten Parameter ein direkter Vergleich mit heutigen Bildwiedergabeanordnungen auf Kathodenstrahlbasis sinnvoll. Nach dem gegenwärtigen Stand der Entwicklung kommen dabei Flachbildröhren, bei im einzelnen oft schlechteren Eigenschaften als Kathodenstrahlbildröhren, des viel komplizierteren Aufbaus wegen ausnahmslos teurer zu stehen als heutige Lösungen. Für das Farbfernsehen bieten möglicherweise nur auf dem Kathodolumineszenzeffekt beruhende Lösungen mit koordinatenmäßig geführten Elektronenstrahlen Gewähr für volle Farbtüchtigkeit sowie gute Leuchtdichte- und Kontrastverhältnisse, wobei aber gewichtsmäßig Nachteile in Kauf zu nehmen wären [1.44]. Zur Helligkeitssteuerung der einzelnen Bildpunktzellen ist u. U. ein Impulsbreiten-Modulationsverfahren zweckmäßig (Entwicklungsschwerpunkt bei RCA).

Die Lichtausbeute der auf anderen physikalischen Effekten basierenden Anordnungen ist um mehr als eine Größenordnung geringer, was bei großen Bildschirmen auf beträchtliche Verlustleistungen und technologische Probleme — vor allem bei der Matrix — führen kann. Generell sollte die Lichtabstrahlung auch bei Flachbildschirmen jener des Lambert-Strahlers nahekommen.

Bei den selbstleuchtenden Anordnungen ist u. U. nebst dem Kathodolumineszenzprinzip nur mit Gas-(Plasma-)Entladungseffekten eine noch knapp ausreichende Leuchtdichte zu erzielen. Bei Systemen, welche die positive Säule der Quecksilberdampfentladung ausnutzen, ergeben sich auch gewisse Möglichkeiten zur Erzeugung farbiger Bilder. Plasmaanordnungen benötigen aber eine verhältnismäßig lange Anwärmzeit und hohe Zellenzündspannung. Die Auslegung einer geeigneten Zellenansteuerungsmatrix stößt auf technologische Schwierigkeiten, wobei sich allerdings durch eine Art Selbstablenkung die Anzahl der Steuerleitungen u. U. reduzieren läßt.

Am wenigsten Zuleitungen benötigt die sogenannte Gittertechnik, bei der die XY-Adressierung nur als Lageinformation dient, das Bildsignal aber über ein gemeinsames Gitter zugeführt wird. Bei Plasma- und anderen Systemen können sich auch ernsthafte „Nebensprechprobleme" einstellen. Die Folge davon kann ein schlechter Detailkontrast oder gar ein unerwünschtes Hervorheben ganzer Zeilen oder Kolonnen usw. sein.

Außer den hier aufgeführten sind eine Reihe weiterer selbstleuchtender Flachbildschirm-Versuchsanordnungen bekannt geworden [1.43]. In vielen Fällen wurde dabei lediglich aufgrund eines Bildausschnitts mit entsprechend niedrigen Zeilen- und Kolonnenzahlen die generelle Brauchbarkeit des Lösungsvorschlags untersucht. Zur Zeit herrscht die Ansicht vor, daß das relativ sehr gute und einfache Kathodenstrahlröhrenprinzip — wenn nötig im Verein mit den bekannten Projektionsoptiken — den wie es scheint teureren und qualitätsmäßig höchstens in Ausnahmefällen überlegenen Flachbildanordnungen noch auf längere Zeit hinaus vorgezogen werden wird. Die Entwicklungsarbeiten an Flachbildschirmen gehen aber ohne Zweifel weiter und dürften für Sonderanwendungen, z. B. in Verbindung mit der Darstellung alphanumerischer Zeichen, schon in naher Zukunft Bedeutung erlangen.

Nicht selbstleuchtende Flachbildschirme

Flachbildschirme können auch auf dem Reflexionsprinzip beruhen und damit nicht selbstleuchtend sein. Sie kommen dann bei niedriger Betriebsspannung mit sehr kleinen Leistungen aus und passen sich ohne weiteres Dazutun der jeweiligen Umgebungsbeleuchtung an. Diese sollte allerdings für einen guten Bildeindruck, d. h. für ausreichende Kontrastverhältnisse, nicht allzu niedrig sein.

In diese Kategorie fallen vor allem Bildschirme nach dem Prinzip der Flüssigkristallanzeige. Bisher wurden nur kleine Schirme dieser Art (Bildgröße Größenordnung 20 cm^2) mit Bildpunktzahlen im Bereich von etwa 60000 — also sehr wesentlich unter denjenigen heutiger Heimfernsehsysteme — entwickelt. Nachteilig ist die verhältnismäßig große Kapazität und Trägheit der lichtsteuernden Materialien.

Die Ansteuerung der einzelnen Bildpunkte erfolgt

bei den neueren Ausführungen über eine Matrix, die aus einer Großzahl horizontaler und vertikaler Leiterbahnen besteht, wobei an den Schnittstellen Metalloxid-Feldeffekttransistoren liegen, die — der Leuchtdichte der Bildpunkte entsprechend — einen ihnen zugeordneten kleinen Kondensator umladen (Bild 1–61). Dieser steuert seinerseits über eine gemeinsame, dem Betrachter zugewandte flächenförmige Gegenelektrode die Flüssigkristallschicht. Dabei muß ein homogenes Graufeld gefordert werden, was höchste Anforderungen an den Fabrikationsprozeß stellt.
Die Herstellung farbiger Bilder dürfte auf große technologische Schwierigkeiten stoßen. Über die Lebensdauer von Flüssigkristall-Bildschirmen weiß man zur Zeit noch wenig.
Für netzunabhängige Klein- und Kleinstfernsehgeräte dürfte aber eine echte Marktlücke bestehen. Aus Gründen des Stromverbrauchs kommt dabei für die Bildwiedergabe in erster Linie das Prinzip der gesteuerten Lichtreflexion in Frage. Wenn sich durch die Massenfertigung hinreichend niedrige Herstellungskosten ergeben, ist zu erwarten, daß Flachschirmgeräte dieser Art — auch bei reduzierter Bildauflösung — schon verhältnismäßig bald auf dem Verbrauchermarkt erscheinen werden.

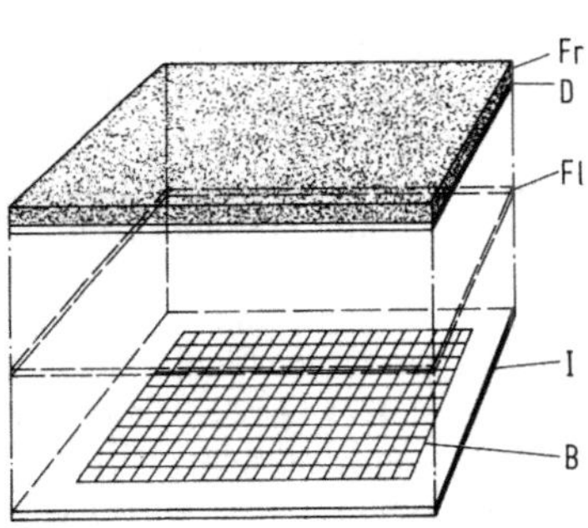

a

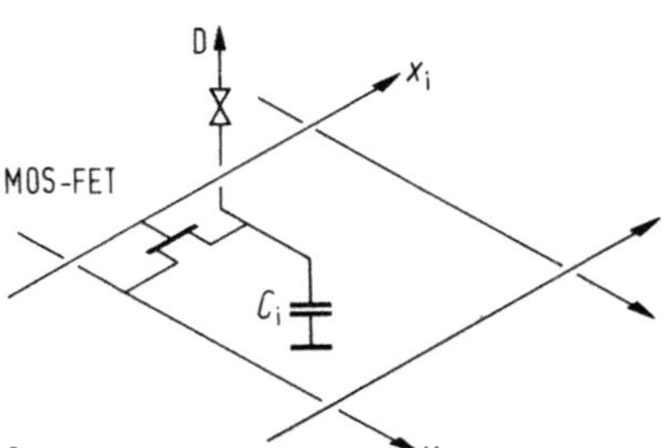

b

Bild 1-61. **a** Schematischer Aufbau eines Flüssigkristall-Flachbildschirms (Matsushita). Fr Frontglasplatte, D durchsichtige Elektrode, Fl Flüssigkristallschicht, I integrierter Schaltkreis, B Bildpunktraster (z. B. 240 × 240 Elemente), **b** Aufbau eines Bildrasterelements (i-te Flüssigkristallzelle) auf der Rückfläche des Flüssigkristall-Bildschirms. D wie unter **a**, C_i Umladekapazität, MOS-FET Metalloxid-Feldeffekttransistor; x_i, y_i Leiterbahnen zur Ansteuerung des i-ten Bildpunktes

1.3 Techniken der Bildspeicherung

Bis in die zweite Hälfte der fünfziger Jahre war eine Speicherung von Fernsehbildern nur über das Medium Film möglich. Daß sich das Magnetband nicht nur für die Ton-, sondern auch für die Bildaufzeichnung eignen würde, war lange Zeit umstritten. Nach bahnbrechenden Entwicklungen in den USA (Team von Ampex) trat dann aber etwa 1958 die Bild-Magnetbandaufzeichnung ihren Siegeszug um die Welt an [1.45; 1.46]. Fernsehsendungen werden seit langem kaum noch auf Film aufgezeichnet. Dieser hat aber, auch nach Einführung der elektronischen Aufnahmetechniken mit leichten Geräten, vorerst noch eine feste Stellung in Berichterstattung und Programmschaffen. Dies hat drei Gründe. Einmal ist ein optisches Bild nicht an eine bestimmte Fernsehnorm gebunden. Zum zweiten ergeben sich für das praktisch immer verwendete 16-mm-Format sehr handliche, einfache und entsprechend robuste Kameras. Darüber hinaus gehören Kinospielfilme zum festen Repertoire jeder Fernseh-Programmgesellschaft. Für die elektronische Berichterstattung spricht andererseits die unmittelbare Verfügbarkeit und das dort mögliche rasche Editieren.

1.3.1 Magnetbandaufzeichnung

Magnetbandaufzeichnungsgeräte für die Produktion von Fernsehprogrammen müssen sehr hohen Qualitätsanforderungen genügen, denn der angewendete „elektronische Schnitt“ führt bei der Zusammenstellung der Sendungen häufig zu Mehrfachüberspielungen. Während annähernd zwei Jahrzehnten kam für Studiozwecke nur das von Ampex erfundene Querspurverfahren zum Einsatz, das im Laufe der Jahre immer weiter verbessert und auch farbtüchtig gemacht wurde. Zur Zeit wird dieses durch in den siebziger Jahren zur Betriebsreife entwickelte Schrägspurverfahren abgelöst, die bei mindestens gleicher Qualität in Anschaffung und Betrieb (Bandverbrauch) billiger sind und auch kleinere Abmessungen aufweisen.

Die Schrägspurtechnik ebnete auch den Weg zum tragbaren Aufzeichnungsgerät für den „Elektronischen Journalismus“ und für die „Leichte Außenproduktion“ (Kleinstmagnetbandgeräte bereits in Kamera integriert), sowie zum außerordentlich preisgünstigen Video-Heimrecorder, dessen weiterhin zunehmende Verbreitung trotz gewisser Qualitätseinbußen in Bild und Ton als gesichert angesehen werden kann.
Entwicklungen in Richtung digitaler Aufzeichnungstechniken für Studiozwecke sind schon weit fortgeschritten [1.56; 1.57] (vgl. Abschnitt 1.4.3).
Für die analoge Bildaufzeichnungstechnik einigte man sich international für Studiozwecke auf drei Formate: die „alte“ Querspurnorm und die neuen B- und C-Normen. Die für den Programmaustausch wichtigen Parameter finden sich in CCIR-Empfehlung 469-3 und -Bericht 630-2 [1.1].

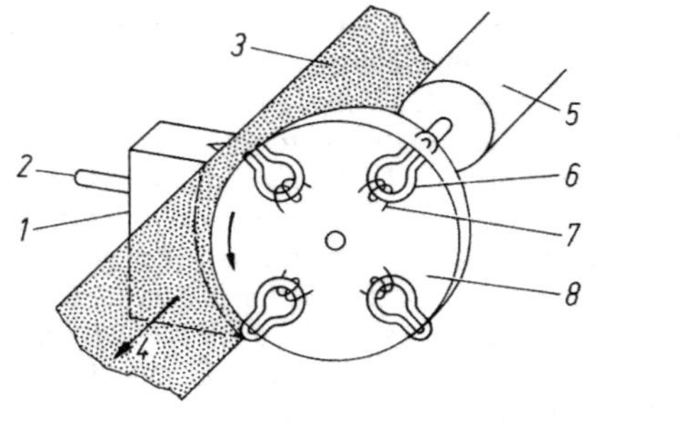

Bild 1-62. Aufzeichnungs- und Abspielteil bei der Querspur-Magnetbandaufzeichnung mit Zweizollband. *1* Bandführung, *2* Vakuumanschluß, *3* Band, *4* Richtung des Bandlaufs, *5* Antriebsmotor, *6* Magnetkopf, *7* Wicklung, *8* Trommel

Querspurformat

Die Aufzeichnung erfolgt bei dieser Geräteart quer zur Bewegungsrichtung des Magnetbandes, das eine Breite von 2″ (50,8 mm) aufweist. Auf einem zylindrischen Körper (Drehzahl 15000 min^{-1}) sind vier sehr kleine Magnetköpfe, die sowohl der Aufzeichnung als auch der Wiedergabe dienen, untergebracht (Bild 1–62). Von einer Überlappungszone abgesehen, ist stets nur einer dieser Magnetköpfe mit dem durch eine mechanische Führung in Verbindung mit einer Vakuumvorrichtung zylindrisch geformten Band in Kontakt. Für die Aufnahme werden die vier Köpfe parallel gespeist. Auf einer einzelnen quer über das Band laufenden Teilspur finden 15 bis 17 Fernsehzeilen Platz. Ein elektronischer Schalter besorgt — stets zu Beginn einer Zeilenaustastlücke — auf der Wiedergabeseite die Kopfumschaltung (Bild 1–63). Die Signale werden den rotierenden Köpfen über Schleifringe oder transformatorische Koppelglieder zugeführt und über die gleichen Teile auch abgenommen.
Der Begleitton, eine Steuerspur für die genaue Regelung der Bandgeschwindigkeit und eine Merkspur, die für den elektronischen Bildschnitt beim Überspielen verwendet werden kann, sind in konventioneller Längsspurtechnik an den Bandrändern mit aufgezeichnet. Bild 1–64 zeigt in teilweise vergröberter Darstellung einen Ausschnitt des Bandes mit der Lage der verschiedenen Spuren. Fehlerstellen im Band können durch gleitende Zeilenwiederholung über eine Verzögerungsleitung erkannt und wirksam bekämpft werden [1.53]. Um Bandbreiten von gegen 10 MHz

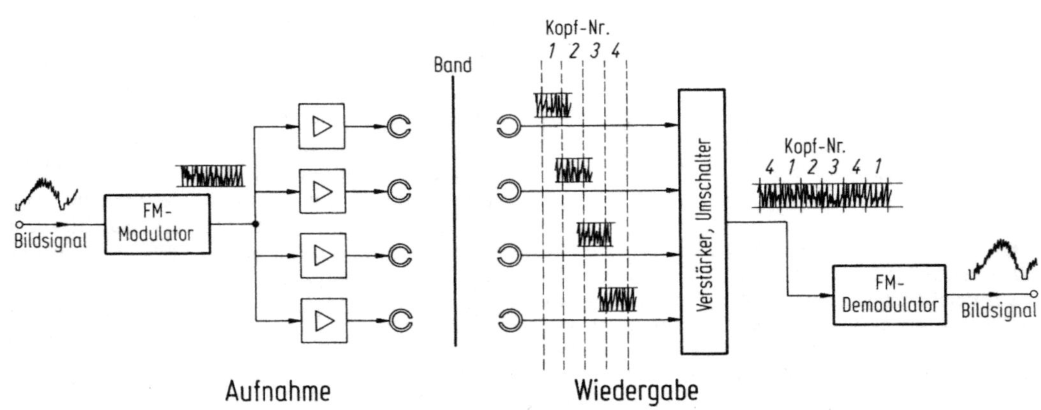

Bild 1-63. Übersichtsblockschema einer Querspur-Magnetbandaufzeichnungsanlage. Erläuterungen im Text

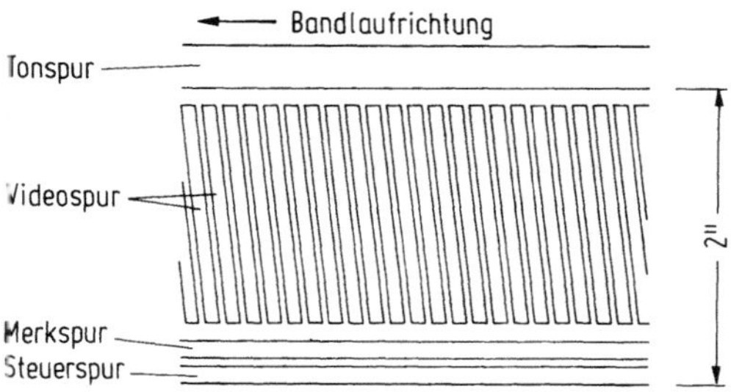

Bild 1-64. Querspuraufzeichnung; Anordnung der Spuren auf dem Magnetband

aufzeichnen und wiedergeben zu können, darf die Spaltbreite des Magnetkopfes nur wenige µm breit sein. Der primäre Frequenzgang entspricht einer Spaltfunktion [0.1; 0.2], die durch das Induktionsgesetz stark modifiziert ist. Die beim Abspielen im Magnetkopf induzierte Spannung ist nämlich proportional zur Flußänderung je Zeiteinheit, d.h. proportional zur Frequenz.

Um einen einigermaßen ausgeglichenen Ausgangspegel zu erhalten, muß das Videosignal deshalb vor der Aufzeichnung geträgert werden. Das Querspurverfahren wendet dabei Frequenzmodulation an, wodurch Amplitudenschwankungen beim Abtasten besonders unkritisch werden. Wegen der Eigenresonanz des Magnetkopfes läßt sich aber nur ein niedriger Hub verwirklichen. Für die Übertragung der hohen Videofrequenzen ist praktisch nur das untere Seitenband des FM-Signals wirksam. Analoge Frequenzumsetzungen auf Sende- und Empfangsseite verbessern die spektrale Reinheit des FM-Signals. Die benötigten Verstärker dürfen nur sehr geringe lineare und nichtlineare Verzerrungen aufweisen [0.5; 1.46].

In der ursprünglichen Betriebsart lag der geträgerte Signalbereich so tief, daß er mit dem Videosignal sogar noch etwas überlappte (Tiefbandtechnik). Für das Farbfernsehen mußte zu einer Hochband-Betriebsart übergegangen werden, bei welcher das gesamte modulierte Signal über dem Videobereich liegt.

Das Farbfernsehen nach dem NTSC-Verfahren stellt extrem hohe, dasjenige nach dem PAL-Verfahren immer noch sehr hohe Anforderungen an die Kopfsymmetrie und den Gleichlauf der Geräte. Man hat dabei zu bedenken, daß für Aufnahme und Wiedergabe im allgemeinen nicht die gleichen Geräte eingesetzt werden können. Mit mechanischen Geschwindigkeitsregelungen für Band und Kopfumlauf allein — auf deren Einzelheiten hier nicht eingegangen werden soll — war diesem Problem nicht hinreichend beizukommen. Es hat sich vielmehr als notwendig erwiesen, die Feinregelung der Laufzeit elektronisch vorzunehmen. Hierfür wurden besondere, elektrisch steuerbare Laufzeitleitungen entwickelt, bei denen anstelle der sonst üblichen Querkondensatoren in der Kapazität steuerbare Varaktordioden treten. Die Phasenregelung erfolgt in drei Stufen, deren verbleibende zeitliche Restfehler im folgenden stichwortartig zusammengestellt sind [0.6].

- Elektromechanische „Grobregelung“: ± 100 ns,
- erste elektrische Feinregelstufe: ± 30 ns (reicht für Schwarzweißbetrieb aus),
- zweite elektrische Feinregelstufe: ± 3 ns (für NTSC- und PAL-System erforderlich).

Die erste elektrische Feinregelstufe würde an sich für das SECAM-Farbfernsehverfahren ausreichen. Mit Rücksicht auf häufige Umcodierungen auf andere Farbfernsehsysteme im Rahmen des internationalen Programmaustauschs wird die zweite Feinregelstufe aber auch für SECAM-Signale eingesetzt. Bei neueren Anlagen wird der Laufzeitausgleich digital bewerkstelligt [1.50] (interne A/D- und D/A-Wandler).

Der elektronische Bildschnitt erfordert beim Farbfernsehen nach dem NTSC- und PAL-Verfahren besondere Aufmerksamkeit. Will man dabei Phasensprünge des Farbhilfsträgers vermeiden, kann dieser — der besonderen Farbträgerverkämmung wegen — nur nach jedem vierten bzw. achten Halbraster vollzogen werden. Die außerordentliche mechanisch-elektronische Komplexität der Querspurgeräte führt auf entsprechend hohe Gestehungskosten (einige hunderttausend DM je Anlage). Die technischen Spezifikationen für Querspurgeräte finden sich in CEI-Publikation 347. Einige Grunddaten sind der nachfolgenden Zusammenstellung zu entnehmen.

- Bandgeschwindigkeit: 15″/s (~ 38 cm/s),
- Schreibgeschwindigkeit (Kopf): ~ 40 m/s,
- Durchmesser des Kopfrades: ~ 50 mm,
- Abstand zweier Bildspuren: $\sim 0{,}4$ mm,
- Luftspalt der Magnetköpfe: $\sim 0{,}002$ mm,
- Kopfresonanz: 11...13 MHz
- FM-Bereiche (statische Frequenzlagen für Schwarz und Weiß):
  - Tiefband (monochrom): 5,0; 6,8 MHz,
  - Hochband (Farbe, 625 Zeilen): 7,8; 9,3 MHz,

— Störabstand (Leuchtdichtesignal, Rauschen, unbewertet): ~45 dB.

Schrägspurtechnik

Etwa seit Beginn der achtziger Jahre zeichnet sich für das Fernsehstudio eine Ablösung der Querspur- durch in der zweiten Hälfte der siebziger Jahre zu hoher Betriebsreife entwickelte Schrägspurtechniken ab, die mit Einzollband arbeiten und deren Bandverbrauch bei weiter gesteigerter Bildqualität wesentlich geringer ist (rund $^1/_2$). Das Schrägspurprinzip erlaubt auch den Bau kleiner und kleinster Kassettengeräte, die für Außenproduktionen und den elektronischen Journalismus eingesetzt werden [1.55]. Laufzeitschwankungen können auch hier mit Hilfe von digital arbeitenden Zeitbasiskorrekturgeräten unschädlich gemacht werden, so daß — im Verein mit Kleinkameras hoher Güte — eine erstaunlich gute Bildqualität resultiert. Bei Recordern dieser Art wird meist mit Bändern von $^1/_2$ bis 1″ Breite gearbeitet.

Auf die große Bedeutung der Heimrecorder auf dem Konsumentenmarkt wurde bereits hingewiesen. Auch für Lehr- und ähnliche Zwecke (Audiovision) werden preisgünstige Schrägspurgeräte — stets aber entsprechend der im übernächsten Abschnitt beschriebenen Technik — eingesetzt.

B-Format

In der Studiogeräteklasse sind zwei stark unterschiedliche technische Lösungswege beschritten worden. Ohne auf geschichtliche Werdegänge Rücksicht zu nehmen, sei zunächst auf das bei Bosch Fernsehanlagen zu hoher Betriebsreife entwickelte BCN-Format mit Halbrastersegmentierung eingegangen [1.48]. Hier gleitet ein Einzollband mit 190°-Ω-Umschlingung über einen feststehenden Zylinder, dessen Durchmesser 50,3 mm beträgt (Bild 1–65). In seinem Innern rotiert mit 9000 min^{-1} ein Kopfrad mit zwei im Winkelabstand von 180° angeordneten Videomagnetköpfen. Zusätzlich dazu befindet sich auf dem festen Zylinderteil ein besonderer Kopf für die Spurkontrolle (Bild 1–66). Die Neigung der Videospur auf dem Band ist 14,3°.

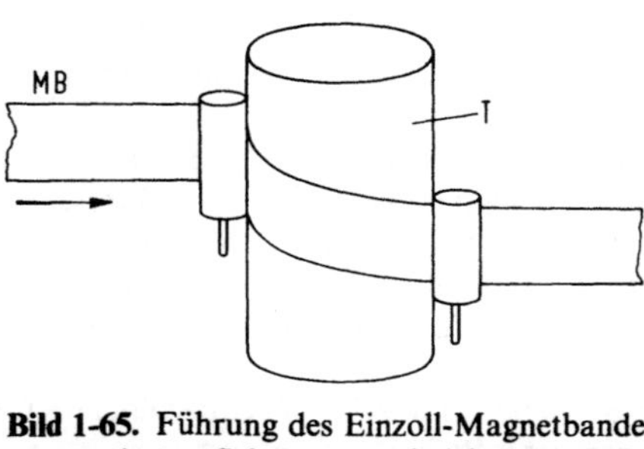

Bild 1-65. Führung des Einzoll-Magnetbandes bei der segmentierten Schrägspuraufzeichnung nach dem B-Format. MB Magnetband; T feststehende Trommel mit Schlitz für zwei rotierende Videomagnetköpfe (letzteres nicht sichtbar), links und rechts davon Führungsrollen

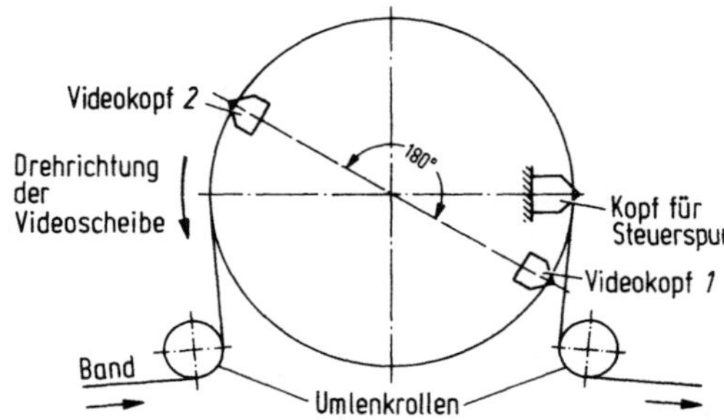

Bild 1-66. Anordnung der rotierenden Videoköpfe *1* und *2* sowie des feststehenden Steuerspurkopfes beim B-Format. Ansicht in Achsrichtung, Band gleitet schraubenförmig über Trommel

Ein Halbraster verteilt sich bei den 625-Zeilen-Systemen auf sechs Segmente. Bei Spulen von 26,7 cm Durchmesser ergibt sich eine Spieldauer von 98 min. Bandparallel finden sich an den Rändern drei Tonspuren und eine Kontrollspur. Die nominale Bandgeschwindigkeit der 50-Halbraster-Version ist 24,3 cm/s; die Kopfbandgeschwindigkeit liegt um 24 m/s. Das videofrequente Gesamtsignal wird in 50-Halbraster-Hochbandtechnik frequenzmoduliert; Synchron-, Austast- und Weißwert liegen bei 6,76; 7,40 und 8,9 MHz. Um eine günstigere Rauschdichteverteilung zu erzielen, wird Pre- und De-Emphasis angewandt. Die magnetische Schicht des Bandes soll längsorientiert sein und eine Koerzizivkraft von mehr als $30 \cdot 10^3$ A/m aufweisen. Wie beim Quer- werden auch beim B- und anschließend beschriebenen C-Format durch Bandfehler hervorgerufene kurzzeitige Signalausfälle unter Zuhilfenahme von Verzögerungsleitungen unschädlich gemacht. Die technische Beschreibung der B-Norm findet sich in CEI-Publikation 602.

Schrägspurtechnik mit zusammenhängender Halbrasteraufzeichnung; C-Format

Außer dem beschriebenen B-Format ist allen Schrägspurverfahren die zusammenhängende Aufzeichnung eines Fernsehhalbrasters gemeinsam.

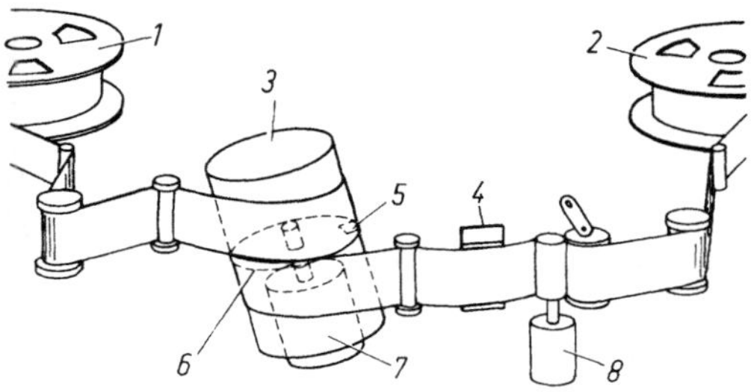

Bild 1-67. Prinzip der Halbraster-Schrägspuraufzeichnung (α-Umschlingung). Erläuterungen im Text. *1* Abwickelspule, *2* Aufwickelspule, *3* Bandführungszylinder, *4* Ton- und Steuerkopfspur, *5* Videokopf, *6* Kopfscheibe, *7* Kopfscheibenmotor, *8* Bandantrieb

Hier ist das Magnetband in α- oder Ω-Umschlingung (Bild 1–67) um einen relativ zum Band in der Achse fast senkrecht stehenden Zylinder geführt, in dessen Innern meist zwei oder mehr auf einer rotierenden Trommel angebrachte Magnetköpfe zu finden sind. Diese sind durch Schlitze im Zylinder mit dem Band in Kontakt. Die Umlaufzeit der Trommel ist so gewählt, daß bei Geräten auf Einkopfbasis je Umlauf gerade ein Fernsehhalbraster aufgezeichnet bzw. wiedergegeben wird (3000 min^{-1}, annähernd 360°-Umschlingung). Geräte mit zwei Videoköpfen arbeiten stets mit Ω-Umschlingung (Winkel etwas größer als 180°); die Kopftrommel dreht entsprechend langsamer (1500 min^{-1}).
Durch langsame Fortbewegung des Magnetbandes (je nach Qualitätsklasse ca. 2 bis 20 cm/s) läßt sich erreichen, daß auf dem Band eine schräge Magnetzeile an die andere gefügt wird (vgl. z. B. Bild 1–70). Die Magnetbänder haben, je nach System und Qualitätsanforderungen, eine Breite von $^1/_4$ bis 1″ (6,35 bis 25,4 mm). Der bei reinem Einkopfbetrieb unvermeidliche kurze Signalunterbruch beim Übergang des Kopfes vom ablaufenden auf den auflaufenden Bandteil wird in die vertikale Austastlücke gelegt und im Zuge der weiteren Signalaufbereitung mit örtlich erzeugten Synchronzeichen regeneriert. Auch Geräte dieser Art erfordern, zumindest für den Trommel- und Bandlauf, besondere Regelmechanismen.
Durch Verfeinerungen in der Gerätetechnik konnte die Informationspackungsdichte auf dem Magnetband in den vergangenen Jahren mehrmals gesteigert worden. Im Bereich der preisgünstigen Konsumentenelektronik sind zur Zeit Kassettenspielzeiten von 4 bis 8 h die Norm. Die verbesserten Magnetbänder benötigen dabei für eine Aufzeichnungsstunde lediglich Flächen von etwa 0,5 bis 1 m^2. Da die Tonaufzeichnung in konventioneller Technik längs des Bandes erfolgt, sind bei den Heimgeräten mit Fortbewegungsgeschwindigkeiten um nur 2 cm/s Qualitätseinbußen zu erwarten. Rauschunterdrückungsmaßnahmen sollen dazu beitragen, diese in tragbaren Grenzen zu halten. Die magnetische Schicht muß auf dem Band längsorientiert angebracht sein. Für Halbzollbänder soll die Koerzitivkraft beispielsweise ungefähr $44 \cdot 10^3$ A/m betragen (Beta-Format).

C-Format

Wie das B-Format soll auch das in Japan (Sony) und den USA (Ampex) entwickelte C-Format das Querspursystem im Studiobereich ablösen [1.49; 1.54]. Entsprechend hoch sind die gestellten technischen Qualitätsanforderungen, geht es doch auch hier darum, Mehrfachüberspielungen ohne nennenswerte Qualitätseinbußen ausführen zu können. Auch das C-Format wurde gerätetechnisch international genormt (CEI-Publikation 558).
Bei diesem System umschlingt das 1″ breite Magnetband die in der Achse etwas schräg zum Band stehende Kopftrommel (Durchmesser etwa 13,5 cm) fast vollständig; lediglich 12 Zeilen fehlen bei den 625-Zeilen-Normen. Deren drehbare obere Hälfte trägt, winkelmäßig um 120° versetzt, je zwei Paare von Videomagnetköpfen, die unter sich Winkel von 30° bilden (Bild 1–68). Der erste Kopf

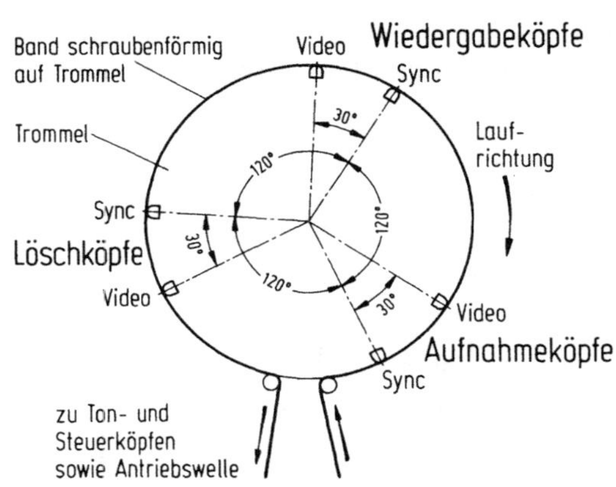

Bild 1-68. Anordnung von Trommel, rotierenden Aufzeichnungsköpfen (Video, Sync) und Magnetband (leicht schraubenförmig) beim C-Schrägspurformat (vgl. Text)

des ersten Paares zeichnet den bildaktiven Teil eines Halbrasters, der zweite einen Teil des vertikalen Austastintervalls mit dem Bildsynchronimpulspaket auf, wobei ungefähr vier Zeilen überlappen. Die Zusammenschaltung der beiden Signalzüge erfolgt bei der Wiedergabe — ähnlich wie bei den A- und B-Formaten — während eines Austastintervalls und führt auf das ursprüngliche Fernsehsignal zurück.
Für die Wiedergabe dient das zweite der drei Kopfpaare. Es ist mit einer automatischen Spurnachführung ausgestattet. Der sehr kleine und leichte Wiedergabekopf ist dazu auf einer piezoelektrischen Halterung angebracht, an der eine sinusförmig Spannung liegt. Dadurch bewegt sich der Kopf periodisch von einer Spurseite zur andern. Dem hochfrequenten Abtastsignal kann die relative Lage des Kopfes zur Spur entnommen werden. Daraus läßt sich das für die selbsttätige Spurnachführung erforderliche Steuersignal ableiten, das ebenfalls dem Piezosystem zugeführt wird. Für die 50-Halbraster-Version liegt die Bandgeschwindigkeit um 24,4 cm/s, die Aufzeichnungsgeschwindigkeit der Köpfe bei 24 m/s. Das dritte Kopfpaar dient zum Löschen oder auch zum Einfügen neuer Signale. Da die Zeichenfolge des vertikalen Austastintervalls auch rein elektronisch erzeugt und eingefügt werden kann, läßt sich anstelle der Synchronspur auch eine weitere Tonspur anbringen. Ohne diese verfügt das System über drei band-parallele Tonspuren und eine Kontrollspur. Erstere liegen dabei an den Bandrändern, letztere zwischen Synchron- und Videospur (Bild 1–69). Die drei Kopfpaare dienen dem Löschen, der Aufnahme und der Wiedergabe. Als Option benötigen z. B. reine Abspielgeräte nur ein Kopfpaar.

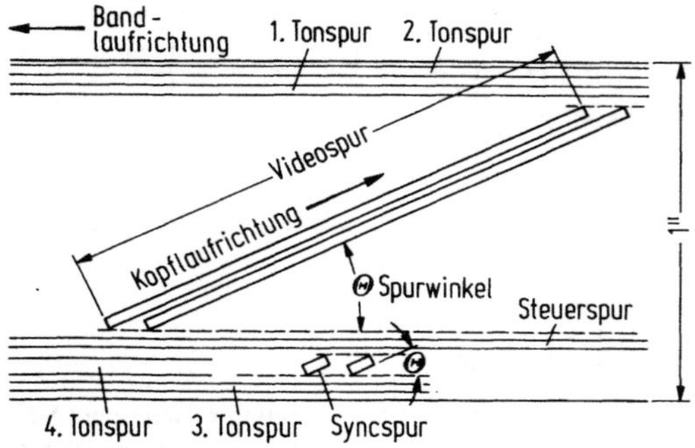

Bild 1-69. C-Format, Bandausschnitt mit Anordnung der Spuren

Vor der Aufzeichnung wird das zusammengesetzte Gesamtsignal (Bildsignal + Synchronzeichen) als Ganzes, unter Anwendung von Pre- und De-Emphase, frequenzmoduliert. Charakteristische Frequenzlagen für Synchron-, Austast- und Weißwert sind bei der 50-Halbraster-Version 7,16; 7,68 und 8,90 MHz. Für Spulen von 26,7 cm Durchmesser ergibt sich eine Spieldauer von 97 min, was praktisch vom B-Format entspricht. Das Band hat die gleichen Eigenschaften wie beim B-Format aufzuweisen.

Leichte Magnetbandgeräte für den elektronischen Journalismus und für Außenproduktionen

Für die im Titel aufgeführten Anwendungsbereiche des Heimfernsehens wurde etwa ab Mitte der siebziger Jahre eine große Zahl sehr unterschiedlicher Geräte entwickelt und produziert. Sie liegen in einer mittleren Preisklasse und kommen damit zum Teil auch noch für gehobene Audiovisionsanwendungen in Frage. Diese tragbaren Geräte verwenden Magnetbänder von $^1/_4$, $^1/_2$, $^3/_4$ oder 1″ Breite und sind ohne Ausnahme auf Kassettenbetrieb ausgelegt. Auch die B- und C-Formate sind anzutreffen.
Die Kleinheit der Geräte kann leicht zu Gleichlaufproblemen führen. Um stabile Signale für die weitere Verarbeitung im Studio zu erhalten, müssen deshalb auch hier auf digitaler Grundlage arbeitende Zeitbasiskorrekturgeräte zwischengeschaltet werden. Auf Techniken dieser Art bezieht sich CCIR-Bericht 803 [1.1]. Für Kleinstgeräte empfiehlt die Europäische Rundfunkunion das Betacam-System (Beta-Aufzeichnungsformat von Sony, vgl. Heimvideorecorder).

U-Format

Aus dem großen Angebot sei das bei Sony in Japan entwickelte weit verbreitete U-Format herausgegriffen und kurz beschrieben. Es arbeitet mit $^3/_4$″-Band und einer Trommel von 110 mm Durchmesser, dessen Achse leicht schräg zur Bandrichtung steht. Das Band umschließt die Trommel mit einem Winkel von etwas mehr als 180°. Zwei um 180° gegeneinander versetzte Köpfe rotieren bei der 50-Halbraster-Version mit 1500 min^{-1}; auf der stark schrägen Spur wird damit von jedem Kopf ein Halbraster aufgezeichnet. Die Bandgeschwindigkeit beträgt 9,53 cm/s, die Videoaufzeichnungsgeschwindigkeit 8,54 m/s. An den Bandrändern sind für Longitudinalaufzeichnung eine Steuer- und zwei Tonspuren untergebracht (Bild 1–70).

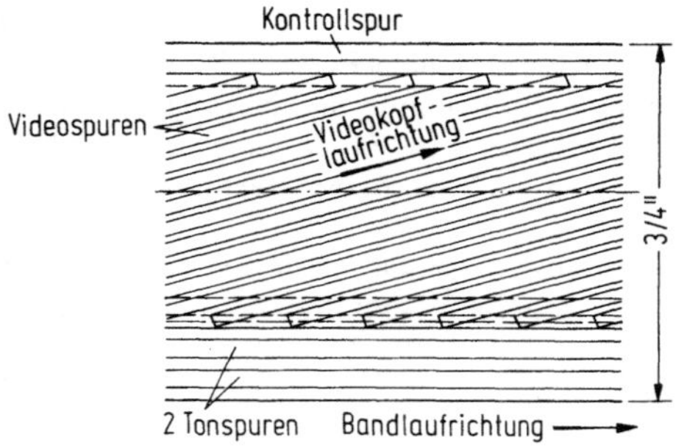

Bild 1-70. U-Format, Anordnung der Spuren auf dem Magnetband

Das U-System ist auf Kassettenbetrieb ausgerichtet und arbeitet mit dünnem Chromdioxidband hoher Koerzitivkraft ($40 \cdot 10^3 \ldots 48 \cdot 10^3$ A/m, entsprechend 500 ... 600 Oe). Die verhältnismäßig kleine Kassette (etwa $22 \times 14 \times 3$ cm^3) vermag Signale guter Qualität von einer Stunde Dauer aufzunehmen. Bild 1–71 zeigt die Lage von Kassette, Band und Trommel. Der „Einfädelvorgang" ist einfach.

Die Signalaufbereitung für die Aufzeichnung weicht im Videoteil stark von den bisher beschriebenen für Studiozwecke konzipierten Formaten ab. Man findet sie aber in qualitativ sehr ähnlicher Form bei den drei verbreitetsten Heim-Videoaufzeichnungsformaten und bei Videoplattensystemen, worauf gegen Schluß des Abschnitts noch kurz eingegangen wird.

Zunächst wird die Chrominanz- von der Luminanzinformation des zusammengesetzten Videofarbsignals getrennt. Dies gilt für alle Farbfernsehsysteme. Die nachfolgenden Angaben gelten für die 625-Zeilen-PAL-Studionorm. Das Luminanzsignal wird unter Anwendung von Pre- und De-Emphasis im oberen Teil des Gesamtbandes frequenzmoduliert übertragen. Der Synchronpegel liegt bei 3,8, der Spitzenwert für Weiß bei 5,4 MHz, was einem statischen Frequenzhub von 1,6 MHz entspricht. Die etwas reduzierte übertragbare Luminanzbandbreite von 3,5 bis 4,2 MHz läßt erkennen, daß die Chrominanzinformation im Luminanzsignal vor der Modulation durch ein Tiefpaßfilter unterdrückt wird. Luminanzkomponenten im Chrominanzbereich des zusammengesetzten Farbsignals können bereits im ursprünglichen Luminanzsignal — im Sinne eines auch durch Rauscheinflüsse beeinflußten Kompromisses — abgesenkt werden. Der Farbträger mit den quadratur-amplitudenmodulierten Chrominanzseitenbändern wird auf eine Videofrequenz unterhalb des Luminanz-FM-Bereichs umgesetzt (685,547 kHz) und ohne weitere Zwischenmodulation mit diesem zusammen aufgezeichnet (Bild 1–72). Der unbewertete Rauschabstand des Luminanzkanals liegt im Bereich von etwa 45 bis 48 dB. Kurzzeitige Wiedergabe-Signalausfälle durch Bandfehler (drop outs) werden mit Hilfe von Verzögerungsleitungen unschädlich gemacht. Auch bei Heim-Videorecordern greift man zu solchen Maßnahmen. U-Format-Geräte werden

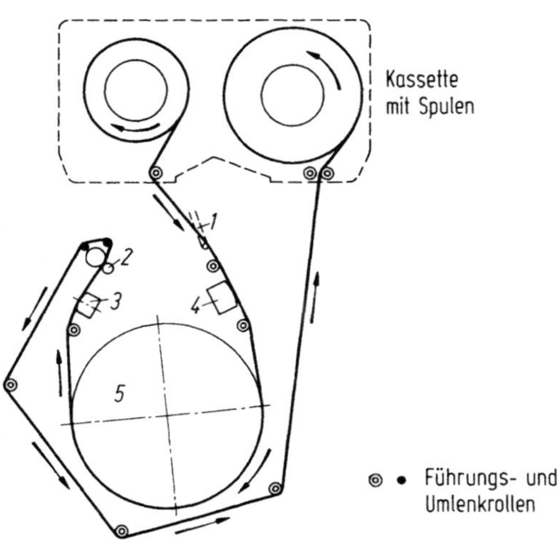

Bild 1-71. Bandführung beim U-Format, das mit Kassetten arbeitet (Ω-Umschlingung). *1* Bandspannungsregler, *2* Antriebswelle, *3* Ton- und Steuerköpfe, *4* Löschkopf, *5* Trommel

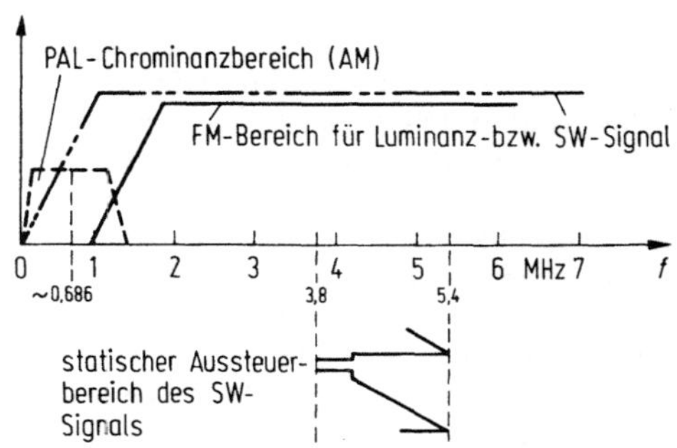

Bild 1-72. Zweckmäßige Aufbereitung der Farbsignalkomponenten für die Aufzeichnung bei Videorecordern niedrigerer Preisklasse am Beispiel des U-Formats. *f* Modulationsfrequenzbereich

beispielsweise auch von IVC gefertigt. Die technischen Spezifikationen sind in CEI-Publikation 712 festgelegt.

Elektronischer Schnitt

Eine auf Magnetband aufgezeichnete Sendung setzt sich im allgemeinen aus einer größeren Zahl von Einzelbeiträgen zusammen. Dies gilt in besonderem Maße für den elektronischen Journalismus und für Tagesschauen. Die nötigen Bildschnitte wurden schon bald nach Einführung der Magnetbandaufzeichnung elektronisch vorgenommen. Ein rastersynchroner elektronischer Zeitcode erleichtert dabei im Verein mit mikroprozessorgesteuerten Hilfsgeräten die Arbeit (editing) wesentlich. Er wird auf einer Steuerspur angebracht.

Heim-Videorecorder

Im Gegensatz zur Tonaufzeichnung konnte man sich bei den Heim-Videorecordern nicht auf eine weltweit akzeptierte Einheitsnorm einigen. Aus zahlreichen Lösungsvorschlägen kristallisierten sich schließlich drei Formate heraus: Das europäische System Video 2000 [1.51] und die japanischen Systeme VHS und Beta [1.52]. Trotz ähnlicher Arbeitsweisen sind diese unter sich nicht nur bezüglich der Systemparameter, sondern auch hinsichtlich der Kassettenform und -größe inkompatibel. Allgemein findet aber das Halbzollband Anwendung. Weltweit hat bisher das VHS-Format die größte Verbreitung erfahren (1984 dem Vernehmen nach Marktanteil rund 90%). Für bespielte Kassetten gibt es umfangreiche Leihbibliotheken. Die technischen Spezifikationen finden sich in CEI-Publikationen (Video 2000: Nr. 60 B, Secretariat, 94; VHS: Nr. 774; Beta: Nr. 767).

Funktionsweise und Modulationsart der Systeme sind mit dem erläuterten U-Format qualitativ eng verwandt. Die Videoaufzeichnung erfolgt schräg über das Band mittels zweier Köpfe, deren Magnetspalte winkelmäßig etwas gegeneinander versetzt sind. Dadurch läßt sich das „Nebensprechen" örtlich benachbarter Spuren bei der Abtastung derart vermindern, daß auf einen „Rasen" zwischen den Spuren verzichtet werden kann, was der Spieldauer zugute kommt. Das Band umschlingt die Trommel um etwas mehr als 180°. Die Abtastgeschwindigkeit der Videoköpfe liegt um 5 m/s. Die Tonspuren sind konventionell longitudinal zum Band angeordnet. Die geringe Bandgeschwindigkeit von rund 2 cm/s begrenzt die Tonqualität trotz Anwendung von Rauschreduktionssystemen wie Dolby oder DNS. Die Bandführung ab Kassette ist ähnlich wie beim U-Format. Regelmechanismen sorgen für eine gute Spurhaltung. Im Luminanzkanal lassen sich Bandbreiten um 2,5 MHz und unbewertete Rauschabstände um 43 dB erzielen.

Im Gegensatz zu den andern Formaten wird beim System Video 2000 beim Aufzeichnungsvorgang nur die eine Bandhälfte benötigt. Die Videospur hat damit einen besonders kleinen Neigungswinkel zum Band. Um beim Abtasten eine sichere Spurführung zu gewährleisten, wird — ähnlich wie beim C-Format — der Videokopf mit piezoelektrischen Mitteln der Spur nachgeführt. Die Wendekassette erlaubt eine Spieldauer von 2 × 4 h, im Gegensatz zu 4 h bei den beiden andern Systemen. Weitere Systemdaten für die drei Formate finden sich im Anhang 1.4.2 in Tabelle 1–IV.

Das Video-2000-System wurde von Grundig und Philips entwickelt. Ihm haben sich Firmen wie ITT, Körting, Loewe Opta, Metz und Siemens angeschlossen. Beim von JVC (Japan) entwickelten VHS-Format sind Firmen wie Akai, Blaupunkt, Graetz, Hitachi, Mitsubishi, Panasonic, Nordmende, Saba, Sharp und EMI zu finden. Dem von Sony entwickelten Beta-(Betamax-)System haben sich als Lizenznehmer z. B. die Firmen Fisher, NEC, Sanyo, Toshiba und Wega angeschlossen (Stand 1981/82). Wegen seiner weiten Verbreitung hat das VHS-System in jüngerer Zeit noch weitere Lizenznehmer — unter ihnen Philips und Grundig — gefunden.

Ein marktmäßig noch nicht eingeführter Heim-Videorecorder — das LVR-System von BASF — arbeitet in mäanderförmiger Longitudinalaufzeichnung mit einem nur 8 mm breiten Magnetband, dessen Länge 600 m beträgt und das mit einer Geschwindigkeit von 4 m/s am Kopf vorbeiläuft [1.51]. Die Aufzeichnung auf der einzelnen Spur dauert $2\frac{1}{2}$ min. Insgesamt sind 72 parallele Spuren vorhanden, was auf eine Gesamtspielzeit von 3 h führt. Die Richtungsänderungen an den Bandenden nehmen je $^1/_{10}$ s in Anspruch und sind phasenmäßig so gesteuert, daß bei den Fernsehnormen mit 50 sekundlichen Halbrastern genau 5 Halbraster ausfallen. Sie werden schwarzgetastet und sollen im Bildablauf praktisch nicht wahrzunehmen sein.

8-mm-Magnetband (vorzugsweise Metallband) wird in neuesten Verfahren (Kodak, Sony usw.) auch für die Schrägspuraufzeichnung angewendet. Generell ist festzustellen, daß die Entwicklung noch im Fluß ist (vgl. z. B. Timplex-Verfahren, Kapitel 2, Abschnitt 2.5.2 und [0.2]).

1.3.2 Bildplattensysteme

Bildplattensysteme weisen ähnliche Qualitätsmerkmale wie die sie stark konkurrierenden Magnetband-Heimvideorecorder auf. Die Schallplattenindustrie stellt einen bedeutenden Wirtschaftszweig der Unterhaltungselektronik dar. Der Gedanke, daß die Bildplatte vielleicht einmal eine ähnlich dominierende Stellung einnehmen könnte, erscheint deshalb auf den ersten Blick nicht so abwegig. Bei Heimanwendungen ist aber zu bedenken, daß — im Gegensatz zu einer Tondarbietung — bei einer bildmäßigen Handlung kaum Interesse für eine häufige Wiederholung zu erwarten ist. Neben bereits angebotenen Sonderanwendungen, z. B. für Lehrzwecke oder im Kundendienst von Reiseagenturen wäre — analog zur Videokassette — vielleicht an eine Ausleihe bespielter „Videoplatten" zu denken.
In die Entwicklung solcher Systeme sind bei mehreren Firmen namhafte Mittel investiert worden, wobei auch magnetische Techniken bekannt wurden. Drei die Betriebsreife erlangte nicht magnetische Lösungen sollen nachfolgend in ihren wichtigsten Eigenschaften kurz beschrieben werden.

TED-System

Beim TED-System (Gemeinschaftsentwicklung von Telefunken und Decca) ist die Bild- und Begleittoninformation über piezoelektrische Wandler mechanisch in Form einer Tiefenschrift auf einer kreisrunden PVC-Folie (Durchmesser 210, Dicke 0,1 mm) eingeprägt [1.58]. Die Scheibe rotiert bei den 50-Halbraster-Normen mit 1500 min^{-1}, speichert also je Rillenumfang zwei Halbraster. Zwischen der Platte und einer unmittelbar darunterliegenden festen Unterlage bildet sich dabei ein dünnes Luftkissen. Die Rille hat eine Breite von 3,5 µm und eine Tiefe von weniger als 1 µm. Die Wellenzüge der Bildinformation haben eine kleinste Wellenlänge von rund 2 µm. Das Abspielen erfolgt über einen sehr schmalen, kufenförmigen, an einem Piezoelement befestigten Diamanten, der auf einem mechanisch geführten Abtastarm sitzt. Die Abspielzeit je Plattenseite liegt um 10 min.
Für die Codierung des Farbsignals wird ein trisequentielles PAL-Verfahren angewendet. Dabei wird, dem früheren Mixed-Highs-System von RCA (um 1950) entsprechend [0.14], zeilenweise abwechselnd mit geringer Bandbreite (0,5 MHz) je ein rotes, grünes und blaues Primärfarbensignal übertragen. Auf der Wiedergabeseite lassen sich über zwei Zeilen-Verzögerungsleitungen quasi-simultane RGB-Signale zurückgewinnen [1.47]. Auf jeder Zeile wird als Bildschärfeinformation zusätzlich im Bereich von 0,5 bis 3 MHz ein Leuchtdichtesignal mitübertragen. Das zusammengesetzte Videosignal und zwei Begleittonsignale werden hierauf noch vor der Aufzeichnung frequenzmodulationsmäßig geträgert. Dieses System konnte sich bisher nicht durchsetzen.

VLP-System

Das bei Philips entwickelte VLP-(Very long Play-) System arbeitet auf optischer Basis und benötigt im Abspielgerät einen Laser [1.59]. Die Platte kann aber einfach mit normalen Preßtechniken in großen Stückzahlen hergestellt werden. Die Abspielzeit der 30 cm-Platte lag im Falle der ersten Version bei einer Spursteigung von 2 µm um 30 min je Seite, wobei die Drehzahl gleich wie bei der TED-Platte gewählt wurde. Bild- und Toninformation werden örtlich als Folge langgestreckter Vertiefungen variabler Länge und Folgefrequenz aufgezeichnet. Deren Breite beträgt 0,8 und deren Tiefe 0,16 µm. Bei der Abtastung wird die Intensität des sehr feinen Laserstrahls außerhalb der Vertiefungen reflektiert, innerhalb derselben aber gestreut. Die Intensitätsänderungen des zurückgestrahlten Lichts werden mittels einer Photodiode in elektrische Signale umgesetzt, die ungefähr Mäanderform haben.
Für die Codierung des Videosignals wird zunächst die PAL-Farbhilfsträgerinformation auf einen Frequenzbereich um 1 MHz umgesetzt. Der Ton wird auf einen Träger von 250 kHz frequenzmoduliert. Das auf einen 4,75-MHz-Träger aufmodulierte Leuchtdichtesignal bestimmt die Folgefrequenz und die mittlere Länge der Vertiefungen, die aufbereiteten Chrominanz- und Tonsignale deren tatsächliche Länge. Die nebensprechfreie Überlagerung wird durch die unterschiedlichen Frequenzlagen der drei Informationsbereiche ermöglicht, wobei auch noch andere Modulationsverfahren denkbar sind. Es gibt bei diesem auch mit Laservision bezeichneten Verfahren zusätzlich eine Langspielversion mit einer Spieldauer von einer Stunde je Seite. Zur Zeit laufen Bestrebungen, das VLP-System öffentlich einzuführen.

CED-(Selectavision-)System

Auch das bei RCA entwickelte CED-(Capacitance Electronic Disc-)System arbeitet mit Oberflächenverformung der Aufzeichnungsspur, tastet aber mittels einer Sonde auf elektrischem Wege die sich ergebenden Kapazitätsänderungen ab [1.60]. Dies geschieht mit einer sehr feinen auf der ablaufenden Kante metallisierten Diamantnadel, die elastisch auf einem kurzen Abtastarm der Rille nachläuft, ihre Spur also wie bei einer Schallplatte selber findet. Die 1,8 mm dicke, aus leicht leitendem PVC gepreßte Bildplatte besitzt einen Rillenabstand von nur etwa 2,6 μm und eine Rillentiefe von lediglich 0,4 μm. Die örtliche Periode der Vertiefungen schwankt zwischen 0,5 und 1,5 μm.

Die geträgerte, in der Frequenz modulierte Bild- und Begleittoninformation erzeugt bei der Abtastung Kapazitätsänderungen von nur etwa 10^{-4} pF. Diese werden durch eine auf 910 MHz arbeitende Hochfrequenzschaltung ausgewertet, d.h. signalmäßig umgesetzt und demoduliert. Der Plattenteller rotiert bei den 50-Hz-Halbraster-Normen mit 375 min^{-1}; pro Umdrehung werden damit vier Vollraster aufgezeichnet. Die Spieldauer beträgt eine Stunde pro Plattenseite. Wie bei andern Systemen wird die Platte derart in einer Schutzhülle untergebracht, daß sie für das Abspielen nicht mit den Händen berührt werden muß. Trotz beträchtlicher Anstrengungen konnte dieses in den USA entwickelte Verfahren bisher nicht im erhofften Ausmaß Fuß fassen.

1.3.3 Der Film als Speichermittel

Wie bereits angedeutet, wird das Prinzip der Aufzeichnung von Videosignalen auf Film seit der Einführung der Magnetbandaufzeichnung nur noch sehr selten angewendet.

Der Film ist — wenn man von Formatproblemen bei der Abtastung von Breitleinwand-Kinofilmen absieht — nicht an eine Fernsehnorm gebunden. Mit der enormen Entwicklung der elektronischen Kleingeräte-Aufnahme- und -Speichertechnik wird dieses Medium zwar aus der Produktionstechnik der Fernsehgesellschaften mehr und mehr verdrängt; auf dem Unterhaltungssektor wird ihm aber durch die Übernahme von Kinospielfilmen stets eine bedeutende Rolle zufallen [1.62–1.64].

Für Fernsehfilmproduktionen wird fast ausschließlich mit 16-mm-Filmmaterial gearbeitet. Bei richtiger Belichtung und sorgfältiger Verarbeitung entspricht die erzielbare Qualität gerade noch den Anforderungen einer 625-Zeilen-Farbnorm. Es sind in erster Linie wirtschaftliche Gründe, welche zur Anwendung des Schmalfilmformats führten. Spürbare Qualitätsgrenzen ergeben sich bei den für Reportagezwecke vorgesehenen höchstempfindlichen Filmen, besonders wenn sie dazu noch forciert entwickelt werden. Bei solchen Einsätzen hat der Kameramann oft mit dauernd ändernden Beleuchtungsverhältnissen zu kämpfen. Bei Kunstlicht ergeben sich unterschiedliche Farbtemperaturen und oft extreme Leuchtdichtekontraste. Aber auch schon im Idealfall wirft die fernsehmäßige Abtastung von Farbfilmen farbmetrische Probleme auf. Dies hat seine Ursache in der Hintereinanderschaltung zweier farbmetrischer Prozesse. Durch elektronische Maskierung lassen sich Fehler dieser Art wirksam bekämpfen [1.61; 1.66].

Gearbeitet wird vornehmlich mit Farbumkehr-, teilweise auch mit Farbnegativfilm. Im letzteren Fall wird die Umkehrung elektronisch vorgenommen. Alle gebräuchlichen Farbfilmverfahren basieren auf dem subtraktiven Farbmischprozeß. Durch Hintereinanderschaltung dreier Farbfilter, welche dem Licht nacheinander die roten, grünen und blauen Farbanteile entziehen, entsteht je nach photographischem Prozeß ein Farbnegativ oder -positiv. Wenn mit weißem Licht beleuchtet, haben die drei Filter die Farben Blaugrün (Cyan; minus Rot), Purpur (Magenta; minus Grün) und Gelb (minus Blau). Bild 1–73 zeigt praktisch erzielbare

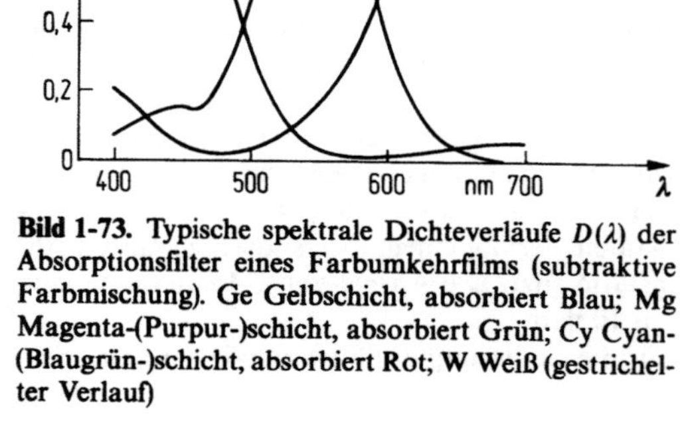

Bild 1-73. Typische spektrale Dichteverläufe $D(\lambda)$ der Absorptionsfilter eines Farbumkehrfilms (subtraktive Farbmischung). Ge Gelbschicht, absorbiert Blau; Mg Magenta-(Purpur-)schicht, absorbiert Grün; Cy Cyan-(Blaugrün-)schicht, absorbiert Rot; W Weiß (gestrichelter Verlauf)

Filterkurven auf. Optimalfilter mit rechteckiger spektraler Durchlaßcharakteristik lassen sich nicht verwirklichen. Die gesamte Filterwirkung entsteht durch wellenlängenweise Multiplikation der drei Filterkurven; man spricht deshalb auch von multiplikativer Farbmischung [0.1; 0.10].

In der Normfarbtafel von Bild 1–74 sind nebst den CCIR-Primärvalenzen der 625-Zeilen-Farbfernsehsysteme (auch UER- oder EBU-Valenzen genannt, vgl. CCIR-Bericht 476-1 [1.1]), die durch R, G und B gekennzeichnet sind, typische bei Farbfilmen erzielbare Filtersättigungen sowie der entsprechende für die Farbreproduktion verfügbare Farbartbereich eingetragen (Darstellung im CIE-UCS-System, vgl. [0.1; 0.10]).

Der Entsättigung der Farben durch Zwischenspeicherung auf Farbfilm kann durch Maskierungsprozesse entgegengewirkt werden. Durch Einführung einer Matrix mit teilweise negativen Koeffizienten für die RGB-Signale läßt sich, ähnlich wie beim Vorgehen zur Ermittlung der Aufnahmespektralkurven für fehlerfreie Farbfernseh-Direktwiedergabe (s. Kapitel 3), das durch nichtideale Farbfilterverläufe verursachte „Nebensprechen" in spektral benachbarte Farbbereiche reduzieren. Man versucht also gewissermaßen, auf elektrischem Wege doch noch zu Optimalfiltern zu kommen. Mit Rücksicht auf den multiplikativen Farbmischprozeß bei Farbfiltern sind für eine

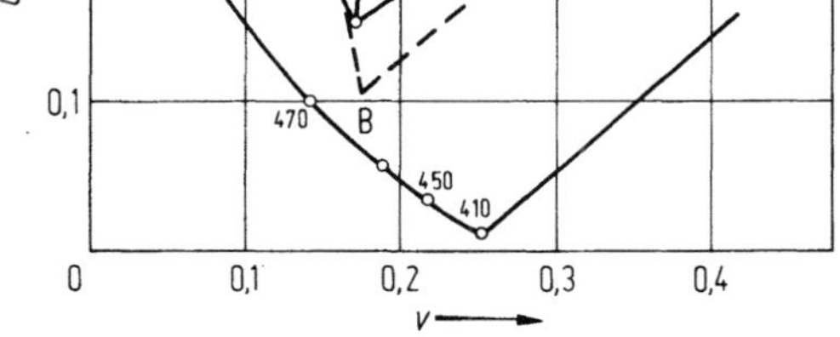

Bild 1-74. *uv*-Normfarbtafel nach CIE (Commission Internationale de l'Eclairage) 1960 mit 625-Zeilen-Primärvalenzen R, G, B (W Weißpunkt D_{65}). Hufeisenförmiger Linienzug: Spektralfarben, gestricheltes Dreieck: Wiedergabebereich der Farbfernsehsysteme, ausgezogene innere Fläche (segmentiert): typischer Wiedergabebereich eines Farbumkehrfilms

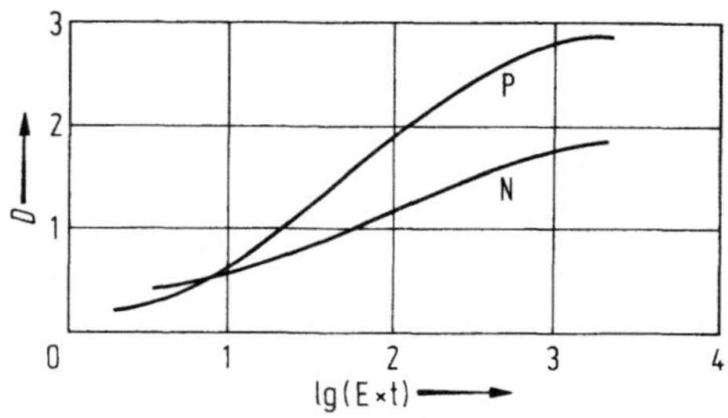

Bild 1-75. Typische Farbdichte-Transferkurven einer einzelnen Schicht von N Negativ- und P Positiv-Farbfilmmaterial höherer Empfindlichkeit. *D* Dichte, $E \times t$ = Belichtung

wirkungsvolle Entzerrung die Primärfarbensignale vor ihrem Eintritt in die Matrix zu logarithmieren und am Ausgang zu delogarithmieren (algebraische Addition von Dichteanteilen im logarithmierten Bereich).

Bild 1–75 zeigt typische Transfercharakteristiken von Negativ- und Positiv-Farbfilmmaterial auf. Sie gelten für eine einzelne Farbfilterschicht. Der S-förmige Dichteverlauf in Funktion des Logarithmus der Belichtung (Produkt Beleuchtungsstärke × Zeit) ist für alle Filmmaterialien typisch. Der quasilineare Bereich erstreckt sich nur über

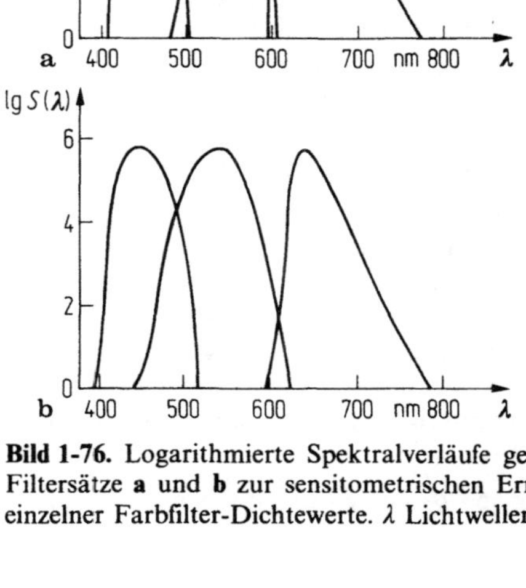

Bild 1-76. Logarithmierte Spektralverläufe genormter Filtersätze **a** und **b** zur sensitometrischen Ermittlung einzelner Farbfilter-Dichtewerte. λ Lichtwellenlänge

ein bis eineinhalb Dichtestufen. Gemäß CCIR-Empfehlung 265-4 [1.1] sollte die Filmdichte im Weiß 0,3 bis 0,4 betragen. Bei Farbfilmen soll der Dichteumfang zwischen Schwarz und Weiß zwischen 0,5 und 1,7 liegen.
Die Filmmeßtechnik wird Sensitometrie genannt. Bei Farbfilmen geht es dabei im wesentlichen darum, die Dichteanteile der einzelnen Farbschichten als Funktion der Belichtung meßtechnisch zu erfassen [1.65]. Am Sensitometer müssen sich genau reproduzierbare Belichtungen einstellen lassen. Die entwickelten Filmstreifen werden hierauf über einen Satz von drei spektral genau festgelegten Farbfiltern integral densitometrisch ausgewertet. International einigte man sich auf zwei solche Filtersätze (Bild 1–76). CCIR-Empfehlung 265-4 [1.1] beinhaltet auch Filmabmessungstoleranzen und Begleittonnormen für den internationalen Programmaustausch.

1.4 Anhang

1.4.1 Grundelemente des PAL-Farbfernsehsystems (CCIR-B/G-Normen)

Im folgenden werden die wesentlichsten Signalbeziehungen zum PAL-Farbfernsehsystem, wie es in den meisten kontinental-westeuropäischen Ländern eingeführt wurde, in Kurzform zusammengestellt. Für detaillierte Systemdaten muß auf spezifischere Fachliteratur verwiesen werden (s. CCIR-Bericht 624-2 [1.1] oder [0.1; 0.2; 0.6; 0.8; 0.11]). Daten anderer Farbfernsehsysteme finden sich im genannten CCIR-Bericht sowie z. B. in [0.1; 0.9; 0.12; 0.13].
Ausgegangen wird von normierten Primärfarbensignalen für Rot (R), Grün (G) und Blau (B); deren Signalwerte liegen im Bereich 0...1 (Volt). Diese vom Bildgeber kommenden Signale werden zunächst ungefähr invers zum Gamma der Wiedergaberöhre vorkorrigiert, man schreibt symbolisch $R^{\frac{1}{\gamma}}=R'$, $G^{\frac{1}{\gamma}}=G'$, $B^{\frac{1}{\gamma}}=B'$. Um eine bessere Verträglichkeit mit bereits eingeführten Schwarzweißsystemen zu erreichen und Bandbreite einzusparen, werden diese Geräteprimärfarbensignale in einen Satz von drei Übertragungssignalen umgeformt. Ein normiertes Leuchtdichtesignal Y' enthält die relativen Helligkeitsanteile der Primärfarbensignale,

$$Y'=0{,}299\ R'+0{,}587\ G'+0{,}114\ B'. \qquad (1.55)$$

Es wird wie ein Schwarzweißsignal mit voller Videobandbreite übertragen.
Aus den aufgeführten Signalen werden zusätzlich zwei Farbdifferenzsignale (Chrominanzsignale) hergeleitet, welchen später die Aufgabe zufällt, das Leuchtdichtesignal zu kolorieren. Dazu genügt eine Bandbreite von rd. 1 MHz. Die Signale sind

$$U'=0{,}493(B'-Y'), \quad V'=0{,}877(R'-Y'). \qquad (1.56)$$

Die Koeffizienten vor den Klammerausdrücken dienen der Signalproportionierung (vgl. Bild 3–26). Y', U' und V' enthalten zusammen die gesamte nutzbare Farbinformation.
Die U'- und V'-Signale werden nun in Quadratur-Amplitudenmodulation einem gemeinsamen Farbhilfsträger, der im oberen Teil des Leuchtdichtekanals liegt, aufgeprägt, wobei der Träger für verschwindende Farbdifferenzsignale unterdrückt wird. Das modulierte Chrominanz-Gesamtsignal bildet damit einen Vektor ($\underline{C}'$), der in der Amplitude der Farbsättigung und in der Phase dem Farbton des Bildes entspricht. Das Gesamtsignal wird aus Kompatibilitätsgründen auf die Bandbreite eines normalen Schwarzweißsignals beschränkt, wodurch ein Teil der oberen Seitenbänder des Chrominanzpakets beschnitten wird (Bild 1–77), was sich bei PAL aber nicht nachteilig auswirkt.

Das PAL-Verfahren unterscheidet sich sendeseitig signalmäßig vom amerikanischen NTSC-Verfahren im wesentlichen nur darin, daß die V'-Komponente des Chrominanzsignals von Zeile zu Zeile umgepolt wird. Dadurch lassen sich — im Gegensatz zum NTSC-Verfahren — im Verein mit einer Empfänger-Laufzeitleitung (Verzögerung ≙ Zeilendauer) übertragungsbedingte Farbtonfehler

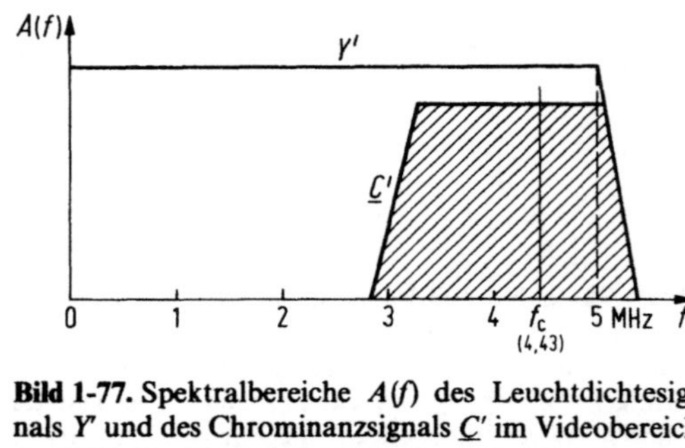

Bild 1-77. Spektralbereiche $A(f)$ des Leuchtdichtesignals Y' und des Chrominanzsignals $\underline{C}'$ im Videobereich des PAL-Farbfernsehsignals (schematisch). f_c Farbträgerfrequenz (CCIR-B/G-Normen)

über benachbarte Zeilen ausmitteln. Der empfangsseitige Decoder ist im übrigen schaltungsmäßig das Gegenstück zum sendeseitigen Coder. An seinem Ausgang stehen für die weitere Verarbeitung wieder rote, grüne und blaue Primärfarbensignale zur Verfügung. Da die Demodulation der Farbdifferenzsignale empfangsseitig synchron zur Sendeseite erfolgen muß, wird im horizontalen Austastintervall ein Phasenbezugssignal (Farbsynchronsignal, Burst) mitübertragen (Bild 3–26).

Zur Verminderung der Sichtbarkeit des Farbträgers f_c im kompatiblen Schwarzweißbild wird dieser in Offsetlage zur Zeilenfrequenz f_H (Viertelzeilenoffset) und zur Bildrasterfrequenz (25-Hz-Trägerversatz) gebracht. Dazu muß er der folgenden Bedingung genügen:

$$f_c = [(1135/4) + 1/625]\, f_H. \qquad (1.57)$$

Aus $f_H = 15625$ Hz folgt als Nominalwert $f_c = 4{,}43361875$ MHz.

1.4.2 Tabellen mit ergänzenden Daten zum ersten Kapitel

In den Tabellen 1–II und 1–III finden sich detaillierte Angaben über Farbfernseh-Wiedergabephosphore (vgl. Abschnitte 1.2 und 1.4.1). Tabelle 1–IV enthält als Ergänzung zum Abschnitt 1.3.1 zusätzliche Daten über Heimvideorecorder.

Tabelle 1–II. International festgelegte CIE-Normfarbwertanteile für die Wiedergabeprimärfarben von Farbfernsehsystemen (nach CCIR-Bericht 476-1 [1.1]).

System	Bearbeitendes Gremium	Jahr	Rot		Grün		Blau		Bezugsweiß	
			x	y	x	y	x	y	x	y
NTSC	FCC (USA)	1954	0,67	0,33	0,21	0,71	0,14	0,08	0,310	0,316 (Normlicht C)
PAL, SECAM (625 Zeilen)	UER/EBU (West-Europa)	1974	0,64	0,33	0,29	0,60	0,15	0,06	0,313	0,329 (Normlicht D_{65})

Tabelle 1–III. Beispiele von Leuchtstoffsätzen für Farbbildröhren und deren CIE-Normfarbwertanteile (CIE Commission Internationale de l'Eclairage).

System	Farbe	Leuchtstoff[a]	Normfarbwertanteile x	y
NTSC (1954)	Rot	$Zn_3(PO_4)_2$:Mn[b]	den Werten von Tabelle 1-II entsprechend	
	Grün	Zn_2SiO_4:Mn		
	Blau	ZnS:Ag		
PAL, SECAM (625 Zeilen, 1974)	Rot	YVO_4:Eu	0,65	0,32
	Grün	ZnCdS:Ag	0,26	0,58
	Blau	ZnS:Ag	0,15	0,07

[a] Nach Doppelpunkt: Dotierungselement

[b] Lichtausbeute, auf neuere Phosphore bezogen, nur etwa 50%

Tabelle 1–IV. Detaildaten eingeführter Heim-Videorecordersysteme. Hinsichtlich möglicher Frequenzlagen sei auf Bild 1–72 verwiesen.

System	Video 2000	VHS	Betamax
Breite des Bandes in mm	12,7	12,7	12,7
max. Spieldauer in h	2×4	4	4
Kassettenmasse in mm	183×110×26	188×104×25	156×95×25
Bandgeschwindigkeit in mm/s	24,42	23,39	18,73
Abtastgeschwindigkeit in m/s	5,08	4,85	5,83
Bandverbrauch in m/h	2×87,9	84,2	67,5
Bandbelegung in m^2/h	0,56	1,07	0,86
nomineller Spurabstand in µm	22	49	33
Winkelverstellung der Kopfschlitze in Grad	±15	±6	±7
FM-Frequenzlagen für Sync. und Weiß in MHz	3,3; 4,8	3,4; 4,4	~3,6; ~4,8
umgesetzter PAL-Farbträger in kHz	~ 625	~627	~689

1.4.3 Digitale Techniken im Fernsehen

[0.2; 1.68–1.80; 2.30; 2.31; 2.67–2.71], ferner CCIR-Bericht 629-2 [1.1] mit zahlreichen weiteren Referenzen.

Pulscode-Modulationsverfahren (PCM-Verfahren) gewinnen mehr und mehr an Bedeutung in der Fernsehtechnik. Das Fernsehbild wird dabei bildpunktmäßig örtlich, zeitlich und pegelmäßig quantisiert. Um nach der Decodierung unverfälschte analoge Signale zurückzugewinnen, müssen die einzelnen Signalproben mit einer Frequenz, die mindestens dem doppelten Wert der Bandbreite B des zu übertragenden Fernsehsignals entspricht, abgetastet werden. Durchläuft empfangsseitig eine zeitliche Folge solcher Proben einen Tiefpaß der Bandbreite B, entsteht eine entsprechend zeitversetzte Reihe sich überlappender si-Funktionen, die sich algebraisch exakt zum ursprünglichen Analogsignal aufsummieren.
Die Grundbeziehung der Nachrichtentheorie für die erforderliche Mindestkapazität C eines Nachrichtenkanals lautet in bit/s

$$C = 2B \,\mathrm{ld}\, n. \qquad (1.58)$$

Darin sind B die Bandbreite des Basisbandsignals in Hz und $\mathrm{ld}\, n$ der Dual-Logarithmus (Basis 2) der für die pegelmäßige Quantisierung festgelegten Stufenzahl n. Der Nachrichtenfluß H muß optimal an diesen Wert C angepaßt werden. Die tatsächlich nutzbare Stufenzahl ist beim Fernsehen normalerweise etwas kleiner als n, um noch Bitwörter (Bytes) für die Synchronisierung, einen Fehlerschutz usw. zur Verfügung zu haben.

Studiobereich

Einzelne Geräte oder Geräteteile des Fernsehstudios — vor allem solche zur Korrektur von Laufzeitfehlern im Fernsehsignal in Zusammenhang mit der Magnetbandaufzeichnung — werden als in sich abgeschlossene PCM-Einheiten schon seit etwa Mitte der siebziger Jahre mit Erfolg eingesetzt. Die elektronische Berichterstattung hätte ohne solche Einheiten kaum verwirklicht werden können. Hier wird das videofrequente Farbgesamtsignal (z. B. PAL-FBAS-Signal) geschlossen codiert.
Die Bestrebungen in Richtung voll digitalisierter Fernsehstudios haben mehrere Gründe; drei davon seien nachfolgend aufgeführt.

- Digitale Techniken eröffnen bei geeigneter Wahl der Parameter ganz neue Möglichkeiten in Richtung verhältnismäßig einfacher, die Qualität voll erhaltender weltweiter Systemkonvertierungen.
- Digitale Magnetbandaufzeichnungen büßen — im Gegensatz zu analogen Speichermethoden — bei mehrmaligem Überspielen praktisch nicht an Qualität ein.
- Digitalisierte Signale lassen im Vergleich zu Analogsignalen wesentlich mehr Möglichkeiten für die Trickbildmischung usw. zu, da bei Verwendung von Bildspeichern im Prinzip jeder einzelne Bildpunkt für Manipulationen frei verfügbar ist. Die Bildgüte wird dabei grundsätzlich nicht negativ beeinflußt.

Im Studiobereich soll die Qualität des analogen Signals der Bildquelle voll erhalten bleiben. Nachrichtenreduzierende Verfahren zur Minderung des

Nachrichtenflusses (vgl. Abschnitt 2.7.2) sind deshalb hier nur beschränkt anwendbar. Insbesondere scheiden differentielle PCM-Verfahren aus. Nach CCIR-Empfehlung 601 [1.1] sind Farbfernsehsignale komponentenweise zu codieren. Die Abtastfrequenzen des Leuchtdichte- und der beiden Farbdifferenzsignale haben für 625- und 525-Zeilen-Systeme ein Verhältnis von 4:2:2 (versuchsweise 4:4:4, mit Rot-Grün-Blau-Signalvariante) aufzuweisen. Frequenzmäßig wurden die Werte 13,5:6,75:6,75 MHz (versuchsweise 3 × 13,5 MHz) festgelegt. Bei Farbdifferenzsignalcodierung ist damit immerhin eine Irrelevanz-Nachrichtenreduktion von 33% möglich.

Ein Abtastwert soll einheitlich aus 8 bit bestehen. Dies ergibt 256 Bitkombinationen, von denen beim Leuchtdichtesignal 220 und beim einzelnen Farbdifferenzsignal 224 für die Pegelquantisierung vorgesehen sind. Die restlichen Bytes sind für Synchronisierung, Fehlerschutz gegen Drop-out-Störungen bei der Magnetbandaufzeichnung und ähnliches reserviert. Für die Anzahl der Abtastsignalwerte je Zeile findet man folgende Werte:

— Leuchtdichtesignal und 4:4:4-Systeme:
  625-Zeilen-Normen: Gesamte Zeile 864, aktiver Teil davon 720;
  525-Zeilen-Normen: Gesamte Zeile 858, aktiver Teil davon 720.
— Farbdifferenzsignale bei 4:2:2-Systemen:
  625-Zeilen-Normen: Gesamte Zeile 432, aktiver Teil davon 360;
  525-Zeilen-Normen: Gesamte Zeile 429, aktiver Teil davon 360.

Eine einfache Rechnung aufgrund von Gl. (1.58) zeigt, daß diese Festlegungen auf sehr große Nachrichtenflüsse führen. Bei 4:2:2-Systemen ergeben sich 108 Mbit/s für das Leuchtdichte- und je 54 Mbit/s für die beiden Farbdifferenzsignale. Der Gesamtfluß von 216 Mbit/s läßt sich unter Berücksichtigung der Zeilenaustastlücken noch um knapp 20% vermindern.

Die digitalisierten Signalkomponenten können im Studiobereich parallel übertragen werden; eine Serialisierung drängt sich hier nicht auf. Experimentell wurde verschiedentlich nachgewiesen, daß Magnetbandaufzeichnungen für solch hohe Bitraten noch möglich sind. Die Gerätetechnik und naturgemäß auch die Preisgestaltung sind zur Zeit noch voll im Fluß [1.56; 1.57].

Das außer den ihrer Natur nach analogen Bildgebern voll digitalisierte Fernsehstudio scheint zur Zeit noch kaum auf großes Interesse zu stoßen. Digital arbeitende Einzelgeräte bilden aber, wie erwähnt, schon heute wichtige „Inseln" bei der Programmproduktion. Dazu gehören auch Halb- und Vollrastersynchronisatoren, die den Verbund asynchron arbeitender Studiokomplexe problemlos machen, sowie z. B. rekursive Filter in Verbindung mit einem Vollbildspeicher, mit denen sich nachträglich das Rauschen im Fernsehbild reduzieren läßt. Auch Normwandler zwischen Systemen mit unterschiedlichen Zeilen- und Bildwechsel-Zahlen sind digital aufgebaut.

Auf digitaler Basis arbeiten im Fernsehstudio ferner die Schriftgeneratoren sowie ausgeklügelte Systeme der elektronischen Grafik und Maltechnik. Bei Magnetbandaufzeichnung bringt eine genormte digitale Numerierung der Einzelbilder beim späteren Zusammenstellen von Sendungsabläufen durch den Einsatz digitaler vorprogrammierbarer Schnittsteuersysteme Erleichterungen und beträchtliche Zeiteinsparungen, was nicht nur bei der elektronischen Berichterstattung ins Gewicht fällt.

Empfängerbereich

Zur Zeit werden digitale Bildsignaltechniken im Fernsehempfänger erst vereinzelt angewendet. Es besteht aber eine gewisse Tendenz, die Verarbeitung von Farbfernsehsignalen ab Zwischenfrequenzdemodulator (FBAS-Signal) in geschlossener Codierung durchzuführen. Als Abtastfrequenz wählt man dazu beim PAL-System mit Vorteil das Vierfache der Farbträgerfrequenz (rd. 17,7 MHz). Durch die Digitalisierung läßt sich die Farbbildqualität im Vergleich zur herkömmlichen analogen Technik grundsätzlich in verschiedener Hinsicht verbessern [0.2; 1.74]. Auch herstellungstechnisch ergeben sich durch weniger Abgleicharbeit Vorteile. Die integrierten Schaltkreise lassen sich in VLSI-Technologie zwar leicht realisieren, erfordern aber aus wirtschaftlichen Gründen verhältnismäßig große Empfängerstückzahlen. Ferner muß sichergestellt sein, daß ein solcher Empfänger auch in ungünstigen Empfangslagen mit entsprechend ausgeprägten Reflexions-, Rausch- und/oder Fremdstörungen noch zufriedenstellend arbeitet. Eine gewisse Adaption der Schaltungen an nichtideale Empfangsbedingungen läßt sich aber „vorprogrammieren".

Die Verbesserung der Bildqualität kann mit entsprechend steigendem Aufwand an digitalen Schaltkreisen und Speicherelementen in verschiedenen Stufen erfolgen. Zunächst wird man sich die

Vorteile der digitalen Filtertechniken zunutze machen. Sie erleichtern eine saubere Trennung von Luminanz und Chrominanz und ermöglichen das Anbringen einer zweidimensionalen Aperturkorrektur, wodurch sich die Bildschärfe wesentlich verbessern läßt.
Weitere interessante Qualitätsverbesserungen wären durch den Einbau eines Bildspeichers möglich. Bei Verzicht auf eine bessere Bildgüte könnte man grundsätzlich auch Übertragungsbandbreite einsparen. Dazu müßte allerdings die Fernsehnorm geändert werden. Eine hinreichende Verminderung der Kosten für solche Speicherbauteile kann wohl bestenfalls mittelfristig erwartet werden.

Übertragungsbereich

Man hat hier im wesentlichen zwischen Studioverbindungsnetzen und Verteilnetzen zu unterscheiden. In beiden Fällen drängen sich aus wirtschaftlichen Gründen Nachrichtenflüsse auf, die sich in den international bereits festgelegten Hierarchierahmen der digitalen Vielkanaltelefonie einfügen. Das Studioverbindungsnetz muß so konzipiert sein, daß die Qualität der digitalisierten Studiosignale wenn immer möglich voll erhalten bleibt. Der genannte Hierarchierahmen umfaßt in Europa die Stufen 34, 70, 140 und 280 Mbit/s. Für Studioverbindungsnetze ist ein Nachrichtenfluß von 140 Mbit/s vorgesehen. Einige Prozent davon werden für den Fehlerschutz benötigt („Kanalcodierung“).
Für Verteilnetze wird man je Fernsehkanal aus Kostengründen kaum über 34 Mbit/s hinaus gehen können. Auf den Meter- und Dezimeterwellen hat die Endverteilung ab Fernsehsender, schon allein aus Gründen der Frequenzökonomie, auch in Zukunft nach dem überall eingeführten Restseitenband-Amplitudenmodulationsverfahren zu erfolgen. Digitale Systeme bis zum Heimempfänger dürften günstigstenfalls über Glasfasernetze oder weitere Satellitenbänder extrem hoher Frequenz zu realisieren sein. Sie könnten vielleicht einmal das Zeitalter einer weltweit vereinheitlichten Fernsehnorm höherer Bildauflösung einleiten [1.31].
Im Übertragungsbereich ist nach Möglichkeit eine Familie unter sich kompatibler Digitalnormen anzustreben. Darüber hinaus sollten die Fehlerschutzstrategien für Fernsehen und Telefonie innerhalb entsprechender Bitrahmen einander angeglichen werden. Die Studionachrichtenflüsse von rund 200 Mbit/s müssen bereits für die Studioverbindungsnetze leicht vermindert werden. Eine massive Nachrichtenreduktion erfordern die Verteilnetze [2.30; 2.31]. Dies kann auf unterschiedliche Weise geschehen.
Zunächst sei vorweggenommen, daß für die PAL-Norm sowohl die geschlossene FBAS-Codierung (FBAS vollständiges videofrequentes PAL-Farbsignal) als auch Komponentencodierung ($Y, R-Y, B-Y$) noch qualitativ hochwertige 34 Mbit/s-Digitalsysteme zuläßt. Die Komponentencodierung hat dabei den großen Vorteil, daß sie für 625-Zeilen-Farbfernsehsysteme (PAL, SECAM) von der Farbnorm unabhängig ist. Die nachfolgenden Ausführungen gelten vor allem für diese Codierungsart. Behandelt wird nur die Quellencodierung und nicht zusätzlich auch noch die Kanalcodierung.
Um den Nachrichtenfluß zu reduzieren, besteht zunächst die Möglichkeit, die Abtastrate etwas niedriger als die doppelte Bandbreite des Basisbandsignals anzusetzen. Das abgetastete Signal enthält dann noch höherfrequente Komponenten des Videosignals. Bei geschickter Wahl der Abtastfrequenz kann man erreichen, daß diese Video-Störkomponenten frequenzmäßig in die Lücken des Abtastsignals fallen und mittels Kammfilter eliminiert werden können. Der gesamte Filteraufwand ist dabei beträchtlich und eine exakte Störsignalunterdrückung nur für ruhende Bildinhalte möglich [1.75].
Man kann die Nachrichtenreduktion aufteilen in Irrelevanzreduktion und Redundanzreduktion. Bei ersterer geht es darum, nur jene Bildanteile zu übertragen, die subjektiv aus normalem Betrachtungsabstand auch tatsächlich wahrgenommen werden können. Die schmalbandigen Farbdifferenzsignale (Kolorierungssignale) der Farbfernsehsysteme stellen eine sehr wichtige Irrelevanzreduktion dar, die man, wie bereits erwähnt, auch bei der Digitalisierung von Farbfernsehsignalen ausnutzt. Zur Irrelevanzreduktion ist auch die Austauschbarkeit von Gradations-, Detail- und Bewegungsauflösung zu zählen, die bei der adaptiven Codierung bedeutungsvoll ist [1.76; 1.78].
Im Falle der Redundanzreduktion läßt man für die Übertragung all das weg, was das Empfangsgerät (nicht der Betrachter!) aufgrund der statistischen Gegebenheiten natürlicher Bildinhalte mit hinreichender Wahrscheinlichkeit für die unmittelbare Zukunft bereits weiß (prädiktive Codierung). Normale Fernsehbilder enthalten viel Redundanz, da sich die Signalpegel oft über örtlich und zeitlich benachbarte Bildpunkte nur wenig ändern. Bei der

differentiellen Pulscodemodulation (DPCM) dekorreliert man vor der Codierung das Bildsignal in der Weise, daß nicht die Signalwerte selber, sondern nur deren Differenzen zwischen örtlich und allenfalls auch zeitlich benachbarten Bildpunkten übertragen werden. Die Quantisierungskennlinie wird nun symmetrisch zum Signal-Nullwert.

Um eine Konturenbildung in großen Bildflächen mit entsprechend kleinen Differenzsignalen zu vermeiden, wird die Quantisierungskennlinie in der Weise nichtlinear gemacht, daß sie für kleine Signale eine feinere Stufung aufweist. Damit man bei guter Nutzung des Aussteuerbereichs der Quantisierungskennlinie auch große Signalsprünge bewältigen kann, sind besondere Techniken entwickelt worden. Die Anzahl Bit je Bildpunkt kann niedriger sein als bei PCM. Auf der Empfangsseite müssen nach der Decodierung die Differenzwerte zum Bildsignal aufsummiert werden. Dies birgt die Gefahr der Fehlerfortpflanzung in sich, was wiederum spezielle schaltungstechnische Maßnahmen erforderlich macht (siehe z. B. [1.69; 2.31] usw.).

Die auf örtlich benachbarte Bildpunkte bezogene differentielle Pulscodemodulation ergibt bei mäßigem Codierungsaufwand bereits beträchtliche Redundanzreduktionen. Der Dekorrelation rastermäßig aufeinanderfolgender Bildpunkte sind wegen der Gefahr störender Bewegungsunschärfen beim Heimfernsehen verhältnismäßig enge Grenzen gesetzt.

Ein Übertragungssystem hat ferner dem Umstand Rechnung zu tragen, daß im Weitverkehr über viele Jahre hinweg analoge und digitale Streckenabschnitte kettengeschaltet sein können, was bei grober Quantisierung zu einer sukzessiven Qualitätsminderung führen müßte. Aus subjektiven Gründen muß auch auf ein hinreichend feines Abtastmuster geachtet werden.

Alternativen zu DPCM-Codierungen sind Transformationscodierungen. Dazu werden benachbarte Bildpunkte zu Blöcken zusammengefaßt und vor der eigentlichen Codierung einem bestimmten Algorithmus — z. B. demjenigen der Hadamard-Transformation — unterworfen. Günstig haben sich Blöcke erwiesen, die aus vier Bildpunkten und vier entsprechenden Zeilenabschnitten bestehen. Der Echtzeitrechenaufwand ist bei solchen Systemen verhältnismäßig hoch [1.77].

Für Sonderanwendungen wie Fernsehtelefon und Konferenzfernsehen sind u. a. Systeme bekannt geworden, die auf der Grundlage der bereits von Shannon angegebenen Entropiecodierung basieren. Dabei wird — wie beim Morsealphabet — die Wortlänge der Häufigkeit der anfallenden Pegelwerte angepaßt. Um zu hohen Redundanzreduktionen zu kommen, wird ein Pufferspeicher benötigt (Huffman-Codierung). Außerdem müssen in DPCM-Technik die zu codierenden Signale voneinander weitmöglichst, d. h. unter Miteinbezug von Bildspeichern, dekorreliert sein. Der Aufwand kann durch den Einsatz integrierter Schaltungen bei hinreichenden Stückzahlen in Grenzen gehalten werden (vgl. z. B. Schluß von Abschnitt 2.6 [2.67–2.69] sowie [1.80]).

Im Falle der komponentenmäßigen Codierung von Farbfernsehsignalen müssen allgemein die drei codierten Signalanteile vor der Übertragung noch serialisiert werden, was für die Datenflüsse des Heimfernsehens besonders leistungsfähige Technologien erfordert.

1.4.4 Fernsehtext

Einleitung

Der Rücklauf des vertikalen Ablenkstrahls erfordert im Empfänger aus schaltungstechnischen Gründen verhältnismäßig viel Zeit. Bei den 625-Zeilen-Normen wird entsprechend das Bildsignal über rund 25 Zeilen ausgetastet [0.1; 1.1 usw.]. In einzelnen dieser ungenutzten Zeilen werden schon ab den sechziger Jahren aufgrund internationaler Vereinbarungen Meß- und Prüfsignale untergebracht. Darüber wird im Kapitel 3 ausführlich berichtet ([3.1] usw.). Etwa seit Beginn der siebziger Jahre wurden Verfahren bekannt, welche erlauben, in solchen Leerzeilen zusätzliche Bild- und vor allem Datensignale mit zu übertragen. Letztere können z. B. dazu dienen, Fernsehsendungen für Gehörgeschädigte zu untertiteln [0.2].

Die konsequente Ausschöpfung der technischen Möglichkeiten dieses Datenübertragungsprinzips führte in England in der Mitte der siebziger Jahre auf die neuen Fernseh-Zusatzdienste Ceefax (BBC) und Oracle (IBA). Die technischen Spezifikationen wurden schon 1976 unter der Bezeichnung Teletext vereinheitlicht [1.81; 1.82]. In den Dokumenten internationaler Kommissionen umfaßt dieser Begriff zur Zeit alle in der genannten Art an ein Fernsehsignal gebundenen Bildschirmdarstellungen alphanumerischer und grafischer Zeichen, auf die in diesem Abschnitt eingegangen wird. Die deutsche Kommission für den Ausbau des technischen Kommunikationssystems (KtK) ersetzte das

Wort Teletext durch Videotext. Die neue DIN-Bezeichnung lautet ab 1984 Fernsehtext. Im CCIR-Bericht 957 [1.1] finden sich ausführliche Daten über Systeme dieser Art, im CCIR-Bericht 802-1 [1.1] u.a. eine Bibliographie.

Im europäischen Raum konnte man sich bisher nicht auf eine einheitliche Fernsehtextnorm einigen. Dies mag zum Teil daran liegen, daß der Zeichenvorrat des englischen Teletextsystems etwas zu knapp ist, um weitere Buchstaben oder Hilfszeichen (z.B. Akzente) der verschiedenen europäischen Sprachen ohne weiteres mitübertragen zu können. Das in Frankreich entwickelte Didon-Antiope-System kennt übertragungsmäßig keine Verknüpfung zwischen Fernsehzeilen und Fernsehtext-Schriftenreihen; letztere werden durch ein „Wagenrücklaufsignal" angekündigt [1.87]. Es weicht damit grundlegend vom englischen Teletext-Prinzip der zeilenorientierten Datenorganisation ab, das von einer Reihe europäischer Länder — darunter die Bundesrepublik Deutschland, Italien, Österreich und die Schweiz — übernommen wurde.

Normkonvertierungen sollen aber wegen der bescheidenen mittleren Datenflüsse verhältnismäßig preiswert zu verwirklichen sein. Schon bald rechnet man mit Fernsehgeräten mit kostenmäßig tragbaren systemadaptiven Fernsehtextdecodern. Sie können über Hilfssignale angesteuert werden, die in einzelnen zusätzlichen für den Fernsehtextteilnehmer nicht sichtbaren Hilfsteuerreihen („Geisterzeilen") mitübertragen werden. Die selbsttätige Anpassung dürfte sich dabei zunächst auf sprachbedingte etwas unterschiedliche Zeichensätze einer gemeinsamen Basisnorm beziehen. Decoder werden in integrierter Schaltungstechnik ausgeführt und eignen sich gut für LSI-Technologien (LSI Lage Scale Integration), die bei großen Stückzahlen zu weiteren wesentlichen Preissenkungen führen dürften.

Analog zu Fernsehtext- lassen sich Bildschirmtextverfahren verwirklichen, welche über spezielle Modems an das Telefonnetz angeschlossen werden können. Ein erstes darauf basierendes System kam in Großbritannien unter dem Namen Viewdata zum Einsatz. Solche international unter den Begriff Videotex fallenden Systeme sind in Anschaffung und Betrieb wesentlich aufwendiger als Fernsehtextsysteme, eröffnen aber dem Teilnehmer kurze Zugriffszeiten zu sehr großen Datenmengen. Darüber hinaus bieten sich — bei entsprechendem Ausbau der Infrastruktur solcher interaktiver Systeme — viele zusätzliche Nutzungsmöglichkeiten bis zum von zu Hause aus getätigten bargeldlosen Geschäftsverkehr an. In Westeuropa konnte man sich im Rahmen der CEPT (Conférence Européenne des Administrations des Postes et Télécommunications) auf eine einheitliche Norm einigen, an die sich Fernsehtextsysteme in späteren Ausbaustufen bis zu einem gewissen Grad angleichen lassen [1.86; 1.88; 1.89]. Inwieweit alle CEPT-Länder diesen Standard auch wirklich anwenden werden, bleibt abzuwarten. Denn auch hier dürften Normwandler nicht allzu teuer zu stehen kommen.

In Kanada wurde erstmals ein Teletextsystem — Telidon genannt — entwickelt, das die mit Bildbeschreibungsbefehlen besonders übertragungsökonomisch arbeitende Alphageometrie zu Hilfe nimmt. Damit läßt sich die Zeichen- und Bildstruktur, die beim normalen Fernsehtext verhältnismäßig grob ist, verfeinern.

Grundzüge des Fernsehtextsystems

Die folgenden Ausführungen beschränken sich darauf, die wesentlichsten Merkmale des auf dem englischen Teletext-System basierenden kontinentalen Fernsehtext-Basissystems aufzuzeigen [0.2; 0.7; 1.85; 1.86; 3.12].

Die einzelne Fernsehtext-Tafel (-Seite) umfaßt 23 Reihen (Symbolzeilen) zu je 40 Text- und Grafikzeichen (Nutzwörtern) sowie eine Kopfzeile mit 32 Nutzwörtern. Jeder Reihe ist eine Fernsehzeile zugeordnet. Im Baissystem werden die Reihen auf den Fernsehleerzeilen des Vertikalaustastintervalls 20, 21 sowie 333 und 334 übertragen. Die Zeilen 15 bis 19 des ersten und 228 bis 332 des zweiten Fernsehhalbrasters sind normalerweise für Meßzwecke oder zur Übertragung besonderer Datensignale reserviert (vgl. Abschnitt 3.2.2, Prüfzeilenmeßtechnik). Untersuchungen haben gezeigt, daß Fernsehtextsignale auch noch auf weiteren Fernsehzeilen — zumindest denjenigen mit den Nummern 13 und 14 sowie 326 und 327 — übermittelt werden können, ohne daß beim Empfänger Synchronisationsstörungen zu befürchten sind [1.86]. (Die Zeilennumerierung erfolgt ab erstem breitem Vertikalsynchronimpuls des ersten Halbrasters, vgl. [1.1; 0.1; 0.2] usw.)

Das Fernsehtextsystem beinhaltet zur Zeit in seiner Grundform einen Vorrat von 96 alphanumerischen Zeichen (im wesentlichen Groß- und Kleinbuchstaben sowie Zahlen und Satzzeichen) und 64 grafischen Symbolen. Für das einzelne Zeichen ist auf dem Fernsehschirm im allgemeinen eine Matrix mit 7 × 11 Punkten vorgesehen. Anwendung findet der binäre amerikanische ASCII-Code mit sieben Nutzbits und einem achten Paritätsbit, das für einfache Störungsfälle eine Fehlererkennung und Unterdrückung des falschen Zeichens ermöglicht. Besonders wichtige Information ist durch einen Hamming-Code gegen Störungen sehr wirksam geschützt.

Bild 1–78 zeigt die Organisation der einzelnen Fernsehtext-Datenzeile und -reihe auf. Der Anfang der Zeile enthält Synchronisiersignale für den Decoder sowie Magazin- und Reihenadressen, in der Kopfzeile außerdem Tafelnummer, Uhrzeit und besondere Steuerbits, die z. B. zur Einfärbung der Zeichen dienen. Adreß- und Steuerbits erscheinen naturgemäß nicht auf dem Fernsehschirm. Das gesamte aktive Datenintervall beinhaltet für die einzelne Zeile einheitlich 360 bit. Bei vier genutzten Zeilen des Vollrasters führt dies auf einen mittleren Nachrichtenfluß von $360 \times 4 \times 25 = 36$ kbit/s. Werden z. B. in zyklischer Folge über vier Leerzeilen des Fernseh-Vollrasters ein aus 100 Tafeln bestehendes Fernsehtextmagazin übertragen,wird dazu eine Zeit von 40 ms $\times \frac{24}{4}$ Reihen × 100 Tafeln = 24 s benötigt. Die mittlere Zugriffszeit liegt dann bei 12 s.

In der Praxis werden dem Fernsehtextteilnehmer normalerweise wesentlich mehr als 100 Tafeln angeboten. Dabei kann die Zugriffszeit für besonders informative Tafeln z. B. durch mehrfache Wiederholung innerhalb des Gesamtzyklus verkürzt werden. Auch weiterführende „Strategien" sind anwendbar [1.86].

Bei Kabeltextverfahren werden im Prinzip sämtliche Zeilen eines Fernsehkanals für die Fernsehtextübertragung genutzt, wodurch sich die Anzahl der anbietbaren Tafeln bei tragbaren Zugriffszeiten um etwa zwei Größenordnungen erhöht. Für einen „Satellitentext" bietet das C-MAC-Paketsystem (vgl. Abschnitt 2.5.2) attraktive Möglichkeiten [1.86].

Die Übertragung der Bits des binären Systems erfolgt nach dem NRZ-Verfahren (NRZ Non Return to Zero), das eine Übertragungsbandbreite benötigt, die zahlenmäßig mindestens der halben sekundlichen Bitzahl entspricht. Diese beträgt 6,9375 Mbit/s und ist damit zahlenmäßig das 444fache der Zeilenfrequenz (15625 Hz). Um Überschwinger zu vermeiden, werden die hohen Frequenzanteile des Datensignals vor der Ausstrahlung abgesenkt (Nyquist-Filter mit 70% Roll-off). Die binäre Null wird auf Austastniveau, die Eins auf 65% des maximalen BA-Fernsehsignals eingepegelt. Das aktive Datenintervall einer Zeile errechnet sich zu 360 bit/(6,9375 Mbit/s) ≈ 51,9 µs und entspricht damit praktisch dem aktiven Intervall der Fernsehzeile von 52 µs (625-Zeilen-System).

Bild 1–79 zeigt das Blockschema eines Fernsehtext-Heimempfängers. Im unteren Teil sind die Fernsehtext-Zusatzschaltteile erkennbar. Die Eintastung der gewünschten Tafel erfolgt drahtlos durch Eingabe der entsprechenden Nummer im Tastenwähler mit Infrarotsender. Deren Inhalt wird zunächst im RAM-Tafelspeicher, der 10 oder mehr kbit Kapazität aufweist, registriert und hierauf über den vorprogrammierten ROM-Zeichenspeicher zeit-/ortsgerecht an den Videoteil des Fernsehgeräts weitergegeben (RAM, Random Access Memory; ROM, Read Only Memory). Die

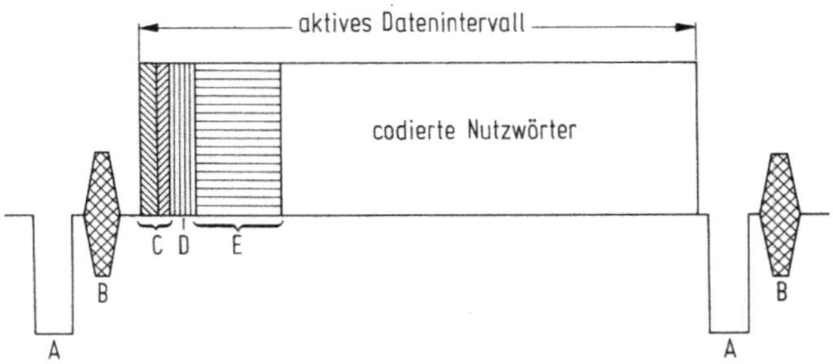

Bild 1-78. Fernsehtext-Datenzeile. A Zeilensynchronzeichen; B Farbsynchronsignal (PAL-Norm); C Beginn des Datensignals mit Einlauf- und Startphase (Fenstercode); D Magazin- und Reihenadresse (Hamming-Code); E Tafelnummer und Uhrzeit (Hamming-Code) sowie Steuerbits bei Kopfzeile, fällt bei den übrigen Fernsehtextzeilen weg. Der Rest des aktiven Datenintervalls beinhaltet bei der Kopfzeile 32, bei den übrigen Zeilen 40 codierte Nutzwörter. Das aktive Datenintervall umfaßt einheitlich 360 bit

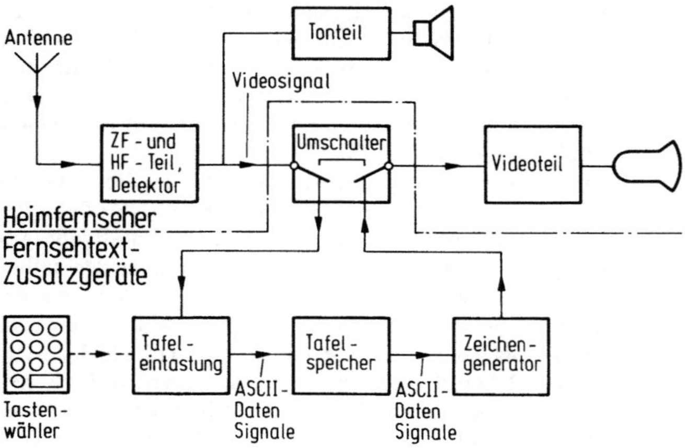

Bild 1-79. Blockschema eines Heimempfängers mit Fernsehtext-Zusatzschaltteilen (Infrarotsteuerung für Tastenwähler). Erläuterungen im Text

Zeichen erscheinen dabei stets gestochen scharf auf dem Bildschirm. Auch die Umschaltung zwischen Fernseh- und Fernsehtextsignalen kann drahtlos über den Tastenwähler erfolgen. Fernsehtext wird im übrigen praktisch nur in Farbfernsehapparaten eingebaut.

Fernsehtextsignale lassen sich über technisch einwandfreie Einzelempfangsanlagen im normalen Versorgungsbereich eines Fernsehsenders wie auch über moderne Großgemeinschafts-Antennenanlagen und Kabelnetze fast immer in guter Qualität mitempfangen. Die Rauschfestigkeit genügt unter diesen Voraussetzungen sozusagen ausnahmslos den praktischen Anforderungen [1.84].

Probleme können sich bei starken Kurzzeitechos mit entspechender Beeinträchtigung des videofrequenten Amplitudengangs ergeben. Reflexionen dieser Art werden z. B. bei grober Fehlanpassung in Antennenanlagen beobachtet. Sie sind ferner bei Umsetzerketten in bergigem Gelände anzutreffen. Die Ursache ist hier in kritischen Laufzeitdifferenzen zwischen direkten und bodenreflektierten Signalen zwischen aufeinanderfolgenden, verhältnismäßig hoch über der Talsohle gelegenen Umsetzerstationen zu suchen. Ausgeprägte Kurzzeitechos stören die Fernsehtextübertagung oft mehr als die Farbfernsehübertragung [1.83; 2.10].

2 Systemtechnik der Übertragung und des Empfangs

2.1 Einleitung: Funkregionen, Frequenzbänder, Fernsehbereiche

In diesem Kapitel werden die systemtechnischen Grundlagen der Übertragung und des Empfangs von analogen Fernsehsignalen behandelt. Im terrestrischen Bereich hat sich die Systemtechnik in den vergangenen Jahrzehnten, im ganzen gesehen, nicht wesentlich gewandelt. Die Gerätetechnik wurde in dieser Zeitspanne aber laufend verbessert und verfeinert. Richtfunkverbindungen wurden mehr und mehr auch für Vielkanaltelefoniezwecke eingesetzt, und es zeigte sich, daß solche Dienste ähnlich hohe Anforderungen wie das Farbfernsehen (s. Abschnitt 1.4.1) stellen.
Die bis dahin weitgehend analogen Übertragungssysteme dürften teilweise im Richtfunkbereich, vor allem aber auf Satellitenverbindungen, durch digitale Systeme ergänzt oder auch ersetzt werden. Glasfaser-Weitverkehrsnetze sind nur mit Pulscodemodulationstechniken zu verwirklichen. Ein Überblick über digitale Verfahren im Fernsehen findet sich in Abschnitt 1.4.3.
Eine schaltschemamäßige Behandlung der Fernsehübertragungstechnik würde den Rahmen des vorliegenden Buches sprengen. Die Übertragungsverfahren müssen vielmehr blockschemamäßig dargestellt werden. Funktion und Eigenschaften der einzelnen Blöcke und Übertragungswege werden verhältnismäßig ausführlich dargelegt. Qualitätsanforderungen werden nur so weit aufgeführt, als sie nicht im Kapitel 3 behandelt werden. Vermittelt werden vor allem Richtwerte für besonders wichtige Parameter; detailliertere Daten beinhalten die aufgeführten Literaturstellen. So findet sich z. B. in [2.36] eine ausführliche Liste von Vorschriften und Richtlinien deutscher Herkunft für Gemeinschaftsantennenanlagen. Im Anhang 1.4.4 von Kapitel 1 werden, mit Literaturhinweisen, die Grundzüge der Fernsehtext-(Videotext-, Teletext-)Verfahren dargelegt. (Fernsehtext ist die neue DIN-Bezeichnung für Dienste dieser Art.)

Für die richtfunkmäßige Übertragung und sendermäßige Ausstrahlung von Fernsehsignalen werden Meter-, Dezimeter- oder Zentimeterwellen eingesetzt. Der entsprechende genutzte Frequenzumfang erstreckt sich zur Zeit von etwa 40 MHz bis 15 GHz; bis zum Jahr 2000 dürfte die obere Frequenzgrenze bis auf etwa 100 GHz ansteigen. Richtfunkanlagen arbeiten auf Frequenzen ab etwa 2 GHz (Wellenlänge ≤ 15 cm, vgl. Abschnitt 2.4). Große Bereiche unterhalb von 1 GHz dienen der Ausstrahlung von Fernsehprogrammen.
In der Union Internationale des Télécommunications (UIT, Zweigorganisation der UNO, Sitz in Genf) wurde das hier interessierende Spektrum der elektromagnetischen Wellen gemäß Tabelle 2–I eingeteilt. Innerhalb dieser Bänder sind Bereiche für die verschiedensten Dienste festgelegt worden (Rundfunk, drahtlose Telefonie und Telegrafie, mobile Dienste, Funknavigation, Militär usw.).
Die frequenzmäßige Ausdehnung und Lage dieser Bereiche ist für die drei in der UIT festgelegten Funkregionen (Europa, asiatische UdSSR, Afrika: Region 1; Nord- und Südamerika: Region 2;

Tabelle 2–I. Einteilung der für Fernsehübertragungen in Betracht kommenden Frequenzbänder nach UIT (Union Internationale des Télécommunications). Vor allem in den USA hat sich für die Mikrowellen auch eine Einteilung nach Bändern (Großbuchstaben) und Subbändern (Kleinbuchstaben) eingebürgert (S-Band: 1,55 bis 5,20 GHz, X-Band: 5,20 bis 10,90 GHz, K-Band: 10,90 bis 36,00 GHz usw.).

Band	Bereich	Bezeichnung
8	30...300 MHz	Meterwellen, VHF (very high frequencies)
9	300 MHz...3 GHz	Dezimeterwellen, UHF (ultra high frequencies)
10	3... 30 GHz	Zentimeterwellen, SHF (super high frequencies)
11	30...300 GHz	Millimeterwellen, EHF (extremely high frequencies)

Tabelle 2–II. Frequenzbereiche für die Ausstrahlung von Fernsehsignalen nach UIT (Union Internationale des Télécommunications), gültig z. B. für Europa (vgl. [0.1; 1.1] usw.). Meterwellenkanäle s. Tabelle 2–VII.

Bereichsbezeichnung	Frequenzbereich MHz	Anzahl Fernsehkanäle	CCIR-Norm, entsprechend Kanalzahl (als Beispiel)
I (lange Meterwellen)	47... 68	3	B
III (kurze Meterwellen)	174... 223 (z. T. bis 230)	8 (z. T. 9)	B
IV (lange Dezimeterwellen)	470... 606	17	G
V (kurze Dezimeterwellen)	606... 790	23	G
VI (Zentimeterwellen)	11700...12500	40	FM-Kanäle, Satellitenfunk (19,18 MHz-Kanalraster)[a]

[a] Zirkulare Polarisation, im Gegensatz zu den Bereichen I bis V, wo horizontale Polarisation bevorzugt wird. Das Modulationssystem ist zur Zeit noch nicht endgültig festgelegt.

restliches Asien und Australien: Region 3) wie zum Teil auch für tropische und nichttropische Zonen (Grenze ist ungefähr der 35. nördliche und südliche Breitengrad) etwas verschieden.

Für die Ausstrahlung öffentlicher Fernsehprogramme sind in der Funkregion 1 die in Tabelle 2–II aufgeführten Frequenzbereiche vorgesehen. Zumindest der Bereich VI gilt auch für die Funkregion 3 (Australien, Südost-Asien) [0.1; 2.15; 2.32].

2.2 Grundphänomene der Wellenausbreitung in den Fernsehbereichen I bis VI

[2.1; 2.5; 2.6]

2.2.1 Optische Sicht, Fresnel-Zonen

Man spricht von freier optischer Sicht, wenn zwischen Sender und Empfänger mindestens die erste Fresnel-Zone frei ist. Die Fresnel-Zonen bilden Rotationsellipsoide mit Sende- und Empfangsantenne in deren Brennpunkten (Bild 2–01). Die Fresnel-Zone erster Ordnung ist der geometrische Ort aller Reflexionsstellen, welche, im Vergleich zur direkten Linie Sender—Empfänger, für die Welle zu einer Wegverlängerung von $\Delta x = \lambda/2$ führen. λ ist darin die Wellenlänge der sinusförmigen Schwingung.

Zusammen mit dem am Reflexionspunkt normalerweise vorliegenden Phasensprung von rund 180° ergibt sich auf diese Weise eine Wegdifferenz von λ und damit eine Verstärkung des primären, direkten Signals.

Eine solche Signalverstärkung tritt immer dann auf, wenn die Umwegverbindung um ein ungerades Vielfaches der halben Wellenlänge länger als die direkte Verbindung ist,

$$\Delta x = (2n-1)\frac{\lambda}{2}, \tag{2.1}$$

worin $n = 1, 2, 3$ ... Ordnungszahl genannt wird. Die kleine Halbachse b der Ellipse (vgl. Bild 2–02) läßt sich näherungsweise nach folgender Beziehung berechnen:

$$b = \tfrac{1}{2}\sqrt{(2n-1)\,\lambda d}\,. \tag{2.2}$$

Zur Ermittlung der Bodenfreiheit ist es notwendig, im Profil ab Distanzen von etwa 10 km die Erdkrümmung mitzuberücksichtigen. Man vergrößert dabei, nach internationaler Abmachung, den Erdradius um den Faktor 4/3. Damit trägt man dem

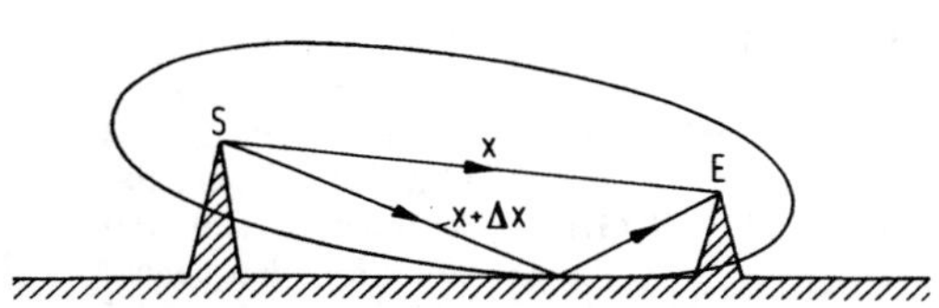

Bild 2-01. Fresnel-Zone (vgl. Text). S Sende-, E Empfangsantenne; x Direkt-, $x+\Delta x$ Umwegverbindung

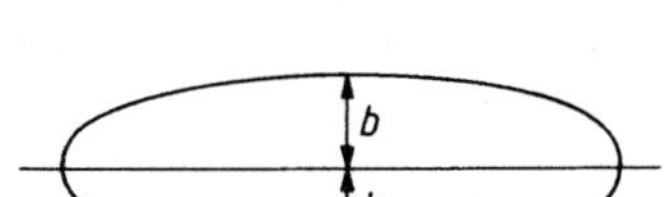

Bild 2-02. Ellipse mit kleinen Halbachsen b

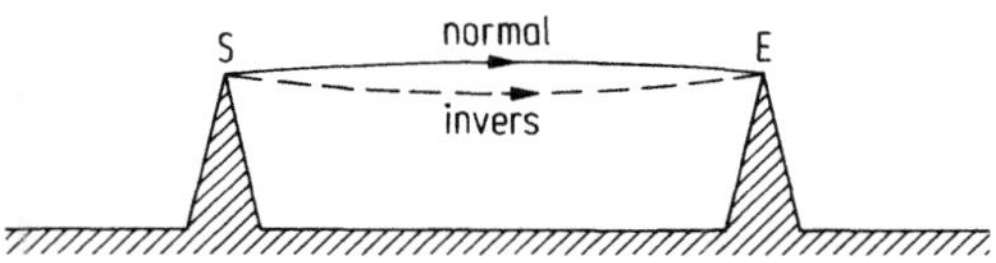

Bild 2-03. Normale und inverse Wellenausbreitung. S Sende-, E Empfangsantenne

Umstand Rechnung, daß durch den mit der Höhe (Luftfeuchte und -druck) abnehmenden Brechungsindex der Atmosphäre die Wellen etwas gegen die Erde hin gebrochen werden (Normalfall der Wellenausbreitung, Bezugsatmosphäre). Gelegentlich ergeben sich bei besonderer Wetterlage, vor allem im Winter, auch Inversionen mit umgekehrter Strahlbrechung (Bild 2–03; s. auch Abschnitte 2.3 und 2.4).

Bei der Meterwellenausbreitung ist häufig schon die erste Fresnel-Zone nicht frei. Man hat dann die Gesetzmäßigkeiten der Beugung zu beachten (Beugungsdämpfung, s. Abschnitt 2.2.3). Besondere Bedeutung haben die Fresnel-Zonen in der Richtfunkplanung (Dezimeter- und Zentimeterwellen).

Im Bild 2–04 ist außer dem Hauptsignal (ausgezogene Linie) noch ein gestrichelt eingezeichneter Beitrag von der höchsten Erhebung zwischen Sender S und Empfänger E zu erwarten. Dies ist aber nicht etwa ein reguläres Reflexionssignal; ein solches kann sich vielmehr nur dann ausbilden, wenn die Reflexionsfläche mindestens die erste Fresnel-Zone umfaßt (Bild 2–09).

2.2.2 Reflexion

Im Meter- und Dezimeterwellenbereich hat im allgemeinen nicht nur der feuchte, sondern auch der trockene Boden günstige Reflexionseigenschaften. Beim Normalfall des relativ flachen Einfalls der Wellen ist der Reflexionskoeffizient (-faktor) bei horizontaler Polarisation annähernd -1. Bei

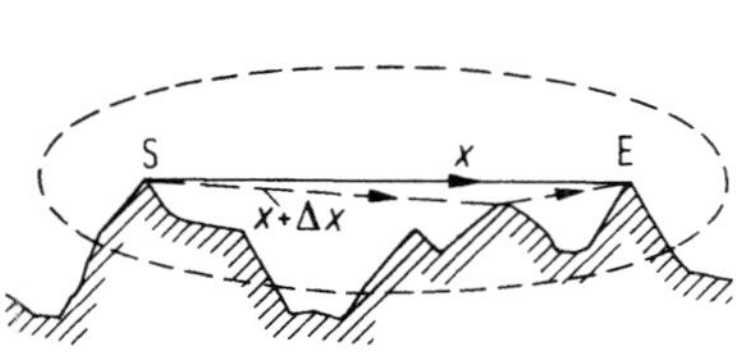

Bild 2-04. Ausbreitung in unregelmäßigem Gelände. S Sende-, E Empfangsantenne; x Direkt-, $x+\Delta x$ Umwegverbindung

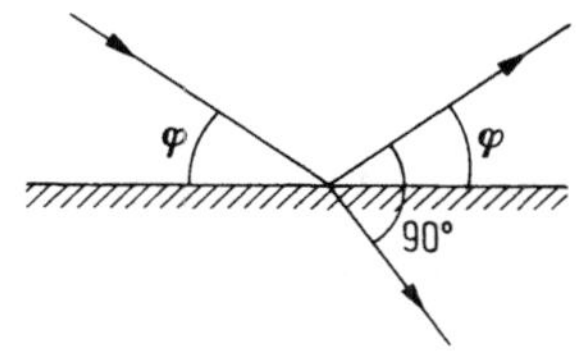

Bild 2-05. Reflexion an Ebene. φ Einfalls-, Ausfallswinkel (im vorliegenden Fall Brewster-Winkel)

vertikaler Polarisation (beim Fernsehen seltener angewendet) nimmt der Betrag des Reflexionsfaktors mit steigendem Einfallswinkel rasch ab und kann beim Brewster-Winkel annähernd den Wert 0 erreichen. Der in das dichtere Medium hinein gebrochene und der reflektierte Strahl bilden dann einen rechten Winkel (Bild 2–05). Maßgebend für die Reflexion ist die relative Permettivität $\underline{\varepsilon}$, die im allgemeinen eine komplexe Größe ist. Damit ist auch der Reflexionsfaktor, der formelmäßig wie folgt angeschrieben werden kann, normalerweise komplex (Betrag r, Phase ψ) [2.6]:

$$\underline{r} = r\,\mathrm{e}^{\mathrm{j}\psi} = \frac{\sin\varphi - \sqrt{\underline{C}_{\mathrm{h;v}}}}{\sin\varphi + \sqrt{\underline{C}_{\mathrm{h;v}}}}, \tag{2.3}$$

mit φ als Erhebungswinkel. Die komplexen Hilfsgrößen $\underline{C}_{\mathrm{h}}$ und $\underline{C}_{\mathrm{v}}$ sind darin, als Funktion der komplexen relativen Permettivität $\underline{\varepsilon}$, wie folgt definiert:

$$\text{Horizontale Polarisation: } \underline{C} = \underline{\varepsilon} - \cos^2\varphi \cong \underline{\varepsilon}, \tag{2.4}$$

$$\text{vertikale Polarisation: } \underline{C}_{\mathrm{v}} = \frac{\underline{\varepsilon} - \cos^2\varphi}{\underline{\varepsilon}^2} \cong \frac{1}{\underline{\varepsilon}}; \tag{2.5}$$

$$\text{mit } \underline{\varepsilon} = \varepsilon_{\mathrm{r}} - \mathrm{j}\frac{Z_0}{2\pi}\,\sigma\lambda = \varepsilon_{\mathrm{r}} - \mathrm{j}\,60\sigma\lambda, \tag{2.6}$$

worin ε_{r} der Realteil der relativen Permettivität, $Z_0 = 120\pi$ der Freiraumwiderstand in Ω, σ die Leitfähigkeit in S/m und λ die Wellenlänge in m sind. Als Brechungsindex (im allgemeinen ebenfalls komplex) resultiert:

$$\underline{n} = \sqrt{\underline{\varepsilon}} = \sqrt{\varepsilon_{\mathrm{r}} - \mathrm{j}\,60\sigma\lambda}. \tag{2.7}$$

In den Bildern 2–06a und b sind als Funktion des Erhebungswinkel φ typische Betrags- und Phasenwerte des Reflexionskoeffizienten $\underline{r}$ für horizontale und vertikale Polarisation eingetragen. Sie gelten für spiegelnde Reflexion.

Der imaginäre Leitfähigkeitsterm in der Beziehung für $\underline{\varepsilon}$ kann bei Meter-, Dezimeter- und Zentimeter-

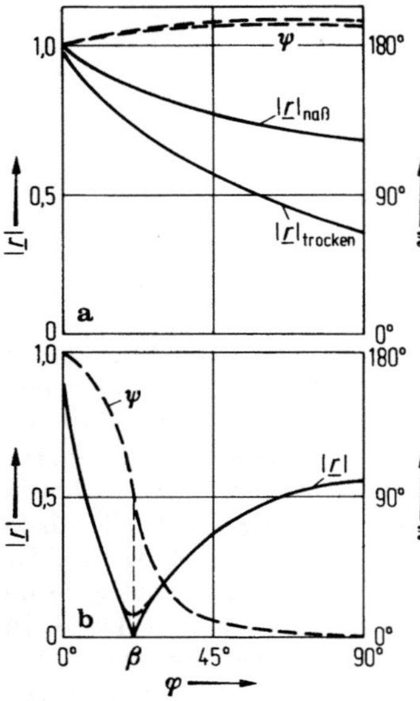

Bild 2-06. Reflexion bei **a** horizontaler und **b** vertikaler Polarisation. φ Einfallswinkel; $|r|$ Betrag, ψ Phase des reflektierten Signals. β Brewster-Winkel

wellen gegenüber dem Realteil ε_r im allgemeinen vernachlässigt werden (Ausnahme: Meerwasser). Dies geht aus den folgenden typischen Werten hervor:

— Meerwasser: $\varepsilon_r = 80$; $\sigma = 4$ S/m;
— Süßwasser: $\varepsilon_r = 80$; $\sigma = 10^{-3}$ S/m;
— feuchter Boden: $\varepsilon_r = 10$; $\sigma = 10^{-2}$ S/m;
— trockener Boden: $\varepsilon_r = 4$; $\sigma = 10^{-3}$ S/m.

Der Erdboden ist für Meterwellen im allgemeinen noch verhältnismäßig glatt, für Dezimeterwellen dagegen oft schon ziemlich rauh. Zentimeterwellen werden häufig annähernd diffus gestreut. Künstliche Reflexionsflächen wie etwa glatte Hauswände, können aber auch noch solche Wellen spiegelnd reflektieren (Bild 2–07).

Es gibt zwei Kriterien dafür, ob eine reguläre Reflexion vorliegt:

— Rayleigh-Kriterium bezüglich Rauhigkeit. Eine Reflexion ist noch spiegelnd, wenn die folgende Ungleichung erfüllt ist (Bild 2–08):

$$\lambda \geqslant 16 \Delta h \sin \varphi, \tag{2.8}$$

worin Δh der *SS*-Wert der Geländeunebenheit in m, φ der Erhebungswinkel in rad und λ die Wellenlänge in m sind.

— Fresnel-Kriterium bezüglich Ausdehnung der Reflexionsfläche. Eine Reflexion ist spiegelnd, wenn die Reflexionsfläche mindestens die erste Fresnel-Zone umfaßt (reguläre Reflexion, Bild 2–09a). Bei sukzessiver Verkleinerung der Fläche treten im Polardiagramm der Reflexion immer ausgeprägter Nebenlappen auf (Bild 2–09b), d.h. man nähert sich mehr und mehr dem Fall der Streuung oder Beugung.

Natürliche Reflexionsflächen sind häufig gekrümmt. Bei konvexer Krümmung ergibt sich für die reflektierten Strahlen eine divergierende, bei konkaver eine konvergierende Wirkung (Bild 2–10).

2.2.3 Beugung

Elektromagnetische Wellen werden im hier betrachteten Frequenzbereich an Hindernissen des

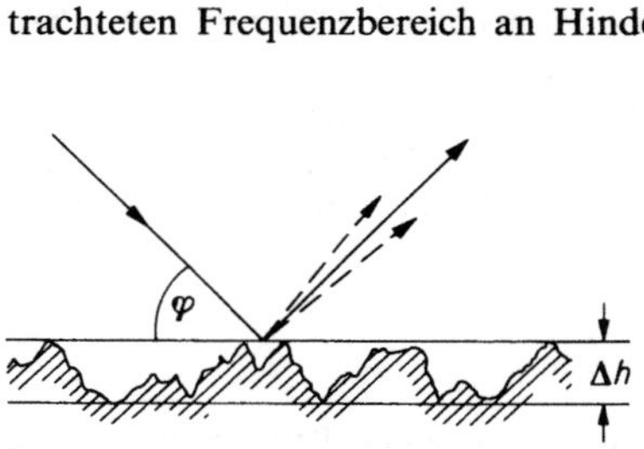

Bild 2-08. Zum Rauhigkeitskriterium nach Rayleigh. φ Einfallswinkel, Δh Spitzen-Spitzenwert der Differenz der Bodenerhebungen

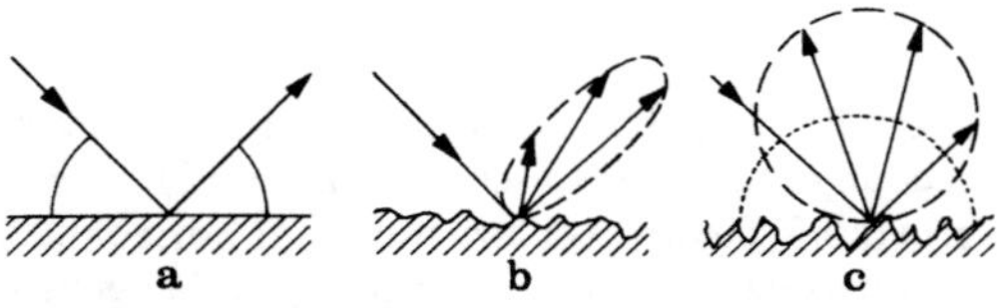

Bild 2-07. Reflexion bei unterschiedlichem Terrain aber gleichem Einfallswinkel. **a** glatt; **b** glänzend; **c** rauh (punktiert: Strahldichte)

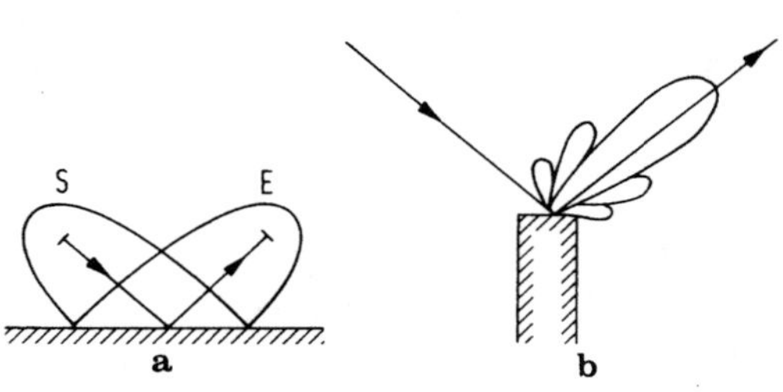

Bild 2-09. Spiegelungsarten. Spiegelnde Fläche ist **a** mindestens so groß; **b** kleiner als erste Fresnel-Zone. S Sender, E Empfänger

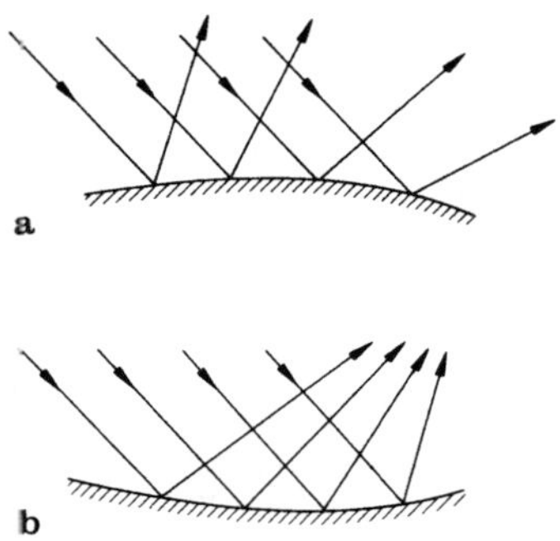

Bild 2-10. Paralleler Strahleneinfall auf gekrümmte spiegelnde Flächen. **a** divergierende; **b** konvergierende Wirkung auf reflektierte Strahlen

Geländes oder der Überbauung gebeugt. Dadurch fällt, vom Sender aus gesehen, in den optischen Schattengebieten die Feldstärke nicht abrupt ab. Beugungsfähig sind vor allem die längeren Meterwellen, die in bergigen Gebieten mit Vorteil angewendet werden (Schweiz: Hauptsender Uetliberg, Bantiger, La Dôle).

Im folgenden sei auf den übersichtlichen Fall der Beugung einer Zylinderwelle an einer im Verhältnis zur Wellenlänge sehr langen, geraden, scharfen Kante näher eingegangen (Bild 2–11). In der Spezialliteratur finden sich z. B. auch Abhandlungen über die Beugung elektromagnetischer Wellen an zylindrisch begrenzten, endlich breiten Kanten. Anordnungen dieser Art kommen den natürlichen Gegebenheiten fast immer näher. In bergigem Gelände mißt man oft Beugungsverluste, die 10 bis 20 dB über dem Idealfall der scharfen Kante liegen.

Nach dem Huygensschen Prinzip bildet sich an einer Kante ein sekundäres Wellenzentrum aus. Eine von Kirchhoff aufgestellte Beugungstheorie liefert die notwendigen quantitativen Beziehungen, wobei die mathematische Darstellung etwas variieren kann (vgl. CCIR-Bericht 715-1 [2.1]).

Ist E_0 die freie Feldstärke (vgl. Abschnitt 2.3), dann ist der relative Feldstärkenwert E/E_0 hinter der Kante durch den folgenden Ausdruck gegeben [2.6]:

$$\frac{E}{E_0} = \frac{\exp\left(-\mathrm{j}\frac{\pi}{4}\right)}{\sqrt{2}} \left\{ \frac{\exp\left(\mathrm{j}\frac{\pi}{4}\right)}{\sqrt{2}} \pm [C(v) + \mathrm{j}\,S(v)] \right\}, \qquad (2.9)$$

worin

$$C(v) = \int_0^v \cos \frac{\pi t^2}{2}\, \mathrm{d}t, \qquad (2.10)$$

und

$$S(v) = \int_0^v \sin \frac{\pi t^2}{2}\, \mathrm{d}t. \qquad (2.11)$$

Das Pluszeichen in Gl. (2.9) gilt für positives, das Minuszeichen für negatives v. $C(v)$ und $S(v)$ sind Fresnelsche Integrale, die sich in geschlossener Form nicht integrieren lassen. Neben Reihenentwicklungen finden sich in der Literatur für diese Integrale auch tabellierte Werte [0.18].

v ist ein normierter, geometrisch wie folgt definierter Parameter:

$$v = h\sqrt{\frac{2}{\lambda}\left(\frac{1}{d_1} + \frac{1}{d_2}\right)}; \quad d_1, d_2 \gg \lambda. \qquad (2.12)$$

Die Bedeutung der Größen h, d_1 und d_2 geht aus Bild 2–12 hervor; λ ist die Wellenlänge der Schwingung. Im Schattenbereich ist in dieser Darstellung h negativ zu setzen, wodurch v negativ wird. Für d_1, $d_2 < 100\ \lambda$ wird die Beugung polarisationsabhängig, worauf hier aber nicht näher eingegangen sei. In Bild 2–13 sind $C(v)$ und $S(v)$ als Ortskurve in die komplexe Ebene eingetragen. Man erhält auf diese Weise die sogenannte Cornu-Spirale, in der der Parameter v als Bogenlänge auftritt. Mit $v \to -\infty$ (zunehmender Schattenbereich) bzw. $v \to \infty$ (zunehmender Sichtbereich, Überlagerung von direkter und gebeugter Welle) konvergiert die Ortskur-

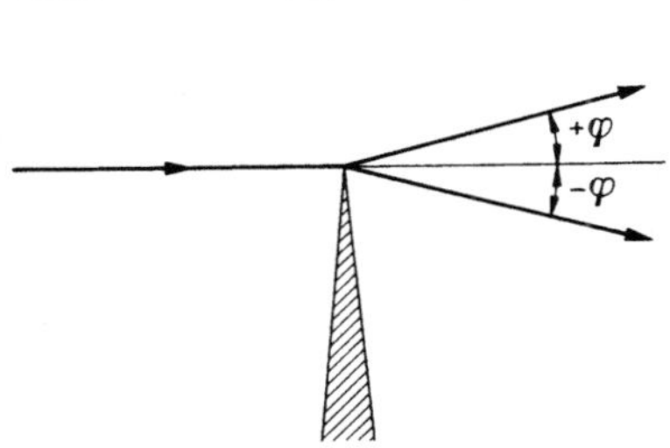

Bild 2-11. Beugung an scharfer Kante. φ Beugungswinkel, negative Werte: Schattenbereich

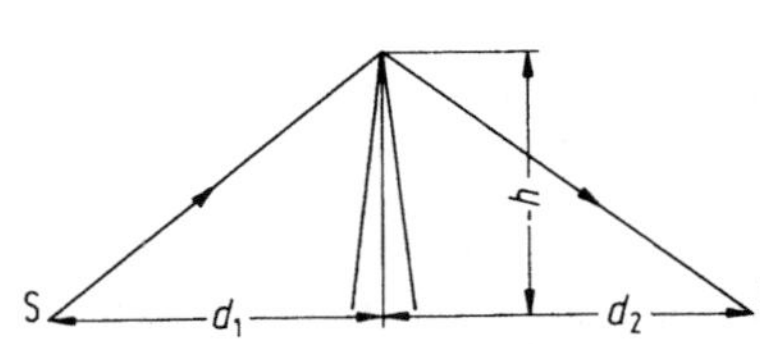

Bild 2-12. Strahlenverlauf bei Beugung im Schattenbereich. d_1, d_2 Abstände des Senders S bzw. Empfängers E von der Kante; $-h$ Tiefe des Senders und Empfängers, von Beugungskante aus gemessen

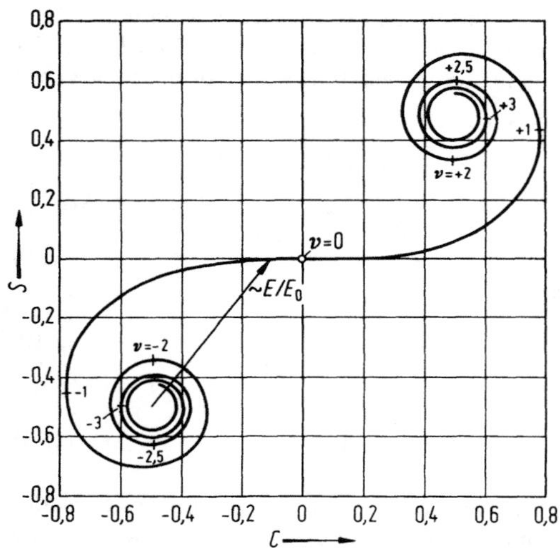

Bild 2-13. Ortskurve des Parameters v in der C-S-Ebene. Links unten Schatten-, rechts oben Sichtbereich; E/E_0 relative Feldstärke (vgl. Text)

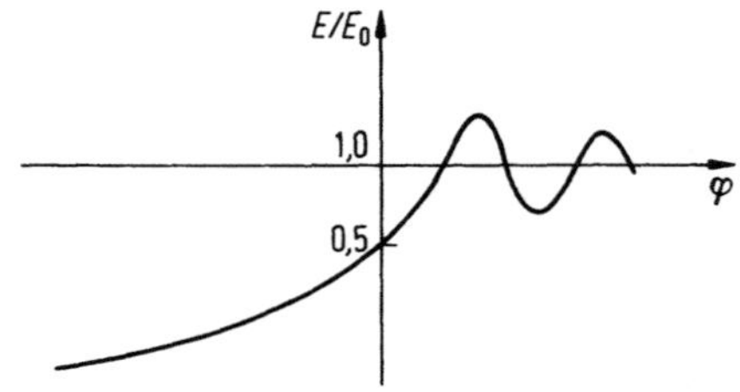

Bild 2-14. Relativverlauf des Beugungssignals (Feldstärke E/E_0) als Funktion des Beugungswinkels φ (vgl. Bild 2-11); links Schatten-, rechts Sichtbereich

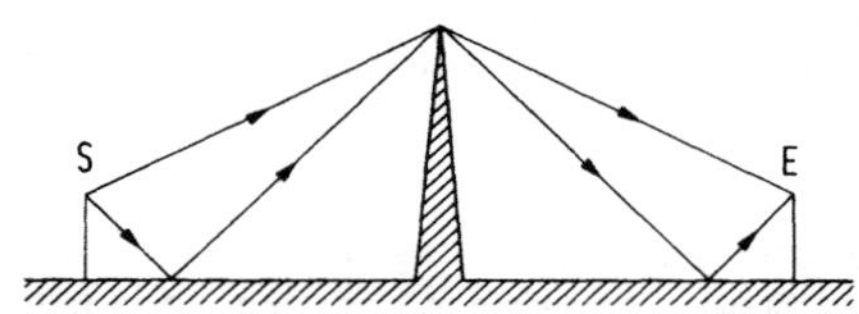

Bild 2-15. Beugung an Kante unter Mitberücksichtigung der Bodenreflexionen. S Sende-, E Empfangsantenne

ve gegen die Punkte $-\frac{1}{2}(1+j)$ bzw. $+\frac{1}{2}(1+j)$. Die Feldstärke E ist proportional zur Länge des im Punkt $-\frac{1}{2}(1+j)$ entspringenden der Spirale entlanglaufenden Vektors.
Bild 2–14 zeigt den Relativverlauf E/E_0 des Beugungssignals in kartesischen Koordinaten auf. Im Schattenbereich ergibt sich ein monotoner Abfall, im Sichtbereich ein um den freien Feldstärkewert pendelndes Signal. Die Maxima entsprechen im letztgenannten Fall den Fresnelzonen 1. bis n. Ordnung. Für streifenden Einfall wird $E/E_0=0{,}5$. Im Schattenbereich ergibt sich für $v<0$ entsprechend der Näherungsformel

$$\frac{E}{E_0}\approx\frac{1}{\sqrt{2}\,\pi|v|}\approx\frac{1}{4{,}4|v|} \qquad (2.13)$$

ein annähernd hyperbolischer Signalabfall.

Der Erdboden in Sender- und Empfängernähe trägt häufig zu spiegelnden Komponenten bei. Die Wellen gelangen dann z.B. entsprechend den in Bild 2–15 gezeigten Wegen an die Kante und anschließend von dieser zur Empfangsantenne. Eine Analyse dieser Ausbreitungskonfiguration zeigt, daß sich hier durch Bodenreflexionen, im Vergleich zur hindernisfreien Ausbreitung über spiegelndem Gelände, eine Signalverstärkung einstellen kann (Hindernisgewinn). Dieser Effekt kann durch die Erdkrümmung noch verstärkt werden.

2.2.4 Streuung

Wellen werden an frei im Raum schwebenden Partikeln oder größeren Objekten, beispielsweise Flugzeugen, gestreut. Je nachdem, ob die Abmessungen des Körpers größer oder kleiner als die Wellenlänge sind, gelten unterschiedliche Gesetzmäßigkeiten. Sie haben z.B. Bedeutung in der Richtfunktechnik bei Frequenzen über 7 GHz (Niederschlagsstreuung und -dämpfung), in der Radartechnik sowie bei den Streustrahl-(Scatter-) Verbindungen. Im letztgenannten Fall erfolgt die Streuung in Luftmassen mit örtlich variablem Brechungsindex (turbulente Troposphäre).
Ist der mittlere Durchmesser $\bar{d}$ des streuenden Objekts größer als die Wellenlänge λ, so ist die Streuleistung proportional zur Streuquerschnittsfläche $(F/\lambda)^2$. F ist darin die vom Sender angestrahlte Querschnittsfläche des räumlich gedachten Objekts.
Für den umgekehrten Fall, $\bar{d}\ll\lambda$, ist die Streuleistung proportional zu $(\bar{d}\geq/\lambda)^4$ (Rayleigh-Streuung, Beispiel aus der Optik: Blau des Himmels).

2.3 Grundzüge der drahtlosen Fernsehversorgung

(Vgl. Tabelle 2–II [0.1; 0.3; 0.4; 0.9; 1.1; 2.1; 2.5–2.17])

2.3.1 Grenzempfindlichkeit einer Empfangsanlage

Unter Grenzempfindlichkeit versteht man die Eingangsleistung einer an angepaßter Antenne betriebenen Empfangsanlage, bei der Signal- und innerer Störpegel (Eigenrauschen) gleich groß sind.
Die Grenzempfindlichkeit wird als Vergleichszahl angegeben und auf die spezifische, d.h. auf 1 Hz Bandbreite normalisierte, mittlere thermische Rauschleistung kT_0 bezogen, worin k die Boltzmannsche Konstante ($1{,}38 \cdot 10^{-23}$ J/K) und T_0 die Gerätetemperatur in Kelvingraden K ist (im allgemeinen wird dafür 290 oder 300 K eingesetzt).
Der Bezugswert von 1 kT_0 ergibt sich im Falle optimaler Leistungsanpassung ($R_a = R_i$) unter der Annahme, daß nur der Quellenwiderstand R_a rauscht, der Empfänger mit seinem Innenwiderstand R_i dagegen als Ganzes rauschfrei ist. Mit $R_a = R_i = R$ und B = Rauschbandbreite wird das mittlere Rauschspannungsquadrat der Quelle nach Nyquist

$$\overline{u_0^2} = 4kT_0RB. \tag{2.14}$$

Für die mittlere Eingangsrauschleistung je Hz Bandbreite folgt (Rauscheinströmung von R_a her, vgl. Bild 2–16):

$$\frac{\overline{P_e}}{B} = \frac{\overline{(\frac{1}{2}u_0)^2}}{RB} = \frac{4kT_0RB}{4RB} = kT_0. \tag{2.15}$$

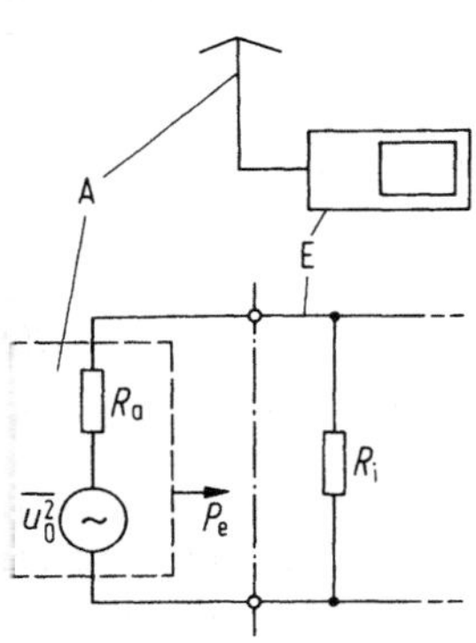

Bild 2-16. Zur Ableitung der Grenzempfindlichkeit eines Fernsehempfängers. *A* Antenne mit Zuleitung (unten Ersatzschema), *E* Empfänger (unten Ersatzschema des Eingangs). Im übrigen wird auf den Text verwiesen

Bei 27 °C ($T_0 = 300$ K) ergibt sich beispielsweise für kT_0 der Wert $4{,}14 \cdot 10^{-21}$ W/Hz.
Aus der Definition der Grenzempfindlichkeit und dem aufgeführten Ersatzschema des Eingangskreises eines Empfängers kann zunächst zusammenfassend folgendes festgehalten werden:

— Bei völlig rauschfreiem Empfänger (auch R_i rauscht nicht) hat die Empfangslage die Grenzempfindlichkeit 1 kT_0. Die reelle Komponente der Antennenimpedanz R_a liefert diesen Beitrag (tiefgekühlter idealer Empfänger).
— Rauscht außer der Antenne nur der Eingangswiderstand des Empfängers, resultiert die Grenzempfindlichkeit 2 kT_0 (ungekühlter idealer Empfänger).

Allgemein setzt man für die Grenzempfindlichkeit den Ausdruck

$$\overline{P_e/B} = nkT_0 \text{ in W/Hz}, \tag{2.16}$$

worin n die Gesamtrauschzahl des Empfangssystems ist (dimensionslose Größe, die oft in dB angegeben wird; $10 \cdot \log n$, da Leistungsverhältnis).
Das Rauschen eines Vierpols kann nach Friis (1944) auch als Quotient Rauschabstand Eingang/Rauschabstand Ausgang dargestellt werden:

$$n = S_e/S_a. \tag{2.17}$$

Bei mehrstufigen Verstärkern liefert im allgemeinen die Eingangsstufe den Hauptbeitrag.
Wird der Empfänger für sich betrachtet, spricht man von der Zusatzrauschzahl n_z. Man muß dann den Rauschbeitrag der Antenne (unter Berücksichtigung der Zuleitung, falls die Rauschtemperaturen von Antenne und Zuleitung verschieden sind) von dem auf den Eingang bezogenen Rauschbeitrag des Verstärkers subtrahieren und erhält

$$n_z = n - 1. \tag{2.18}$$

Fernsehempfänger haben für Meterwellen günstigere Grenzempfindlichkeiten als für Dezimeterwellen. Praktische Werte liegen im Bereich von etwa 5 bis 15 kT_0. Mit weiteren Fortschritten in der Halbleitertechnologie dürften diese noch etwas günstiger werden. Indirekt wird die Grenzempfindlichkeit durch Anpassungsprobleme mitbeeinflußt.
Eine Fernsehempfangsanlage ist — besonders im VHF-Bereich — nicht frei von Fremdstörungen, die teils über die Netzzuleitung, meist aber über die Antenne aufgenommen werden (Ursache: Ottomotoren, Industrie-, Haushaltsgeräte usw.; Gleich-,

Nachbar- und Spiegelkanaleinflüsse, kosmisches Rauschen, atmosphärische Einflüsse). Kosmische und atmosphärische Faktoren sind im UHF-Bereich im allgemeinen vernachlässigbar klein, hier überwiegt das Empfängerrauschen.
Die durch menschliche Einflüsse verursachten Störungen werden im Englischen „man made noise" genannt. International hat sich der Ausdruck „ISM-Störungen" eingebürgert (ISM, industrial/industrielle, scientific/scientifique, medical/médicale). Störschutzfragen dieser Art werden weltweit im CISPR (Comité International Spécial des Perturbations Radio-électriques) behandelt.
Fremde durch die Antenne aufgenommene regellose Rauscheinflüsse können durch Einführen einer entsprechend erhöhten äquivalenten Antennenrauschtemperatur mitberücksichtigt werden. Im Mikrowellengebiet, besonders bei Satellitenverbindungen, ist die äquivalente Rauschtemperatur der Antenne umgekehrt meist niedriger als die Umgebungstemperatur.
Eine angepaßte Antennenzuleitung ändert die Rauschtemperatur einer Empfangsanlage nur dann, wenn die äquivalente Antennenrauschtemperatur von der Temperatur des Kabels (um 300 K) abweicht. Koaxialkabel weisen für Frequenzen über 10 MHz eine praktisch rein reelle Impedanz auf. Der Wellenwiderstand ist international auf $Z_0 = 75\ \Omega$ genormt. In einigen europäischen Ländern findet man in alten Anlagen auch noch 60 Ω.
Die Antennenzuleitung weist normalerweise eine nicht zu vernachlässigende Dämpfung auf. Solche Verluste müssen durch eine entsprechend höhere Antennenklemmenspannung ausgeglichen werden. In Großgemeinschafts-Antennenanlagen findet man im Bereich der Signalaufbereitung auch Impedanzen von 50 Ω.

2.3.2 Beziehungen für die Sendeseite

Um die für eine topographisch definierte Versorgung erforderliche Senderleistung zu ermitteln, müssen vorher noch einige Grundbegriffe und -beziehungen der Wellenausbreitung und Antennentechnik beschrieben werden. Die nachfolgenden zwei Definitionen gelten für Rundfunkanwendungen im Meter- und Dezimeterbereich.

Äquivalente Strahlungsleistung $P_ä$

(engl.: effective radiated power, e.r.p.; franz.: puissance apparente rayonnée, p.a.r.)

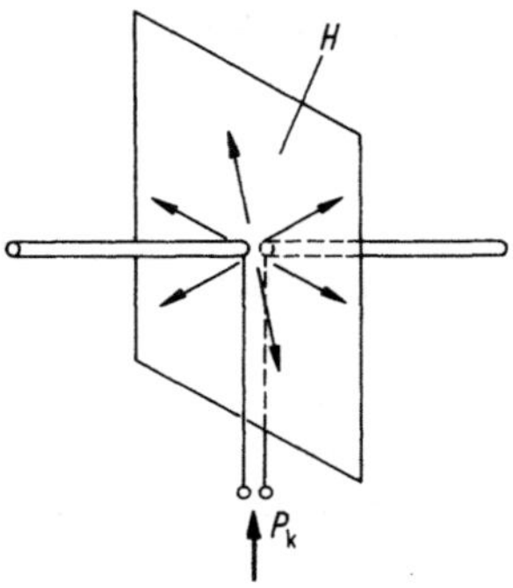

Bild 2.17. $\lambda/2$-Sendedipol. P_k Klemmenleistung, H Hauptstrahlungsebene, auf die sich die äquivalente Strahlungsleistung $P_ä$ bezieht

Definition:

Ein mit $P_k = x$ Watt gespeister $\lambda/2$-Dipol hat in der Hauptstrahlungsebene, d.h. senkrecht zu den Antennenstäben, eine äquivalente Strahlungsleistung von $P_ä = x$ Watt (vgl. Bild 2–17). (2.19)

Antennengewinn G

Um die verfügbare Senderleistung auf das zu versorgende Gebiet zu konzentrieren, werden beim Rundfunk Sendeantennen mit einer bestimmten Richtwirkung eingesetzt. Eine Bündelung in vertikaler Richtung ist immer sinnvoll. In horizontaler Richtung findet man Rundstrahl- und Sektorantennen. Antennen dieser Art haben in der Hauptstrahlungsrichtung eine größere Strahlungsleistung als der $\lambda/2$-Dipol.
Man definiert nun einen Antennengewinnfaktor G wie folgt:

$$G = \frac{\text{Strahlungsleistung der Antenne in Richtung des größten Gewinns}}{\text{Strahlungsleistung des } \lambda/2\text{-Dipols in Hauptebene}}. \quad (2.20)$$

Diese Festlegung gilt auch für Empfangsantennen. Nutzbare Sendeantennengewinne liegen beim Fernsehen häufig um etwa 10 dB, bei Sektorstrahlern auch höher. Man erreicht dies durch vertikale Staffelung entsprechender Strahlungsanordnungen [0.14; 2.7].
Zur Berechnung der Antennen-Klemmenleistung P_k müssen die Verluste P_v der Antennenzuleitung bekannt sein. Mit $P_{rö}$ als Senderausgangsleistung

(„Röhrenleistung") gilt zunächst $P_k = P_{rö} - P_v$. Setzt man $P_k/P_{rö} = V_s$, Leistungsverlustfaktor der Antennenzuleitung, kann auch geschrieben werden:

$$P_k = P_{rö}/V_s. \qquad (2.21)$$

Die Zuleitungsverluste liegen normalerweise im Bereich von 0,5 bis 2 dB.
Im vorliegenden Band soll nur das systemtechnische Umfeld des Fernsehsenders behandelt werden. Hinsichtlich Aufbau und Arbeitsweise dieses wichtigen Gliedes der Übertragungskette muß auf die Literatur verwiesen werden [0.4; 2.18–2.22].

2.3.3 Feldstärke am Empfangsort

Freiraumfeldstärke E

Einerseits kann für die Strahlungsleistungsdichte W eines mit P Watt beschickten Isotropstrahlers im Abstand d geschrieben werden (Einheit W/m²):

$$W = \frac{P_{äi}}{4\pi d^2}. \qquad (2.22)$$

$P_{äi}$ ist darin die äquivalente isotrope Strahlungsleistung des Kugelstrahlers, die bei den Zentimeterwellen (Richtfunktechnik usw.) an die Stelle von $P_ä$ tritt. Die allgemeine Definition der Strahlungsleistungsdichte W lautet andrerseits:

$$W = |\boldsymbol{W}| = \tfrac{1}{2}|[\hat{\boldsymbol{E}} \times \hat{\boldsymbol{H}}^*]| = \tfrac{1}{2}\frac{|\boldsymbol{E}|^2}{R_0} = \frac{E_{eff}^2}{R_0}, \qquad (2.23)$$

worin $\boldsymbol{W}$ der Poyntingsche Vektor in $V_{eff}/m^2 \cdot \Omega$ und $R_0 = 120\,\pi$ der Freiraumwiderstand in Ω sind. Die freie Feldstärke E_0 ist über den Freiraumwiderstand $R_0 = 120\,\pi$ mit der Strahlungsleistungsdichte W wie folgt verknüpft (Einheit V_{eff}/m):

$$E_0 = \sqrt{W R_0}. \qquad (2.24)$$

W und R_0 von oben in dieser Beziehung eingesetzt, ergibt für den Kugelstrahler

$$E_0 = \sqrt{\frac{P_{äi} \cdot 120\,\pi}{4\,\pi d^2}} = \frac{\sqrt{30} \cdot \sqrt{P_{äi}}}{d} \text{ in } V_{eff}/\text{m}. \qquad (2.25)$$

Der $\lambda/2$-Dipol hat in der Hauptstrahlungsebene, auf den Isotropstrahler bezogen, einen Leistungsgewinnfaktor von 1,64 [2.7].
Beim $\lambda/2$-Sendedipol resultiert damit als Freiraumfeldstärke (Bild 2–18) in V_{eff}/m:

$$E_0 = \frac{\sqrt{1{,}64} \cdot \sqrt{30} \cdot \sqrt{P_ä}}{d} = \frac{7{,}02 \cdot \sqrt{P_ä}}{d}. \qquad (2.26)$$

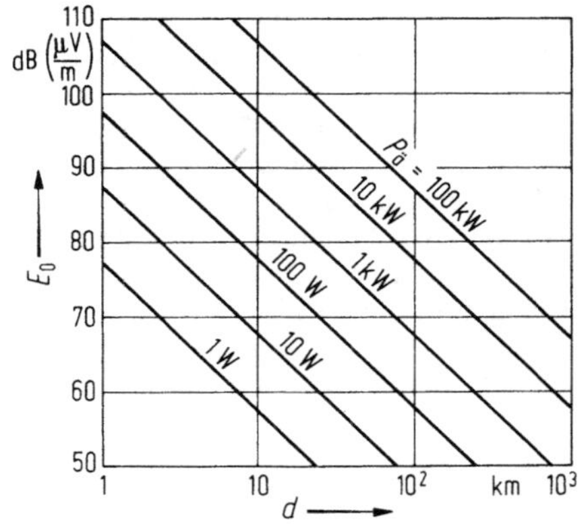

Bild 2-18. Freiraumfeldstärke E_0 als Funktion der Übertragungsdistanz d. Parameter: äquivalente Strahlungsleistung $P_ä$

Im praktischen Fall ist noch der Antennengewinnfaktor nach Abschnitt 2.3.2 mitzuberücksichtigen.

Feldstärke beim idealen Zweiwegeempfang

Die wenig (Größenordnung 10 m) über dem Erdboden gemessene Empfangsfeldstärke E liegt im allgemeinen — vor allem bei den Meterwellen — wesentlich unter dem Wert der freien Feldstärke E_0. Die Abschwächung des elektromagnetischen Feldes rührt dabei oft von Bodenreflexionen in der Umgebung des Empfangsortes her. Der Einfluß einer solchen Bodenreflexion sei am übersichtlichen Fall des idealen Zweiwegeempfangs näher aufgezeigt.
Die Empfangsverhältnisse gehen aus Bild 2–19 hervor. Gemäß den Ausführungen in Abschnitt 2.1 kann bei den kleinen zu erwartenden Einfallswinkeln φ näherungsweise mit dem Reflexionskoeffi-

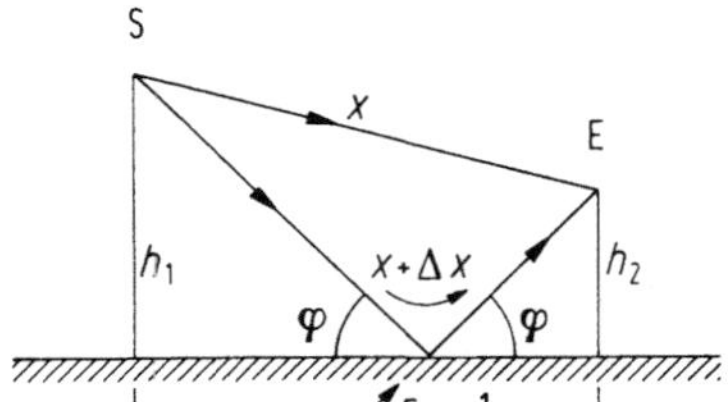

Bild 2-19. Idealer Zweiwegeempfang. h_1, h_2 Höhe der Sende- bzw. Empfangsantenne (S, E) über flachem Grund. d Abstand zwischen den Antennen, x direkter Signalweg; φ Einfalls- bzw. Austrittswinkel des reflektierten Signals mit Umweg $x + \Delta x$. $\underline{r}$ Reflexionsfaktor

zienten $\underline{r} = -1$ gerechnet werden. Außer dem direkten Signal (Weglänge x) trifft damit am Empfangsort noch ein etwas verzögertes, am Reflexionspunkt in der Phase um 180° gedrehtes, praktisch gleich starkes Umwegsignal (Weg $x + \Delta x$) ein. Unter der Annahme, daß Δx sehr viel kleiner als x ist und daß die zwei Antennen in Richtung der beiden Wege x und $x + \Delta x$ einen konstanten Gewinn haben, führt eine Zwischenrechnung, auf die hier nicht eingegangen werden soll, für die Feldstärke E am Empfangsort auf folgende Beziehung:

$$E \approx 2\,E_0 \left| \sin \frac{2\,\pi h_1 h_2}{\lambda d} \right|. \tag{2.27}$$

worin λ die Wellenlänge der Schwingung ist.

Sind f die Frequenz der Schwingung in Hz und $c = 3 \cdot 10^8$ m/s die Lichtgeschwindigkeit, gilt für die Wellenlänge in m die Beziehung $\lambda = c/f$. Mit der Empfangsantennenhöhe h_2 als Variable ergibt dies als Feldstärkeverlauf die in Bild 2–20 gezeigte Sinusversus-Funktion. Man spricht von der idealen Höhenfunktion der Feldstärke. Im vorliegenden Fall ist zu beachten, daß wegen des angenommenen Reflexionskoeffizienten von $\underline{r} = -1$ für $h \to 0$ die Feldstärke ebenfalls gegen null geht.

Von besonderen Ausbreitungsfällen, vor allem in Berglagen abgesehen, ist in der Praxis das Argument der Sinusversus-Funktion meist klein gegen eins. Man darf dann, ohne einen großen Fehler zu begehen, den Sinuswert von Gl. (2.27) dem Argument

$$\alpha = \frac{2\,\pi h_1 h_2}{\lambda d} \tag{2.28}$$

gleichsetzen. Substituiert man außerdem E_0 durch den in Beziehung (2.26) dargestellten Ausdruck (Einheit V_{eff}/m), folgt, mit der äquivalenten Strahlungsleistung $P_ä$ in W, für die gesuchte Feldstärke in V_{eff}/m

$$E \approx \frac{88\,h_1 h_2}{\lambda d^2} \sqrt{P_ä}. \tag{2.29}$$

Einfluß der Erdkrümmung

Für Übertragungsdistanzen ab etwa 10 km muß im Profil die Erdkrümmung mitberücksichtigt werden. Wegen dem mit der Höhe normalerweise etwas abnehmenden Berechnungsindex der Luft rechnet man dabei nach internationaler Vereinbarung mit einem fiktiven Erdradius von $\varrho = \frac{4}{3} r$, worin r der tatsächliche mittlere Erdradius (6371 km) ist. Für ϱ ergibt sich ein Wert von 8495 km.

Bei gegebener Sendeantennenhöhe kann für die streng kugelförmig gedachte Erdoberfläche mittels der Kimm (Horizontlinie bei geradliniger quasioptischer Ausbreitung) der Versorgungsbereich eines Fernsehsenders grob abgeschätzt werden. Ist h die Sendeantennenhöhe über Grund und ϱ der fiktive Erdradius (vgl. Bild 2–21), liegt der Horizont in einer Entfernung von

$$d = \sqrt{h(2\,\varrho + h)} \approx \sqrt{2\,\varrho h}. \tag{2.30}$$

Wegen Beugung der elektromagnetischen Wellen fällt die Feldstärke jenseits des optischen Horizontes, vor allem bei den Meterwellen, aber nur langsam weiter ab (vgl. Abschnitt 2.3.5).

Da die tatsächlichen Ausbreitungsbedingungen häufig sehr komplexer Natur sind, kann eine Versorgungsplanung im allgemeinen nur aufgrund einer großen Zahl statistisch gewonnener Meßda-

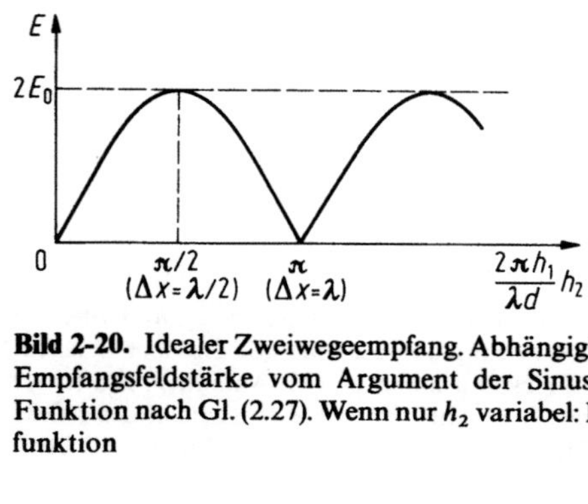

Bild 2-20. Idealer Zweiwegeempfang. Abhängigkeit der Empfangsfeldstärke vom Argument der Sinusversus-Funktion nach Gl. (2.27). Wenn nur h_2 variabel: Höhenfunktion

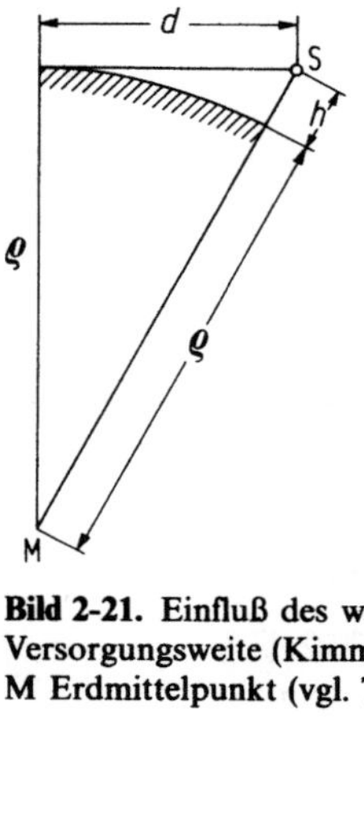

Bild 2-21. Einfluß des wirksamen Erdradius ϱ auf die Versorgungsweite (Kimm) d. S Sendeantenne, h Höhe, M Erdmittelpunkt (vgl. Text)

ten durchgeführt werden. Darauf wird weiter unten näher eingegangen.

Störeinflüsse beim Zwei-(und Mehr-)wegeempfang

Der in diesem Abschnitt behandelte Zweiwegeempfang kann bei gleichzeitig hoher Sende- und Empfangsantennenhöhe, z. B. über einem Talgrund, zu beträchtlichen selektiven Spektrumsverzerrungen mit entsprechender Signalverschlechterung führen (Gl. (2.27) mit $\lambda + \Delta\lambda$ als Variable). Kritisch sind in dieser Beziehung vor allem Umsetzerketten. Farbfernsehsignale reagieren auf solche Kurzzeitechos empfindlicher als monochrome Signale, Teletextsignale wiederum empfindlicher als Farbfernsehsignale.

Sind die Reflexionsflächen im Sinne des Rayleigh-Kriteriums (Abschnitt 2.2.2) rauh, vermindern sich die Reflexionsfaktoren und demzufolge auch die Störeinflüsse. Gleiches trifft zu, wenn die räumliche Ausdehnung der Reflexionsflächen nur einen Teil der ersten Fresnel-Zone des gespiegelten Signals umfassen (Bild 2–09b). Gekrümmte Reflexionsflächen können Signalabschwächungen oder -verstärkungen zur Folge haben (Bild 2–10). Weitere Ausführungen zum Thema „Reflexionsstörungen" finden sich in Abschnitt 2.3.5.

2.3.4 Empfangsantenne und Zuleitung zum Empfänger

Wirksame Antennenfläche F_w

Die wirksame Fläche (Absorptionsfläche) F_w einer Empfangsantenne ist definiert als Quotient der Empfangsleistung an den Antennenklemmen P_k zur Strahlungsleistungsdichte am Empfangsort W_e,

$$F_w = P_k / W_e; \tag{2.31}$$

Einheit ist der Quadratmeter.

Die Absorptionsfläche kann auch als Funktion der Wellenlänge λ und des auf den Isotropstrahler bezogenen Antennengewinns G_0 dargestellt werden,

$$F_w = G_0 \frac{\lambda^2}{4\pi}. \tag{2.32}$$

Der $\lambda/2$-Dipol hat damit die wirksame Absorptionsfläche

$$F_w = 1{,}64 \frac{\lambda^2}{4\pi} \tag{2.33}$$

und die auf den $\lambda/2$-Dipol bezogene mit dem Gewinn G ausgestattete Empfangsantenne eine solche von

$$F_w = 1{,}64\, G \frac{\lambda^2}{4\pi}. \tag{2.34}$$

Wirksame Antennenlänge L_w ($\lambda/2$-Dipol)

Analog zur Antennenabsorptionsfläche F_w verknüpft die wirksame Antennenlänge L_w die Antennen-Urspannung U_0 mit der Feldstärke E am Empfangsort für den $\lambda/2$-Dipol wie folgt (Einheit m):

$$L_w = U_0 / E = \lambda / \pi. \tag{2.35}$$

Feldstärkeangaben sind wie im Abschnitt 2.3.3 den Spannungswerten entsprechend als Effektivwerte aufzufassen (Einheit V_{eff}/m).

Für eine Empfangsantenne mit dem Leistungsgewinn G in Bezug auf den $\lambda/2$-Dipol und Leistungsanpassung an Verbindungskabel und Empfänger gilt für die Antennenklemmspannung U_k in V:

$$U_k = \tfrac{1}{2} U_0 = \tfrac{1}{2}\sqrt{G}\, L_w E = \tfrac{1}{2}\sqrt{G} \frac{\lambda}{\pi} E. \tag{2.36}$$

Der schlanke $\lambda/2$-Dipol hat eine Impedanz von etwa 73 Ω reell. Dieser theoretische Wert wird in der Praxis aus verschiedenen Gründen nur angenähert erreicht. Die endliche Dicke der Dipolstäbe vermindert den Wellenwiderstand. Man rechnet deshalb z. T. mit einer Antennenimpedanz von 60 Ω. Solche Werte haben aber mehr akademischen Charakter, da in der Praxis sozusagen immer mit gewinnbehafteten Richtantennen gearbeitet wird, deren Ausgangsimpedanz innerhalb gewisser Grenzen anpaßbar ist.

Antennenzuleitung, Anpassung

Die Antennensignale werden fast immer über Koaxialkabel dem Empfänger zugeführt. Wie bereits bemerkt, ist deren Wellenwiderstand international auf 75 Ω festgelegt. In alten Anlagen sind gelegentlich noch 60 Ω-Kabel anzutreffen. Im VHF- und UHF-Bereich ist die Kabelimpedanz praktisch reell, d. h. es gilt

$$Z_0 \cong R_0 = 75\ \Omega.$$

Da Empfangsantennen oft über ein breites Frequenzband arbeiten müssen (z. B. alle Kanäle des Bereichs III von 174 bis 216 MHz), können sich an den Bandenden beträchtliche Fehlanpassungen ergeben. Die Rückflußdämpfung kann dabei bis auf etwa 6 dB herunter gehen.

Auf die Bildqualität wirken sich solche Fehlanpassungen — von möglichen Pegelabsenkungen abgesehen — nur dann schädlich aus, wenn zusätzlich auch die Anpassung zwischen Kabel und Empfänger schlecht ist. (Einseitige Kabelfehlanpassungen führen bei idealem Abschluß auf der Gegenseite zu keinen Mitfuß-(Echo-)Störungen.)
Zuleitungskabel können, vor allem in den Dezimeterbereichen, beträchtliche Dämpfungen aufweisen (10 dB und mehr). In der Praxis können sich also beachtliche Signalabschwächungen ergeben, auf die bei der Versorgungsplanung Rücksicht zu nehmen ist. Auf Probleme, die sich bei der Verteilung von Antennensignalen auf viele Heimempfänger ergeben, wird im Abschnitt 2.6.2 eingegangen.
Analog zur Sendeseite gilt für die beidseitig angepaßte Leitung $P_e = P_k/V_e$. Darin sind P_e die Empfängereingangsleistung, V_e der Leistungsverlustfaktor der Antennenzuleitung und P_k die Antennenklemmleistung.

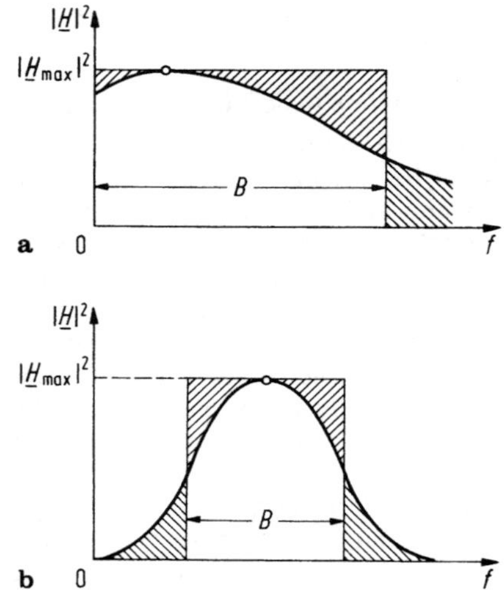

Bild 2-22. Zur Definition der Rauschbandbreite B (vgl. Text). **a** Tiefpaß; **b** Bandpaß. In Gegenrichtung schraffierte Bereiche sind jeweils flächengleich

2.3.5 Erforderlicher Störabstand, Störquellen

Mindestfeldstärken

Um Versorgungsplanung betreiben zu können, müssen die zu erwartenden inneren und äußeren Störpegel zumindest näherungsweise bekannt sein.

Innerer Störpegel

Der innere Störpegel (Rauschpegel) einer Empfangsanlage wurde im Abschnitt 2.3.1 definiert. Die dort aufgeführten kT_0-Werte basieren auf der Annahme, daß der Realteil der Ersatzimpedanz der Antenne die Rauschtemperatur T_0 hat. Typische Fehlanpassungen des Empfängers sind bis zu einem gewissen Grad mitberücksichtigt. Es sei zunächst der hypothetische Fall behandelt, daß für die Versorgungsplanung nur dieser innere Störpegel zu beachten ist.
Zunächst muß noch der Begriff der Rauschbandbreite eingeführt werden. Ist der Gesamtamplitudengang einer Empfangsanlage $\underline{H}(f)$, so versteht man unter der Rauschbandbreite B (Einheit Hz) die folgende Beziehung:

$$B = \frac{1}{|\underline{H}_{max}|^2} \int_0^{\infty} |\underline{H}(f)|^2 \, df. \qquad (2.37)$$

$|\underline{H}_{max}|$ ist darin der Höchstwert des Amplitudengangs. B stellt damit die Breite eines flächengleichen Rechtecks über dem Maximum des Amplitudengangquadrats dar und hat grundsätzlich die in Bild 2–22 gezeigte Form. Die Gesamtrauschleistung eines solchen Empfangssystems (Einheit W) errechnet sich zu

$$N = BnkT_0. \qquad (2.38)$$

Rauschabstand

Als nächstes muß das Verhältnis Signalleistung zu Rauschleistung N, d.h. der Rauschabstand (Störabstand) S im geträgerten Bereich, festgelegt werden. Bezeichnet man die Trägerleistung für das Synchronzeichen bei negativer Restseitenband-Amplitudenmodulation (z. B. CCIR-Normen B/G) als Signalleistung C, ist der Rauschabstand nach internationaler Festlegung bei solchen Systemen wie folgt definiert (Angaben meist in dB):

$$S = C/N. \qquad (2.39)$$

Bei Frequenzmodulation (Richtfunk, Satellitenfunk) stellt C die Leistung des unmodulierten Trägers dar. Störabstände im geträgerten Bereich beziehen sich normalerweise auf unbewertetes Rauschen. In digitalen Systemen, auf die hier nicht näher eingegangen wird, treten an die Stelle von Rauschabständen Bitfehlerraten. Deren Auswirkung auf die Qualität der Basisbandsignale kann durch gezielte Einführung von Redundanz in den Bitwörtern (Bytes) stark reduziert werden (Kanalcodierung).

Eine Umrechnung videofrequenter Störabstände auf trägerfrequente hat bei der Fernsehplanung den Gesetzmäßigkeiten der Restseitenbandübertragung sowie den Träger-Aussteuerungsverhältnissen zwischen Schwarz und Weiß Rechnung zu tragen. Zahlenmäßig liegt der geträgerte Rauschabstand des unbewerteten Rauschens etwa 7 dB über demjenigen des Basisbandrauschens (vgl. Schluß von Abschnitt 3.6.2).

Ein trägerfrequenter Rauschabstand von 40 dB (Leistungsverhältnis 1:10^4) ergibt bei der Restseitenband-Amplitudenmodulation erfahrungsgemäß noch eine gute bis sehr gute Übertragungsqualität. Die Qualität des Begleittons, auf die hier nicht eingegangen werden kann, ist bei solchen Bild-Rauschabständen auf jeden Fall noch in Ordnung. 40 dB könnte deshalb zunächst als Wert für die Planung betrachtet werden, wenn nicht — was häufig der Fall ist — der äußere Störpegel das limitierende Element darstellt.

Alle hier genannten Rauschabstände beziehen sich auf unbewertetes Rauschen. Die in den Kapiteln 1 und 3 behandelte Rauschbewertung wird zur Zeit praktisch nur auf videofrequente Signale angewendet.

Äußerer Störpegel

Auf das mögliche Vorhandensein von Fremdstörungen wurde schon bei der Herleitung des inneren Störpegels einer Empfangsanlage hingewiesen. Der äußere Störpegel kann eine Reihe von Ursachen haben, wovon mehrere gleichzeitig in Erscheinung treten können. Allgemein können Fernsehsender im Gleich-, Nachbar- oder Nebenkanal (hier speziell empfängerabhängige Spiegelfrequenzen) oder auch andere Funkdienste zu unzulässigen Nutzsignalbeeinflussungen führen. In den Bereichen I und III (Meterwellen) überwiegen häufig die durch elektrische Geräte (Generatoren für Industrie, Medizin usw.) oder Motorfahrzeuge (Ottomotoren) verursachten Störungen (man made oder ISM noise [ISM, industrial scientific medical]). In ländlichen Gegenden können sich — vor allem im Bereich I — gelegentlich auch atmosphärische Störungen oder kosmisches, von der Milchstraße herrührendes Rauschen bemerkbar machen. In den Bereichen IV und V (Dezimeterwellen) ist das ISM-Geräusch weniger kritisch als auf den Meterwellen, was zum Teil auf die bessere Richtwirkung der Empfangsantennen (meist Yagiantennen mit vielen passiven Strahlungselementen) zurückzuführen ist. Andererseits ist hier aber auch die Rauschzahl des Empfängers ungünstiger als bei den Meterwellen, so daß der innere Störpegel meist dominiert.

Reflexionsstörungen

In vielen Fällen besteht von der Empfangsantenne aus keine Sicht zum Sender; das Nutzsignal ist dann oft ein Beugungs-, in seltenen Fällen auch ein Reflexionssignal. Von Hochhäusern oder Hügeln aus mit Sicht zum Sender können sich unter diesen Bedingungen besonders starke Reflexionssignale einstellen, denen man nur mit Empfangsantennen mit guter Richtcharakteristik wirksam begegnen kann (meist Mehrelement-Yagiantennen). Für den Empfang brauchbare Reflexionssignale ergeben sich bestenfalls von Häuserfronten bei stark reduziertem direkten Signaleinfall. In Städten und bergigen Gebieten setzt sich das Reflexionssignal praktisch immer aus einer sehr großen Anzahl im Mittel kleiner und zeitlich fein gestaffelter Einzelechos zusammen, wobei aber einzelne dominierende Echos nicht auszuschließen sind („Echovorhang"). Gute Fernsehbilder erfordern, je nach Laufzeit, für Einzelechos Störabstände von etwa 10 bis 40 dB. Die niedrigen zulässigen Störabstände beziehen sich dabei auf Echos mit Laufzeiten, die wesentlich unter einer Mikrosekunde liegen, und gelten nicht für Teletextsignale; solche stellen in diesem Zeitbereich höhere Anforderungen [2.10; 1.83].

Bei solch komplexen Ausbreitungsverhältnissen kann die Empfangsfeldstärke meist nur noch meßtechnisch ermittelt werden. Sie bleibt aber naturgemäß stets das primäre Planungskriterium (vgl. CCIR-Bericht 236-5 [2.1] und [2.8; 2.9; 2.11; 2.12]).

2.3.6 CCIR-Planungskonzept für den Einzelempfang

Mindestfeldstärken

Für Planungszwecke wurden im CCIR Mindestfeldstärken festgelegt, die aus Tabelle 2–III hervorgehen. Sie sind auf entsprechende Planungskonzepte der Bereiche I bis V abgestimmt, auf die nachfolgend kurz eingegangen wird, und sollen über 90 bis 99% der Zeit eingehalten sein.

Versorgungsplanung nach CCIR

Im CCIR wurden aufgrund sehr umfangreicher Feldmessungen Feldstärke-Ausbreitungskurven

Tabelle 2–III. CCIR-Mindestfeldstärken für Planungszwecke (nach CCIR-Empfehlung 417-2 und CCIR-Bericht 409 [1.1]).

Bereich	I	III	IV	V
Mindestfeldstärke in dB(μV/m)	+48	+55	+65[a]	+70[a]

[a] Diese Werte sind für die osteuropäischen (OIRT-) 625-Zeilen-Systeme um 2 dB zu erhöhen.

Die Tabellenwerte basieren auf der Annahme, daß sich beim Fehlen von Fremdstörungen terrestrischen Ursprungs für die Bereiche I bis V folgende Mindestfeldstärken in dB(μV/m) ergäben: +47, +53, +62, +67. In dünn besiedelten Gebieten am Rande der Versorgungszone können in den Bereichen I und III um mehrere Dezibel niedrigere Schutzfeldstärken erwünscht sein.
Führt die Wellenplanung gebietsweise auf höhere Schutzfeldstärken als in der Tabelle aufgeführt, sind bilaterale Absprachen zwischen den betroffenen Ländern angezeigt.

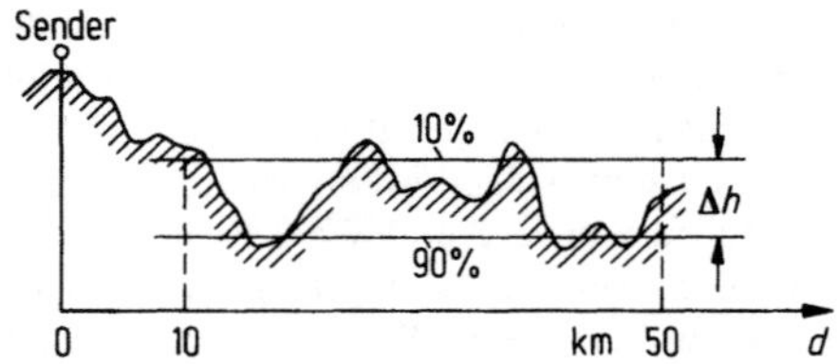

Bild 2-24. Zur Definition der statistischen Geländeunebenheit Δh (vgl. Text)

für praktische Empfangsverhältnisse ausgearbeitet. Aussagen sind nur im statistischen Sinne möglich. Man findet diese Daten in Empfehlung 370-4 [2.1] ausführlich dargestellt. Die Bilder 2–23 bis 2–27 vermitteln die wesentlichen Planungselemente. Parameter sind die

— Frequenz (getrennte Kurvenscharen für Meter- und Dezimeterwellen);
— Sendeantennenhöhe h_1 über der mittleren Höhe des zu versorgenden Geländes;
— Empfangsantennenhöhe h_2 über deren Umgebung (konstant: 10 m);
— statistische Geländeunebenheit Δh im Abstand von 10 bis 50 km vom Sendeturm (Differenz zwischen einer unteren und einer oberen Kote, wobei 10% des Geländes im Profil darunter bzw. darüber liegt, vgl. Bild 2–24);
— Versorgungswahrscheinlichkeit, z. B. 50% der Orte und der Zeit, worauf sich die Kurven der Bilder 2–23a und b beziehen.

Für Umrechnungen wurden Hilfsdiagramme festgelegt. Bild 2–25 vermittelt — bezogen auf ein Δh von 50 m — die Abhängigkeit der Empfangsfeldstärken von der Geländeunebenheit, Bild 2–26 die Ortswahrscheinlichkeit dieser Feldstärken. CCIR-Empfehlung 419 legt Mindestanforderungen an die Richtwirkung der Empfangsantennen fest (Bild 2–27), auf die sich die nachfolgend skizzierte Wellenplanung abstützt.

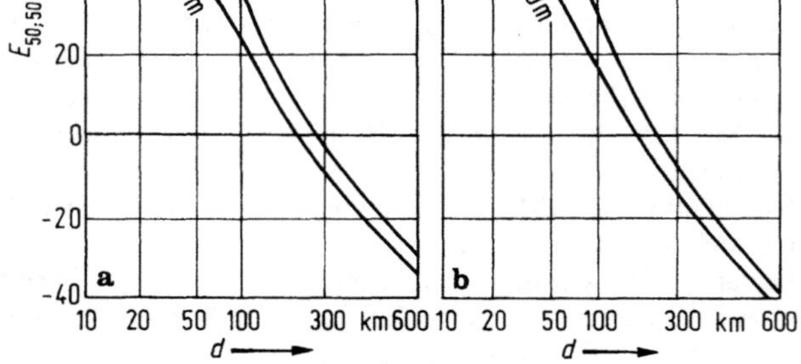

Bild 2-23. CCIR-Ausbreitungskurven für die Empfangsplanung. **a** in den VHF-; **b** in den UHF-Bereichen (Auszug). Empfangsfeldstärke $E_{50;50}$ (Zeit- und Ortswahrscheinlichkeit 50%) 10 m über Grund als Funktion der Senderdistanz d für 1 kW äquivalente Strahlungsleistung $P_ä$ und Sendeantennenhöhen von $h_1 = 150$ und 600 m über dem Versorgungsgebiet (Kurven für weitere h_1-Werte finden sich in den Originaldiagrammen). E_0 Freiraumfeldstärke; statistische Geländeunebenheit $\Delta h = 50$ m. Bezüglich Definitionen und Umrechnung der Kurvenwerte auf andere gegebene oder gewünschte Verhältnisse wird auf die Bilder 2-24 bis 2-26 verwiesen

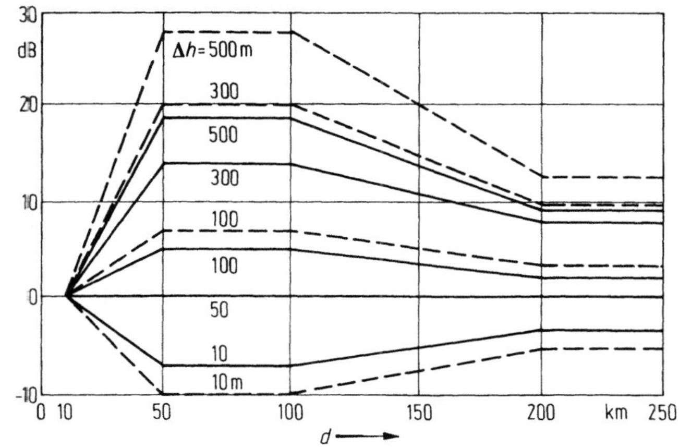

Bild 2-25. Feldstärke-Korrekturfaktor in dB. Einfluß der Geländeunebenheit Δh, bezogen auf $\Delta h = 50$ m; d Übertragungsdistanz. Ausgezogen VHF-, gestrichelt UHF-Bereiche

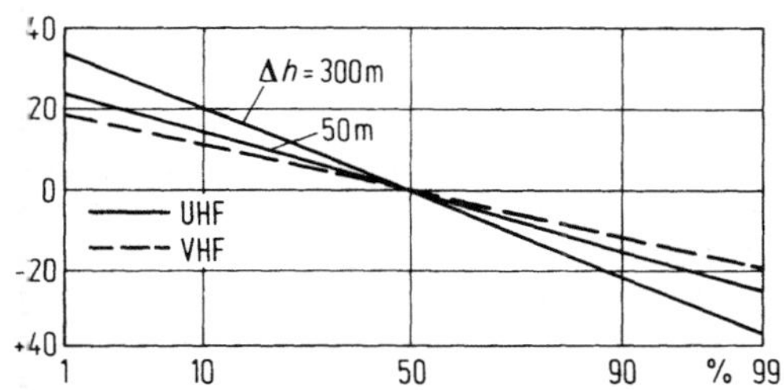

Bild 2-26. Ortswahrscheinlichkeit der VHF- und UHF-Feldstärken für unterschiedliche Geländeunebenheitswerte Δh. (VHF-Verlauf unabhängig von Δh)

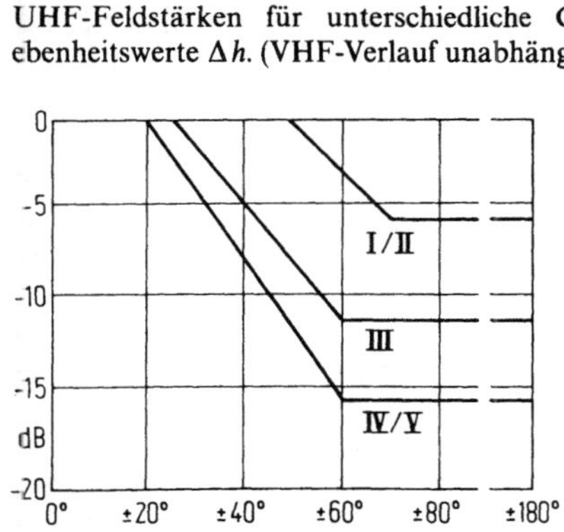

Bild 2-27. Empfangsantennencharakteristiken für Planungszwecke gemäß CCIR-Empfehlung 419 [1.1]. φ Winkelabweichung aus der Hauptempfangsrichtung. Parameter: Fernsehbereich

Sender-Netzplanung

In gleicher Weise wie für die Versorgungsplanung wurden auch für die Sender-Netzplanung Feldstärkekurven aufgestellt. Da Störungen durch benachbarte Fernsehsender zu vermeiden sind, gelten diese Kurvenscharen zwar auch für 50% der Orte, jedoch nur für 1% der Zeit; für die restlichen 99% der Zeit sind die zu erwartenden Empfangs-Störfeldstärken geringer (Bild 2–28a und b). Analog dazu gibt es auch 10%/90%-Zeitstatistiken. Die wichtigsten Parameter für die Sendernetzplanung sind die

— Anforderungen an die Störfreiheit im Gleichkanal;
— zulässigen Störfeldstärken im oberen und unteren Nachbarkanal;
— zulässigen Störfeldstärken im Spiegelkanal, d.h. in demjenigen Kanal, der je nach Empfängerkonzept, um den doppelten Wert der Zwischenfrequenz höher oder tiefer liegt.

Die Anforderungen an die Störfreiheit der Fernsehkanäle sind in Schutzabstandskurven bzw. -werten international festgelegt (CCIR-Bericht 306-4 [1.1], vgl. Bild 2–29). Der in den meisten Ländern eingeführte FM-Begleitton ist planungstechnisch bezüglich Störbeeinflussung unkritisch, nicht aber der AM-Ton (französische Normen). Für Nachbarkanal-Schutzabstände gibt es in CCIR-Empfehlung 418-3 [1.1] ausführliche Angaben, die auch für Farbfernsehsysteme Gültigkeit haben. Darauf sei hier nicht eingegangen.

Ein bestimmter Fernsehkanal kann bei Rundstrahl-Sendeantennen oft erst in einem Abstand von einigen hundert Kilometern wieder verwendet werden (Ausnahme: Kleinsender und Umsetzer, speziell im Gebirge). Die Feldstärken sind, wie aus einem Vergleich der Diagramme der Bilder 2–23 und 2–28 hervorgeht, bei einer solchen Fernübertragung beträchtlichen zeitlichen Schwankungen unterworfen. Die Ursache liegt in den ständig

Bild 2-28. CCIR-Ausbreitungskurven für die Sendernetzplanung. **a** in den VHF-; **b** in den UHF-Bereichen. Die Empfangsfeldstärken gelten für 1% der Zeit und 50% der Orte. Im übrigen gelten die Angaben der Legende zu Bild 2-23

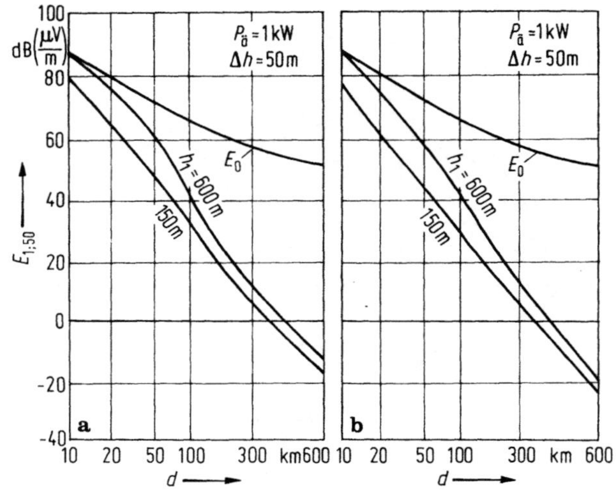

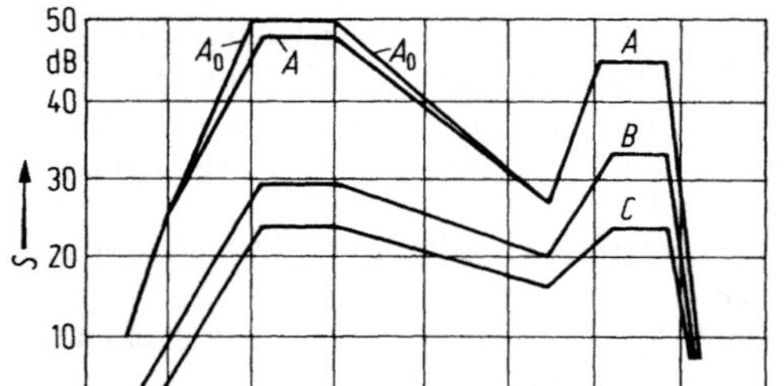

Bild 2-29. CCIR-B/PAL- und -G/PAL-Systeme (625 Zeilen). Erforderlicher Schutzabstand S als Funktion der Frequenzdifferenz Δf zwischen Stör- und Nutzträger. A_0 unmodulierter Störträger ohne Beziehung zum Nutzträger, A PAL-Stör-Bildträger ohne Beziehung zum Nutz-Bildträger, B PAL-Stör-Bildträger in Zeilenoffsetlage zum Nutz-Bildträger, C PAL-Stör-Bildträger in Präzisionsoffsetlage zum Nutz-Bildträger (vgl. Text). Der Bereich zwischen den Streckenzügen A und B entspricht ungefähr den Anforderungen der SECAM-Systeme (nach CCIR-Bericht 306-4[1.1]).

wechselnden Übertragungseigenschaften der Troposphäre (großer Einfluß von Wetterlage und Jahreszeit). Feldstärkeregistrierungen ergeben im allgemeinen zwei Schwankungskomponenten: Ungefähr Rayleigh-verteilte Kurzzeitschwankungen und ungefähr logarithmisch-normalverteilte Langzeitvariationen. Die Verhältnisse liegen damit qualitativ ähnlich wie bei den Richtfunkverbindungen (Abschnitt 2.4.2), wobei die Kurzzeitschwankungen weniger ausgeprägt sind.

Beim Fernempfang spielt auch die Beschaffenheit der Erdoberfläche eine Rolle. Die Ausbreitung über Meer weicht von derjenigen über Land im Mittel deutlich ab (gesonderte Ausbreitungskurven, im Extremfall zu gewissen Zeiten Ductbildung d. h. durch hohe Brechungsgradienten in niederen Luftschichten Bildung „atmosphärischer Wellenleiter").

Um die Störbeeinflussung im Fernseh-Gleichkanal herabzusetzen, macht man von der Methode des Versatzes der Bildträgerfrequenzen Gebrauch: Dadurch, daß man diese um geeignete Bruchteile der Zeilenfrequenz gegeneinander versetzt, ergibt sich eine Verminderung der gegenseitigen Störwirkung um etwa 15 bis 20 dB (Kurve B in bild 2–29). Bei entsprechend stabiler Bildträgerfrequenz (erforderliche Toleranz $\leq \pm 1$ Hz) läßt sich durch zusätzliche Verschachtelung der vertikalen Rasterfrequenzen nochmals rund 10 dB Störabstand gewinnen [0.3]. Dieses Versatzprinzip ist mit demjenigen des Farbträgers beim Farbfernsehen (NTSC, PAL) eng verwandt (Präzisionsoffset). Die Verminderung der Störwirkung durch diesen weiteren Versatz geht aus Bild 2–29, Kurve C, hervor. Bei den SECAM-Farbfernsehsystemen ist der Störabstandsgewinn durch Frequenzversatz geringer.

Bei der großräumigen Wellenplanung wird z. B., wie in Bild 2–30 gezeigt, ein Rautennetz über das entsprechende Gebiet — hier den europäischen Kontinent — gelegt, in dessen Knotenpunkten Sender gleicher Trägerfrequenz liegen. Innerhalb der einzelnen Grundraute kommen dann, den Nebenbedingungen (Nachbarkanal, Spiegelfrequenz) entsprechend optimal verteilt, alle verfügbaren Kanäle einmal vor. Im Prinzip erhält man so bei *n* verfügbaren Kanälen *n* ineinander verschachtelte Rauten. In flachen Gebieten müssen die Eckpunkte der Rauten etwas weiter auseinanderliegen als in bergigem Gelände, da die Störwirkung dort über größere Distanzen in Erscheinung tritt. Das Rautennetz hat für Europa ungefähr die in Bild 2–31 aufgezeigte Struktur. Nach diesem Prinzip wurde 1961 für Europa die Planung der Dezimeterwellen-Fernsehbereiche IV und V durchgeführt (vgl. [0.4; 2.14; 2–15]).

Zweitonübertragung beim Fernsehen

Ein zweiter Tonkanal kann bei geeignetem System wahlweise als Stereokanal oder zur Übertragung eines anderssprachigen Begleittons verwendet werden. In der Bundesrepublik Deutschland wurde hierfür — auf Initiative des Zweiten Deutschen Fernsehens — ein einfaches, zweckmäßiges System gewählt: Der zweite Ton wird in normaler FM-Technik auf einem Träger, der rund 250 kHz über dem normalen Tonträger liegt, übertragen, wobei der Pegel gegenüber diesem aber um 7 dB abgesenkt wird (Synchronpegel Bildträger 0 dB; Pegel des Normaltons −13 dB, des Zusatztons −20 dB). Dem Vernehmen nach zeitigte der bisherige Betrieb hinsichtlich Geräuschabstand und Nachbarkanalbeeinflussungen befriedigende Ergebnisse (Parallelton- oder meist Quasi-Paralleltonempfang [2.23–2.26]).

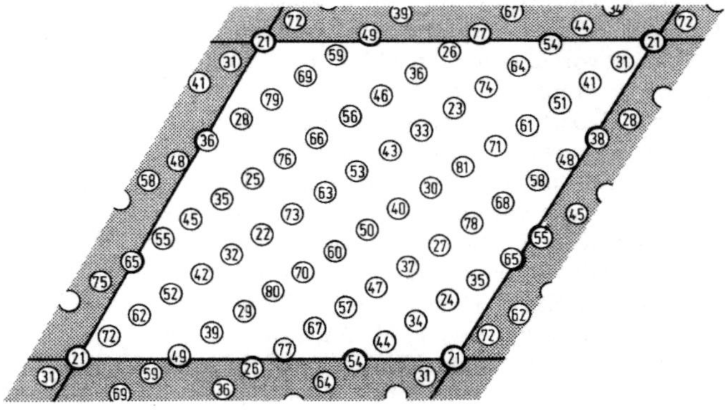

Bild 2-30. Stockholmer Wellenplan 1961 (Bereiche IV/V). Die Raute hat im Beispiel 60 Kanäle (vgl. Text). Man beachte, daß sich die Kanalzahlen in den benachbarten Rauten wiederholen

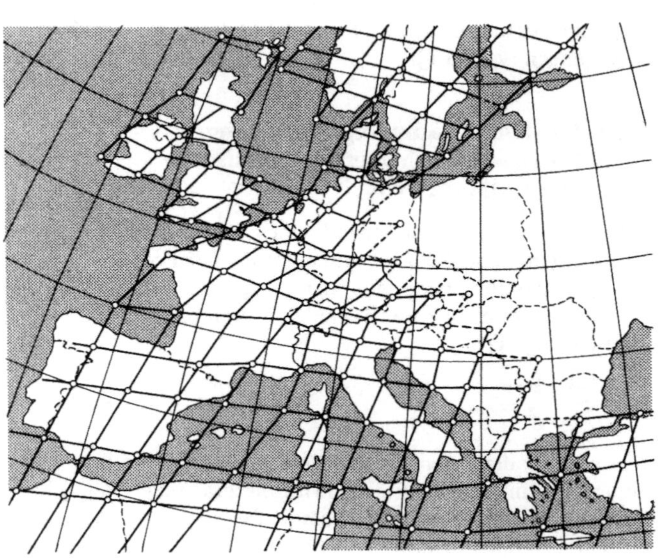

Bild 2-31. Stockholmer Wellenplan 1961 (Bereiche IV/V). Dichteanpassung für Europa. Die einzelne Raute entspricht Bild 2-30 (vgl. Text)

2.4 Grundzüge der Richtfunk-Systemtechnik

Richtfunkverbindungen bieten wirtschaftlich günstige Lösungen zur Übertragung breitbandiger Signale an [2.2; 2.27–2.31]. Beim Fernsehen wird von dieser Technik ausgiebig Gebrauch gemacht (Studio-Verbindungsnetze, Sender-Anspeisungsnetze, internationaler Programmaustausch). Charakteristisch für Richtstrahlanlagen ist die Verwendung sehr kurzer Wellen (meist Zentimeterbereich) im Verein mit stark bündelnden Antennen (Parabol-, Hornstrahler). Dies führt auf recht geringe erforderliche Senderleistungen (Größenordnung Watt). Da die einzelne Richtfunkstrecke nur ein Glied des oft langen und komplexen Gesamtübertragungsweges ist, müssen an sie höchste technische Anforderungen gestellt werden. Es findet vornehmlich Frequenzmodulation Anwendung, worauf sich die nachfolgenden Ausführungen im besonderen beziehen.
Digitale Übertragungssysteme (vgl. Abschnitt 1.4.3 im Anhang zum Kapitel 1 und [2.30]), gewinnen aber mehr und mehr an Bedeutung. Gebräuchliche Modulationsarten sind die einfache Trägerumtastung (2-PSK), die Umtastung zweier um 90° gegeneinander gedrehter Träger (4-PSK) und Modulationen höherer Ordnung (M-QAM). (PSK bedeutet phase shift keying, M-QAM; M-wertige Quadratur-Amplitudenmodulation.) Eine gute Übersicht bietet CCIR-Bericht 378-4 [2.2].
Auf die an Richtfunkverbindungen gestellten Qualitätsanforderungen wird im Kapitel 3 ausführlich eingegangen (vgl. [3.1]).

2.4.1 Leistungs-Dämpfungs-Beziehungen der Sendeseite, Übertragungsstrecke und Empfangsseite

Bild 2–32 vermittelt aufgrund eines einfachen Blockschemas eine Reihe wichtiger für die rechnerische Behandlung benötigter Grundbegriffe.
Für den Gewinn einer Parabolantenne ergibt sich als Leistungsfaktor

$$G = \frac{4\pi F \eta \sigma}{\lambda^2}. \tag{2.40}$$

Darin sind F die Antennenfläche (Ebene senkrecht zum Strahl) in m^2, η der Flächenwirkungsgrad (bei Parabolspiegeln $\approx 0{,}6$), σ die Reserve für Spiegel-Justierfehler und Mastschwankungen ($\approx 0{,}8$) und λ

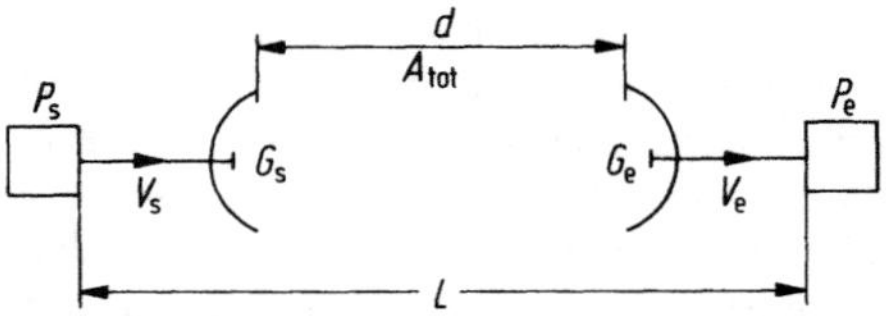

Bild 2-32. Prinzipschema eines Richtfunk-Übertragungsabschnitts. P_s Sende-, P_e Empfangsleistung; d Übertragungsdistanz mit Streckendämpfung A_{tot} zwischen Isotropstrahlern; G_s, G_e Gewinn der Sende- bzw. Empfangsantenne; V_s, V_e Zuleitungs- und Kopplungsverluste auf Sende- bzw. Empfangsseite; L Funkfelddämpfung

die Wellenlänge in m. Im allgemeinen werden für Sende- und Empfangsseite die gleichen Antennen eingesetzt, so daß man schreiben kann:

$$G_s = G_e = G.$$

Für den Öffnungswinkel der Hauptkeule des Antennenstrahlungsdiagramms (3 dB-Punkte, vgl. Bild 2–33) in Grad gilt bei runden Parabolspiegeln näherungsweise

$$\varphi_0 = 71\ \lambda/D \tag{2.41}$$

worin D der Antennendurchmesser in m ist.
Die Streckendämpfung setzt sich aus drei Anteilen (Leistungsfaktoren) zusammen,

$$A_{tot} = A_0 A_g A_a(t), \tag{2.42}$$

die wie folgt definiert sind:

$$A_0 = \left(\frac{4\pi d}{\lambda}\right)^2 \tag{2.43}$$

ist die Freiraumdämpfung bezüglich Isotropstrah-

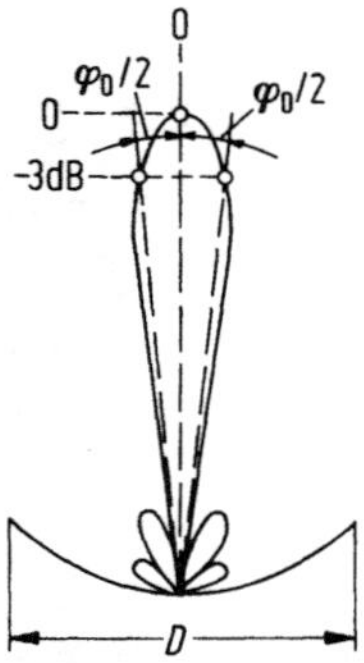

Bild 2-33. Strahlungsdiagramm einer Richtantenne mit Öffnungswinkel φ_0. D Durchmesser des runden Parabolspiegels

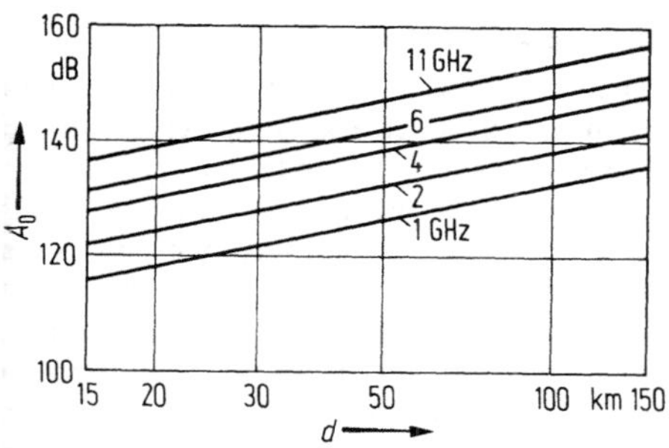

Bild 2-34. Freiraumdämpfung A_0 zwischen Isotropstrahlern. *d* Übertragungsdistanz, Parameter: Frequenz

ler auf Sende- und Empfangsseite (Bild 2–34), A_g die Zusatzdämpfung durch das Gelände bei nicht freier erster Fresnel-Zone (sonst 1) und $A_a(t)$ die atmosphärische Zusatzdämpfung. Letztere ist, wie angedeutet, eine zeitabhängige Größe, die regellosen Schwankungen unterworfen ist (näheres s. Abschnitt 2.4.2).

Für die Planung wird für die Streckendämpfung A_{tot} ein definierter Maximalwert $A_{tot\,max}$ angenommen (z. B. 40 dB), der langfristig über einen kleinen Prozentsatz der Zeit (z. B. 1‰ des ungünstigsten Monats eines Jahres) erfahrungsgemäß sehr selten überschritten wird.

Eine weitere wichtige Dimensionierungsgröße ist die Funkfelddämpfung L, die wie folgt definiert ist (vgl. Bild 2–32):

$$L = P_s/P_e = (V_s/G_s)\,A_{tot}(V_e/G_e). \tag{2.44}$$

Die Formelgrößen sind in der Legende zum genannten Bild aufgeführt. Für die minimale erforderliche Empfangsleistung läßt sich zunächst schreiben:

$$P_{e\,min} = S\,k\,B\,T_ä. \tag{2.45}$$

Darin sind $S = C/N$ der Träger-Rauschabstand (Frequenzmodulation), $k = 1{,}38 \cdot 10^{-23}$ Ws/K die Boltzmannsche Konstante, B die Rauschbandbreite in Hz und $T_ä$ die äquivalente Rauschtemperatur der Empfangsanlage in K.

Durch Anheben der höheren Videofrequenzen vor der Modulation (Pre-Emphase) und entsprechendes Absenken nach der Demodulation (De-Emphase) lassen sich bei Frequenzmodulation die Rauschverhältnisse hinsichtlich erforderlichem Trägerrauschabstand verbessern (vgl. CCIR-Empfehlung 405-1 [2.2]).

Die notwendige apparative Senderleistung ergibt sich durch Einsetzen des Ausdrucks (2.45) in die Beziehung (2.44) für die Funkfelddämpfung,

$$P_s = S\,k\,B\,\frac{T_ä\,V_e}{G_e}\,\frac{A_{tot\,max}\,V_s}{G_s}. \tag{2.46}$$

Für die äquivalente isotrope Strahlungsleistung resultiert:

$$P_{äi} = P_s\,\frac{G_s}{V_s} = S\,k\,B\,\frac{T_ä\,V_e}{G_e}\,A_{tot\,max}. \tag{2.47}$$

Der Faktor $(T_ä\,V_e)/G_e$ ist darin eine Gerätekonstante der Empangsseite.

Die äquivalente Rauschtemperatur der Empfangsanlage setzt sich aus drei Anteilen zusammen:

$$T_ä = \underbrace{\alpha\,T_a}_{\text{Beitrag Antenne}} + \underbrace{(1-\alpha)\,T_0}_{\text{Beitrag Zuleitung}} + \underbrace{(n-1)\,T_0}_{\text{Beitrag des Empfängers für sich (Hauptbeitrag von etwa 90\%)}}. \tag{2.48}$$

In dieser Formel sind $\alpha = 1/V_e$ der Zuleitungs- und Kopplungs-Leistungsübertragungsfaktor, T_a die Rauschtemperatur der Antenne in K (Bild 2–39), T_0 die Bezugstemperatur (z. B. 290 K) und n die Rauschzahl des angeschlossenen Empfangsteils (Leistungsfaktor) ($n-1$ = Zusatzrauschzahl des Empfängers für sich). Der Quotient

$$\frac{G}{T_ä} = \frac{\alpha\,G_e}{\alpha\,T_a + (1-\alpha)\,T_0 + (n-1)\,T_0} \tag{2.49}$$

heißt Gütefaktor der Empfangsanlage. Dieser Ausdruck (Einheit K^{-1}) wird als bezogener Leistungsfaktor meist logarithmiert (Einheit dB/K). Mehr noch als in der Richtfunktechnik findet er in der Satelliten-Systemtechnik Anwendung.

Vor allem im Zusammenhang mit der Bandpartagierung (Mehrfachnutzung von Frequenzbändern) stellt die Strahlungsleistungsdichte W_e am Empfangsort, senkrecht zur Ausbreitungsrichtung, eine wichtige weitere Größe dar (Satelliten-Rundfunktechnik, vgl. Abschnitt 2.5). Es gilt:

$$W_e = \frac{P_{äi}}{4\,\pi\,d^2}\,\frac{1}{A_g\,A_a(t)}. \tag{2.50}$$

Der erste Faktor bezieht sich hierbei auf die reine Freiraumdämpfung.

2.4.2 Die atmosphärische Zusatzdämpfung $A_a(t)$

Die Wellenausbreitung wird durch die Gashülle der Erde (Atmosphäre, Troposphäre, Ionosphäre)

wesentlich mitbeeinflußt. Im allgemeinen sind solche Einflüsse im m-, dm- und cm-Bereich unerwünscht, da sie zu unregelmäßigen Signalschwankungen führen. Kritisch sind dabei die Signalminima (Bild 2–35) [2.27]. Nach CCIR-Empfehlung 555 [2.2] darf dadurch der bewertete Rauschabstand (s. Kapitel 3) über 20 bzw. 0,1% eines Monats nicht unter 57 bzw. 45 dB fallen.
Bei Richtfunkverbindungen über Normaldistanzen von Größenordnung 50 km sind es vor allem atmosphärische Einflüsse, welche die Ausbreitung stören. Diese werden durch die topographischen Verhältnisse der Übertragungsstrecke oft mitbeeinflußt. Man kann im wesentlichen vier Schwundarten unterscheiden. Im CCIR-Bericht 784-1 [2.2] werden Ausbreitungseffekte und technische Maßnahmen zu deren Unschädlichmachung ausführlich behandelt.

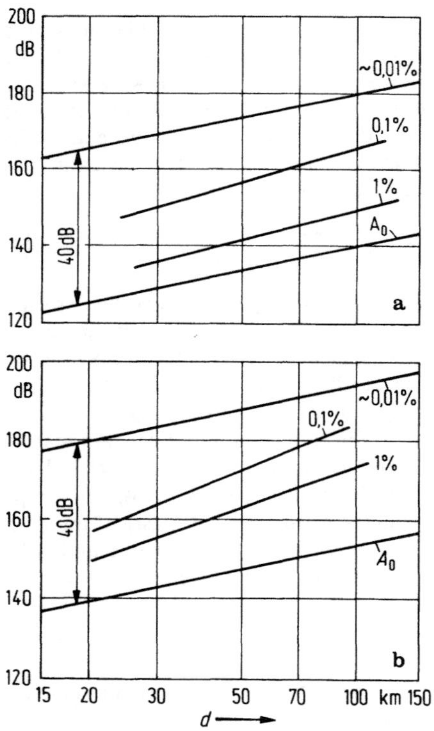

Bild 2-35. Statistische Schwankungen der Strecken-Gesamtdämpfung als Funktion der Übertragungsdistanz d für **a** 2 GHz **b** 11 GHz. Parameter: Prozentsatz der Zeit, während welchem die angegebenen Werte unterschritten sind (Mittelwerte über mehrere Jahre). A_0 Freiraumdämpfung

Schwund durch Strahlauslenkungen

Bei hohen Temperatur- und Luftfeuchtigkeitsgradienten in der vertikalen Staffelung der Luftschichten — insbesondere bei Inversionen — können die schmal gebündelten elektromagnetischen Wellen aus ihrer normalen Ausbreitungsrichtung ausgelenkt werden. Dies kann vor allem bei ruhiger Luft eintreten. Schwankungen dieser Art sind verhältnismäßig langsam. Typisch sind Pegeländerungen von etwa 5 bis 10 dB über Stunden, Tageszeiten oder Tage. Die Verteilung ist häufig angenähert logarithmisch-normal.

Schwund durch Mehrwegeempfang

Im inhomogenen Ausbreitungsmedium kann das Signal den Empfänger auf mehreren Wegen erreichen. Da diese Wege im allgemeinen unterschiedlich lang sind, ergeben sich Laufzeitverzerrungen. Auch Reflexionen an Wasserflächen und spiegelnden Luftschichten können kritisch sein. Der Mehrwegeschwund ist im allgemeinen frequenzabhängig. In vielen Fällen ergibt sich Selektivschwund innerhalb des zu übertragenden Frequenzbandes. Die an sich linearen Verzerrungen führen bei Frequenzmodulation im Basisband zu nichtlinearen Signalbeeinflussungen. Die mittlere Schwankungsdauer liegt im Bereich von Sekunden und Minuten. Gelegentlich sind auch längere Zeitintervalle zu beobachten. Über Sekunden und Minuten können sich Signaleinbrüche von etwa 30 dB ergeben. Schwankungen dieser Art sind normalerweise Rayleigh-verteilt (Bild 2–36) [2.27]. Mehrwegeschwund und Schwund durch Strahlauslen-

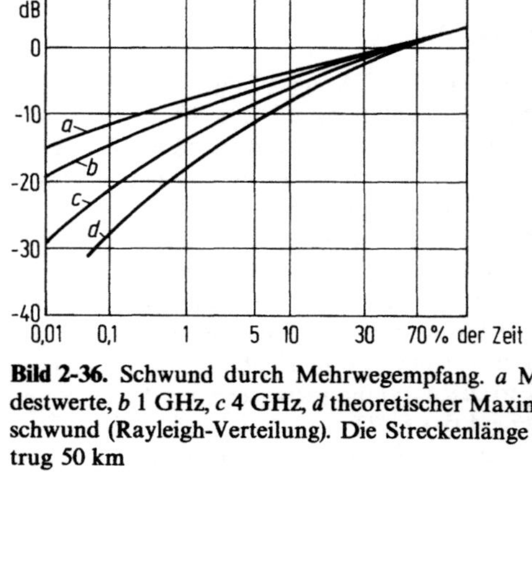

Bild 2-36. Schwund durch Mehrwegempfang. *a* Mindestwerte, *b* 1 GHz, *c* 4 GHz, *d* theoretischer Maximalschwund (Rayleigh-Verteilung). Die Streckenlänge betrug 50 km

kungen treten häufig gleichzeitig auf ([2.11]; CCIR-Berichte 563-2, 718-1 und 881 [2.1]).

Schwund durch Niederschläge

Signalschwund durch Hydrometeoriten (Nebel, Regen, Hagel, Schneefall) ist ab Frequenzen von etwa 7 GHz mitzuberücksichtigen. Dabei tritt oft Dämpfung und Streuung gleichzeitig auf. Starkregen können im 12-GHz-Bereich z. B. Signaleinbrüche bis zu etwa 30 dB verursachen. Starkregen-Zellen sind in mittleren Breiten im allgemeinen örtlich ziemlich eng begrenzt und treten nicht häufig auf (Typisch für Mitteleuropa: Einige Stunden/Jahr je Richtfunkabschnitt). In tropischen Regengebieten liegen die Verhältnisse viel ungünstiger (Beispiel: Monsunregen in Indien). Die größte Dämpfung ergibt sich bei schmelzenden Schneeflocken (Bild 2-37 [2.27]; CCIR-Bericht 721-1 [2.1]).

Schwund durch Absorptionen in der Atmosphäre

Das Dipolmoment des Wasserdampfs und das magnetische Moment des Sauerstoffs bewirken bei Frequenzen zwischen etwa 13 und 90 GHz beträchtliche Signalabschwächungen (Bild 2-38). Bei noch höheren Frequenzen wird die Übertragung zunehmend durch die von der Optik her umschriebenen Eigenschaften der Atmosphäre beeinflußt (siehe z. B. CCIR-Bericht 719-1 [2.1]). In klarer Luft ergibt sich für Licht im infraroten Bereich durch Streuung und Absorption größenordnungsmäßig eine Zusatzdämpfung von 10 dB/km.

Raum-, Frequenz-Mehrfachempfang

Schwundeffekte lassen sich dadurch wesentlich reduzieren, daß man entweder ein Signal gleichzeitig auf zwei oder mehreren örtlich getrennten Wegen, oder aber auf gleichem Weg gleichzeitig auf zwei oder mehreren verschiedenen Trägerfrequenzen überträgt. Man spricht von Raum- bzw. Frequenz-Mehrfachempfang (-Diversity). Fast immer begnügt man sich dabei — natürlich auch aus Kostengründen — mit dem Doppelempfang, der die Häufigkeit der tiefen Signaleinbrüche zeitlich bereits um etwa zwei Größenordnungen vermindern kann. Eine gute Darstellung der verschiedenen Diversity-Techniken findet sich in CCIR-Bericht 376-4 [2.2].

Für eine Einwegverbindung sind — je nach Streckenlänge und -zahl, Frequenz, klimatischen Bedingungen und technischen Anforderungen — Schwundreserven zwischen etwa 10 und 40 dB erforderlich. Der zweite Wert gilt vor allem für Systeme ohne Mehrfachempfang.

Ein detailliertes Zahlenbeispiel für eine frequenzmodulierte Richtfunkverbindung ist in Tabelle 2-IV aufgeführt. Je nach Ausgangsdaten, Anforderungen an die Anlage und technischem Stand können die Werte in der Praxis beträchtlich variieren. International festgelegt sind — nebst einer Reihe weiterer Parameter — am Übergabepunkt Pegel und Polarität des Video-Gesamtsignals (Summe von Bild-, Austast- und Synchronsignal: BAS-Signal: 1,0 V_{ss}, Weiß positiv), die nominelle Impedanz (75 Ω reell) und die Rückflußdämpfung

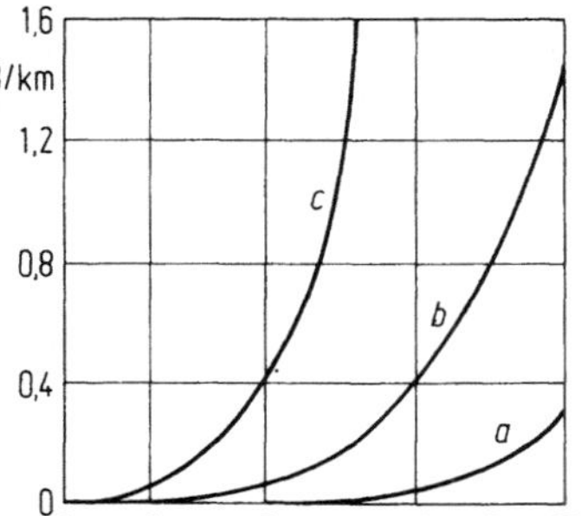

Bild 2-37. Schwund durch Niederschläge. *a* Regen, 4 mm/h; *b* Regen, 15 mm/h; *c* Wolkenbruch 100 mm/h; *f* Frequenz

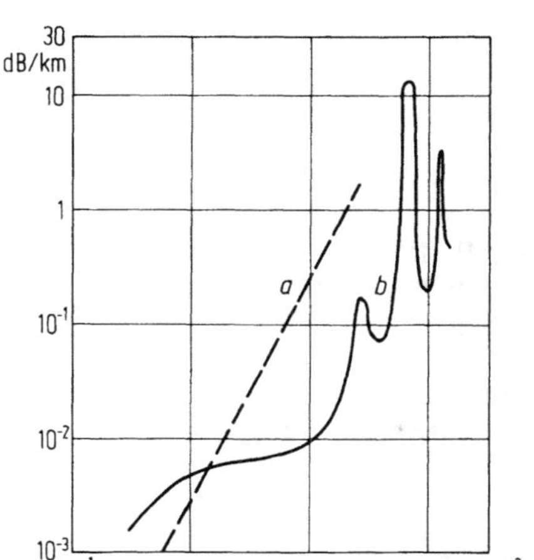

Bild 2-38. Schwund durch Absorption in der Atmosphäre. *a* Nebel oder Wolken, *b* Atmosphäre bei Sicht ungefähr auf Meereshöhe, *f* Frequenz

Tabelle 2–IV. Zahlenbeispiel orientierenden Charakters für eine frequenzmodulierte Fernseh-Richtfunkstrecke.

	Parameter	Zahlenwert
System	Übertragungsdistanz d in km	70
	Trägerfrequenz f in GHz; Wellenlänge λ in cm	6; 5
	Durchmesser der runden Parabolspiegel D_s, D_e in m	3
	Flächenwirkungsgrad der Parabolspiegel η	0,6
	Antennen: Reserve für Justierfehler und Mastschwankungen σ	0,8
	Antennengewinn G_s, G_e	17000 (42 dB)
	Zuleitungs- und Kopplungsverluste V_s, V_e	1,6 (2 dB)
	Freiraumdämpfung A_0	$3{,}1 \cdot 10^{14}$ (145 dB)
	Zusatzdämpfung durch Gelände A_g	1 (0 dB)
	max. atmosphärische Zusatzdämpfung $A_{a\,max}$ (z.B. über 0,1% des ungünstigsten Monats nicht überschritten)	10^4 (40 dB)
	max. Funkfelddämpfung L_{max}	$2{,}7 \cdot 10^{10}$ (104 dB)
Empfänger	Bezugstemperatur T_0 der Empfangsanlage in K	290
	Rauschtemperatur T_a der Empfangsantenne in K	150
	Rauschzahl n des Empfängers	8 (9 dB)
	äquivalente Rauschtemperatur $T_ä$ der Empfangsanlage in K	2230
	Gütefaktor $G/T_ä$ der Empfangsanlage in K^{-1}	4,8 (6,8 dB/K)
	minimaler FM-Trägerrauschabstand S	30 (15 dB)
	Rauschbandbreite in MHz	30
	Mindestempfangsleistung $P_{e\,min}$ in W (entsprechend maximaler atmosphärischer Zusatzdämpfung)	$2{,}8 \cdot 10^{-11}$
Sender	erforderliche Senderleistung P_s in W	0,76
	Empfangs-Strahlungsleistungsdichte bei fehlender atmosphärischer Zusatzdämpfung $_{We\,max}$ in W/m²	$1{,}3 \cdot 10^{-7}$

(30 dB) (vgl. CCIR-Empfehlung 270-2 [2.2] sowie die im Kapitel 3 behandelte CMTT-Empfehlung 567-1 [3.1]).

2.5 Übertragung und Ausstrahlung von Fernsehsignalen via Satelliten

Es ist zwischen folgenden vier Kategorien von Übertragungsarten zu unterscheiden:

a) Satelliten für den, meist internationalen, Programmaustausch;
b) Satelliten für die meist internationale Programmverteilung an Studios und Sender;
c) Satelliten für die Verteilung von Programmen an Gemeinschaftsantennenanlagen;
d) Satelliten für Direktempfang.

2.5.1 Wichtigste Daten herkömmlicher Systeme

Die Systeme der Kategorie a können — sofern die nötigen Endausrüstungen vorhanden sind — wahlweise für Telefonie- oder Fernsehübertragungen eingesetzt werden. Sie arbeiten mit Frequenzmodulation oder PCM und kommen dadurch mit geringen Sende- und Empfangsleistungen aus. Ein Satellit dieser Art besitzt gewöhnlich mehrere getrennte Übertragungskanäle (Transponder) von z. B. 40 oder 120 MHz Bandbreite. Die Senderleistung liegt größenordnungsmäßig bei 10 W je Kanal. Die Erdefunkstellen benötigen Antennen von rund 30 m Durchmesser. Die analogen Übertragungstechniken dürften in Zukunft mehr und mehr durch digitale abgelöst werden.

Satelliten für die Programmverteilung (b) ergänzen oder ersetzen die terrestrischen Weitverkehrsnetze. Deren Erdefunkstellen kommen mit empfangsseitigen Spiegeln von Größenordnung 10 m Durchmesser aus.

Die Systeme nach c und d sind ähnlich ausgelegt. Während die Verteilsysteme für Gemeinschaftsantennenanlagen in ihrer heutigen ursprünglich in Amerika gebräuchlichen Bauart noch Spiegel von etwa 1,5 bis 3 m Durchmesser benötigen, die u. U., je nach Stabilität der Orbitlage des Satelliten, noch nachgeführt werden müssen, kommen Direktempfangssatelliten (Gruppe d) mit starr befestigten Spiegeln von rund einem Meter Durchmesser aus. Der Gütefaktor der Empfangsanlagen konnte in jüngerer Zeit laufend gesteigert werden. Hochwertige Geräte für den Gemeinschaftsempfang erreichen Werte von rund 20 dB/K, Einzelempfangsgeräte solche von 12 dB/K.

Bild 2–39 gibt Aufschluß über die in den Systemgruppen a bis c zu erwartenden erdeseitigen Antennenrauschtemperaturen. Die Angaben gelten näherungsweise auch für Direktempfangsantennen kleinen Durchmessers. Rundfunkgesellschaften zeigen großes Interesse für Programmverteil-Satelliten. Terrestrische Verteilnetze dürften aber noch auf viele Jahre hinaus ihren Platz behaupten. Fernseh- und allgemeine Nachrichtensatelliten befinden sich im übrigen, mit wenigen Ausnahmen (z. B. russische Molnija-Satelliten, Bild 2–40) auf geostationärer Umlaufbahn (Bild 2–41).

Satellitensysteme arbeiten zur Zeit, wie angedeutet, häufig mit Frequenzmodulation. Die in Abschnitt 2.3 aufgeführten Beziehungen zur Planung von terrestrischen Richtfunkstrecken lassen sich deshalb auch auf die Dimensionierung von Satellitenverbindungen anwenden.

Bei den folgenden Parametern ergeben sich aber zum Teil wesentlich verschiedene Ausgangswerte:

— Übertragungsdistanz (hier rund 38 000 km beim geostationären Satellit und europäischen Raum);
— Durchmesser der Sende- und Empfangsantennen sowie Strahlungsleistungsdichten (Erdoberfläche);
— äquivalente Antennenrauschtemperaturen;
— Reserve für atmosphärische Zusatzdämpfung (hier bei Frequenzen bis 12 GHz oft nur wenige Dezibel erforderlich);
— Senderleistung.

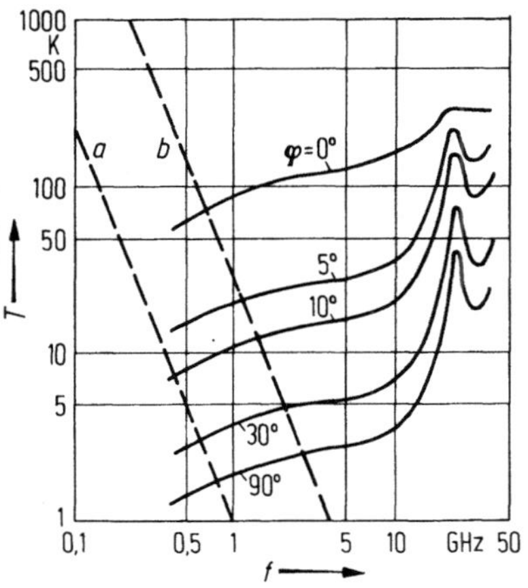

Bild 2-39. Rauschtemperaturen *T* von Satelliten-Empfangsantennen (runden Parabolspiegeln) mit 4 bis 10 m Durchmesser (mittlere Werte). *φ* Erhebungswinkel; *a*, *b* Grenzen für minimales bzw. maximales kosmisches Rauschen; *f* Frequenz

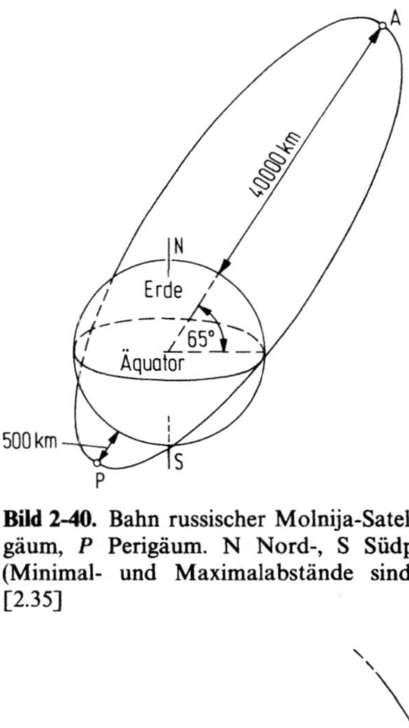

Bild 2-40. Bahn russischer Molnija-Satelliten; A Apogäum, *P* Perigäum. N Nord-, S Südpol der Erde (Minimal- und Maximalabstände sind Richtwerte) [2.35]

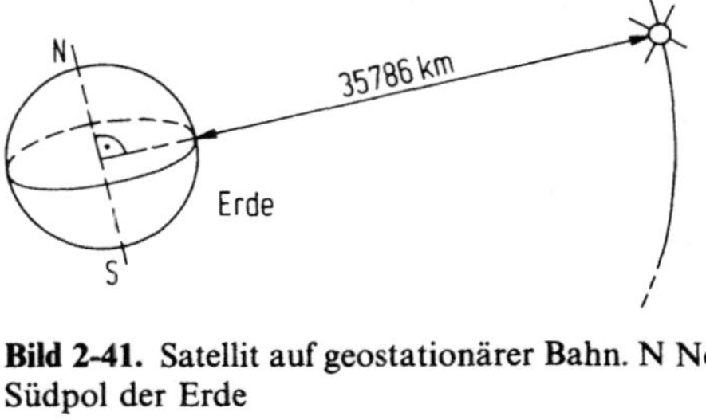

Bild 2-41. Satellit auf geostationärer Bahn. N Nord-, S Südpol der Erde

Für mittlere Breitengrade (z.B. Zentraleuropa) liegt die Elevation geostationärer Satelliten ungefähr bei 30°.
Sendeseitig wird meist mit Wanderfeldröhren gearbeitet, die breitbandiger als Klystrons sind. Spezialtypen erreichen eine sehr hohe Lebensdauer. Die Lebenserwartung von Fernsehsatelliten der Kategorien c und d liegt in der Gegend von fünf bis acht Jahren; sie benötigen je Fernsehkanal Senderleistungen von Größenordnung 100 W. Die nötige Energie liefern großflächige Solarzellen-Anordnungen (Sonnenzellen-Paddeln).

Der Satelliten-Individualempfang erfordert, zusätzlich zur heutigen Empfangsanlage, einen SHF-UHF-, SHF-VHF oder SHF-Video-Konverter sowie eine stabil montierte Parabolantenne von ungefähr 0,5 bis 1 (europäisches Planungskonzept von 1977: 0,9) m Durchmesser. Man erwartet, daß diese Komponenten bei Massenfabrikation später einmal in attraktiver Relation zu den Kosten und zum Programmangebot terrestrischer Fernsehverteilsysteme stehen werden. Einer der fünf nationalen Breitbandkanäle dürfte für zusätzliche Hörfunkprogramme eingesetzt werden (ca. 12 Mono-

Tabelle 2–V. Zahlenbeispiele für geostationäre frequenzmodulierte Rundfunksatelliten (ein Fernsehkanal). Dem Elevationswinkelbereich des Satellitenstrahls ist zu entnehmen, daß die Daten z.B. für Europa, bzw. weite Teile davon, Anwendung finden können (nach CCIR-Bericht 215-5 [2.3]).

	Parameter	Zahlenwerte für	
		Gemeinschafts-empfangs-satellit	Individual-empfangs-satellit
System	Trägerfrequenz in GHz; Wellenlänge in cm	12,5; 2,4	12; 2,5
	Elevationswinkel in Grad	25...70	20...45
	äquivalente rechteckige Bandbreite in MHz	17,5	27
	Trägerrauschabstand vor Demodulation (über 99% der Zeit überschritten), in dB	11	14
	Zeilenzahl des Fernsehsystems	625	625
	Luminanz-Rauschabstand (unbewertet) in der Randzone der Versorgung, in dB	29,3	33,5
Empfangsanlage	Gütefaktor in dB/K	14	6
	Antennendurchmesser (Parabolspiegel) in m	1,4	0,9[a]
	Antennengewinn bezüglich Isotropstrahler in dB	42,3	
	erforderliche Strahlungsleistungsdichte in der Randzone der Versorgung (über 99% der Zeit) in dB, bezogen auf 1 W/m²	−114,8	−103
	entsprechende Feldstärke in dB, bezogen auf 1 µV/m	31,2	42,8
	Freiraumdämpfung zwischen Isotropstrahlern (Übertragungsdistanz ≈38000 km) in dB	206,0	205,6
	Freiraum- Zusatzdämpfung in dB	2	0,8
	atmosphärische Zusatzdämpfung (über 99% des ungünstigsten Monats nicht überschritten) in dB		2,5
	erforderliche effektive isotrope Strahlungsleistung des Satelliten in der Randzone der Versorgung, in dB, bezogen auf 1 W	47	62,2
Satellitensender	Strahlbreite der Antenne für 3 dB Leistungsabfall, in Grad	2,4	1
	Antennengewinn in der Randzone der Versorgung, bezogen auf den Isotropstrahler, in dB	33,2	41
	Zuleitungs-und Kopplungsverluste in dB	1	1,5
	erforderliche Satelliten-Senderleistung in W	30	251

[a] Dieser Zahlenwert ist in der CCIR-Tabelle nicht aufgeführt. Er wurde aus den übrigen Daten ermittelt und deckt sich mit dem Planungswert für die Funkregionen 1 und 3 der Wellenkonferenz von 1977.

oder 3 bis 4 Stereokanäle, bei neuen digitalen Systemkonzepten 16 und mehr Stereokanäle). Tabelle 2–V enthält ausführliche Daten über Fernsehrundfunk-Satellitenkanäle [2.3; 2.32–2.35].
Hohe Anfangsinvestitionen für die sendeseitige Bereitstellung dieses völlig neuartigen technischen Massenkommunikationsmittels — mit den zugehörigen Bild- und Tonprogrammen — lassen, zumindest für Europa, eine breitere Entwicklung frühestens in der zweiten Hälfte der achtziger Jahre erwarten. Eine erste Phase mit übernationalen Rundfunksatelliten für den Gemeinschafts- und neuerdings auch Einzelempfang ist aber bereits eingeleitet.

2.5.2 Entwicklung besonders leistungsfähiger Übertragungssysteme

Bei der Satellitenübertragung ist generell ein Trend in Richtung digitaler Systeme festzustellen. Eine interessante Zwischenstufe stellt das von der UER für den Einzel- und Gemeinschaftsempfang vorgeschlagene und vom CCIR empfohlene C-MAC-Paketsystem dar, bei dem die Bildinformation zwar weiterhin analog übertragen wird, jedoch in zeitlich komprimierter Form [2.35]. Das Leuchtdichtesignal Y wird zeilenweise auf zwei Drittel der Zeit, die Farbdifferenzsignale U und V auf je ein Drittel der ursprünglichen Zeilendauer zusammengedrängt. Über eine einzelne Zeile der ursprünglichen 625-Zeilen-Systeme (64 μs) wird digitalisierte Toninformation, das komprimierte Leuchtdichtesignal (Bandbreite 5,5 MHz) und, mit einer Bandbreite von 2,25 MHz, wechselweise eines der beiden stark zeitverdichteten Chrominanzsignale übertragen. So können bis zu acht Tonkanäle hoher Qualität mitgesendet werden (entsprechender mittlerer Datenstrom 3 MBit/s).
Durch die Komprimierung der Bildsignale wächst die Bandbreite des Zeilenblocks und damit die Basisbandbreite des zu modulierenden Signals um einen Faktor von rund 1,5 an. Dies kann, in Verbindung mit der 1977 für die Funkregion 1 (Europa, Afrika, weite Teile Asiens) festgelegten Kanalrasterung, zumindest für einzelne Signalanteile, zu etwas schlechteren Rauschabständen führen (Y-Kanal). Die völlige Trennung von Luminanz und Chrominanz ist andererseits als beachtlicher Vorteil zu werten. Unter anderem läßt sich so die Leuchtdichtebandbreite voll auswerten.
Die etwas erweiterte Basisbandbreite, die Rückumwandlung der zeitkomprimierten Bildsignalanteile und die Verarbeitung der digitalen Tonsignale führt im Empfänger zu einem merklichen Mehraufwand, der aber durch Anwendung integrierter Schaltungen in der Massenfertigung vertretbar erscheint.
Im Akronym C-MAC steht C für die Art der paketweisen digitalen Tonübertragung und MAC für Multiplexed Analogue Components. Zur Übertragung des Gesamtsignals wird ein kombiniertes Frequenz- und Phasenmodulationsverfahren (FM/2–4 PSK) angewendet.
Für den Gemeinschaftsempfang über Kabelnetze kann die erweiterte Bandbreite des Basisband-Gesamtsignals ein nicht zu unterschätzendes Hindernis darstellen. Man denkt hier z. B. an eine Erweiterung der oberen Grenze des Übertragungsbandes von 300 auf 400 MHz (vgl. Abschnitt 2.6.2).
Die dem C-MAC-System zugrundeliegende Methode der Farbkomponentenübertragung wird an der Technischen Universität Braunschweig schon seit geraumer Zeit untersucht (Timeplex-Verfahren [0.2]). Anwenden läßt sich das Verfahren auch für das Fernsehtelefon und bei Heim-Magnetbandgeräten. Eine D2-MAC genannte Systemvariante weist u. a. Vorteile für die Kabelverteilung auf.

2.6 Leitergebundene Übertragung und Verteilung von Fernsehsignalen

Die Übertragung von Fernsehsignalen über weite Distanzen geschieht heute noch fast ausschließlich mit drahtlosen Mitteln (Richtfunk- und Satellitenverbindungen). Die leitergebundene Fernsehübertragung hat aber nach wie vor zwei bedeutende Anwendungsschwerpunkte: Einen ersten im Bereich von Studio und teilweise auch Außenübertragung, und einen zweiten im Bereich der Verteilung von Fernsehprogrammen zum Teilnehmer. Auch Betriebsfernsehsysteme arbeiten gewöhnlich leitergebunden.
Für die leitergebundene Übertragung werden zur Zeit fast ausnahmslos koaxiale metallische Leiterpaare eingesetzt. Vereinzelt finden bei nicht allzu hoch geschraubten Qualitätsansprüchen, vor allem im Bereich des Betriebsfernsehens, auch billige paarsymmetrische Leitungen Anwendung. Im Grenzfall können dies gewöhnliche Telefonteilnehmerleitungen sein.

Grundsätzlich bestens geeignet für fernsehtechnische Anwendungen ist die Glasfaserübertragung, da sie von Natur aus breitbandig ist. Man dürfte hier am Anfang von umwälzenden Entwicklungen stehen (Abschnitt 2.6.3).

2.6.1 Eigenschaften metallischer Leiterpaare, Videoübertragung

Über Theorie und Technik der metallischen Leitungen gibt es ein sehr ausgedehntes Schrifttum (vgl. nachfolgende Referenzen). Die Ausführungen dieses Abschnitts beschränken sich auf die für die Übermittlung von Fernsehsignalen besonders wichtigen Zusammenhänge.

Welleneigenschaften

Werden in eine gleichförmige Leitung unendlicher Ausdehnung im Abstand von l m zwei reflexionsfreie Schnittstellen gelegt, ist das dazwischenliegende Leitungsstück durch folgende zwei Beziehungen gekennzeichnet (vgl. z. B. [2.4; 2.40; 2.41]):

$$\left.\begin{aligned} u_l &= U_0 \exp(-\gamma l), \\ i_l &= I_0 \exp(-\gamma l). \end{aligned}\right\} \quad (2.51)$$

Für die Grundgröße γ, den Wellenfortpflanzungsbelag, gilt zunächst:

$$\underline{\gamma} = \alpha + \mathrm{j}\beta = \sqrt{(R + \mathrm{j}\omega L\ (G + \mathrm{j}\omega C)}. \quad (2.52)$$

Es bedeuten α der Wellen-Dämpfungsbelag in Np/m, β der Wellen-Phasenbelag in rad/m, R der Längswiderstandbelag in Ω/m, L der Längsinduktivitätsbelag in H/m, G der Querableitungsbelag in S/m, C der Querkapazitätsbelag in F/m und $\omega = 2\pi f$ die Kreisfrequenz in s^{-1}.

Für das normalerweise verwendete koaxiale Leiterpaar läßt sich schreiben:

$$\begin{aligned} \underline{\gamma} &= \alpha + \mathrm{j}\beta \\ &= \{\tfrac{1}{2}[\sqrt{(R^2+\omega^2 L^2)(G^2+\omega^2 C^2)} + RG \\ &\quad - \omega^2 LC]\}^{\frac{1}{2}} + \mathrm{j}\{\tfrac{1}{2}[\sqrt{(R^2+\omega^2 L^2)(G^2+\omega^2 C^2)} \\ &\quad - RG + \omega^2 LC]\}^{\frac{1}{2}}. \end{aligned} \quad (2.53)$$

Eine weitere Leitungsgrundgröße ist die charakteristische Impedanz

$$\underline{Z}_0 = \sqrt{(R + \mathrm{j}\omega L)/(G + \mathrm{j}\omega C)},$$

die auch Wellenwiderstand genannt wird. Sie ist — wie aus der Formel ersichtlich — nicht von der Leitungslänge abhängig. Die Einheit für den realen und imaginären Anteil ist das Ohm. Beim verlustarmen Kabel darf für fernsehtechnische Anwendungen im Frequenzbereich bis zu einigen Hundert Megahertz $G \approx 0$ und $R \ll \omega L$ angenommen werden. Der Wellenwiderstand wird damit für Frequenzen über Größenordnung 1 MHz praktisch reell,

$$\underline{Z}_0 \rightarrow Z_\infty = R_0 \approx \sqrt{L/C}. \quad (2.54)$$

Für nachrichtentechnische Übertragungen wurden international Normal-, Klein- und Minikoaxialtuben mit 75 Ω Wellenwiderstand normiert. Auf die gleiche charakteristische Impedanz konnte man sich für video- und radiofrequente Fernsehübertragungen einigen, wo gewöhnlich Sonderkabel zum Einsatz kommen (vgl. Abschnitt 2.6.2 und Tabelle 2–VII).

Daneben sind, allerdings nur selten für Fernsehzwecke, koaxiale Leiterpaare mit 50 Ω Wellenwiderstand zu finden, die bei Vollpolythen-Dielektrikum und gegebenem Außendurchmesser des Koaxialpaares die geringsten Übertragungsverluste aufweisen. Vereinzelt trifft man in Europa auch noch ein Z_0 von 60 Ω an (alte Antennenanlagen). Für den Wellendämpfungsbelag resultiert in dB/m

$$\alpha = 8{,}686\left(\frac{R}{2}\sqrt{\frac{L}{C}} + \frac{G}{2}\sqrt{\frac{C}{L}}\right) \quad (2.55)$$

bzw., bei $G \cong 0$ (Normalfall),

$$\alpha \approx \frac{R}{2}\sqrt{\frac{L}{C}} \approx \frac{R}{2} Z_\infty. \quad (2.56)$$

Wegen der Stromverdrängung im metallischen Leiter ist R bei höheren Frequenzen frequenzabhängig. Für Koaxialpaare gilt in Ω/m der Ausdruck

$$R(f) = 0{,}02\left(\frac{\mu_1 \varrho_1}{d_1} + \frac{\mu_2 \varrho_2}{d_2}\right)\sqrt{f}. \quad (2.57)$$

Darin sind f die Frequenz in kHz, μ_1, μ_2 die relative Permeabilität des Innen- bzw. Außenleiters (oft unmagnetisches Material, dann $\mu_1 = \mu_2 = 1$), ϱ_1, ϱ_2 der spezifische Widerstand des Innen- bzw. Außenleiters in mm^2/m, d_1 der Durchmesser des Innenleiters und d_2 der Innendurchmesser des Außenleiters in mm. Man kann mithin schreiben

$$R(f) = \mathrm{const}\sqrt{f}, \quad (2.58)$$

d. h. der Wirk-Längswiderstand und damit auch die Wellendämpfungskonstante nehmen beim koaxialen Leiterpaar proportional zur Wurzel der Frequenz zu.

In analoger Weise ergibt sich beim praktisch verlustfreien Koaxialpaar der Wellen-Phasenbelag (Einheit rad/m) zu

$$\beta \approx 2\,\pi f \sqrt{LC} \approx 2\,\pi f C Z_\infty . \qquad (2.59)$$

In Tabelle 2–VI sind für einige gebräuchliche Leitungstypen Wellendämpfungs- und -phasenbeläge angegeben.

Auch andere charakteristische Größen wie L, C, Z_∞, β usw. lassen sich direkt aus dem geometrisch-physikalischen Aufbau des Kabels herleiten. Für das Koaxialpaar sind in der Literatur z. B. folgende Beziehungen zu finden (Einheit mH/m bzw. µF/m) [2.41]:

$$L = 2\cdot 10^{-4} \ln\frac{d_2}{d_1} + \frac{10^{-2}}{\pi\sqrt{f}}\left(\frac{\sqrt{\varrho_1}}{d_1} + \frac{\sqrt{\varrho_2}}{d_2}\right). \qquad (2.60)$$

Bei voller Wirksamkeit des Skineffekts ($f \gtrsim 100$ kHz) kann der zweite Summand vernachlässigt werden.

$$C = 56\cdot 10^3\, \bar{\varepsilon}_r / \ln(d_2/d_1), \qquad (2.61)$$

worin $\bar{\varepsilon}_r$ die mittlere Permettivität des Dielektrikums ist. Für den Wellenwiderstand folgt:

$$Z_\infty = \frac{60}{\sqrt{\bar{\varepsilon}_r}} \ln(d_2/d_1) \quad \text{(Einheit } \Omega\text{)}. \qquad (2.62)$$

Mit $c = 3\cdot 10^8$ m/s als Lichtgeschwindigkeit wird ferner

$$\beta = 2\,\pi f \sqrt{\bar{\varepsilon}_r}/c, \qquad (2.63)$$

bzw.

$$v = \frac{2\,\pi f}{\beta} = c/\sqrt{\bar{\varepsilon}_r}. \qquad (2.64)$$

v ist die Wellenausbreitungsgeschwindigkeit. Beim Vollpolythenkabel liegt sie, mit $\varepsilon_r = 2{,}3$, um $2\cdot 10^8$ m/s. Für den Fall, daß die Ableitung G im Ausdruck für α mitzuberücksichtigen ist (vgl. Gl. (2.55)), gilt in dB/m:

$$\alpha = 8{,}686\,\frac{R}{2}\sqrt{\frac{L}{C}} + \frac{G}{2}\sqrt{\frac{C}{L}}, \qquad (2.65)$$

worin

$$8{,}686\,\frac{G}{2}\sqrt{\frac{C}{L}} = \frac{8{,}686\,\pi}{0{,}3} f \sqrt{\bar{\varepsilon}_r}\,\tan\delta, \qquad (2.66)$$

mit $\tan\delta$ als Verlustfaktor des Dielektrikums.

Tabelle 2–VI. Dämpfungs- und Phasenbeläge koaxialer Leiterpaare (Impedanz bei höheren Frequenzen 75 Ω). Die praktisch mit der Wurzel aus der Frequenz ansteigenden Dämpfungsbeläge hängen vor allem vom Kabeldurchmesser ab. Einen beträchtlichen Einfluß üben aber auch das Leitermaterial (Kupfer, Aluminium) sowie das Dielektrikum (z. B. Voll- oder Schaumpolyethylen, Führung des Innenleiters mit Polyethylenscheiben usw.) aus. Auf diese Weise erklären sich die beträchtlichen Dämpfungsdifferenzen in den Kabelklassen der Tabelle. Vollisolation zwischen Innen- und Außenleiter ergibt Tuben mit besonders günstigen mechanischen Eigenschaften, die aber mit einer größeren Dämpfung erkauft werden müssen. Die Kabeldämpfung steigt mit der Temperatur um etwa 0,2% je °C. Bodenverlegte Kabel sind diesbezüglich nicht kritisch. Der Ausgleich erfolgt durch die in mittleren und größeren Netzen ohnehin vorhandenen Regelverstärker (vgl. Text). Das Einhalten der erforderlichen Kabeltoleranzen bietet bei der Fertigung keine besonderen Probleme. Die Tuben benötigen zum Teil eine Armierung (vgl. z. B. [2.36; 2.39]).

Bezeichnung		Durchmesser des Innenleiters mm	Innendurchmesser des Außenleiters mm	Dämpfungsbelag α je 100 m in dB bei Frequenz (MHz) 5	47	300	Phasenbelag β je 100 m in rad bei Frequenz (MHz) 5	300
internat. Kleinkoaxialkabel		1,2	4,4	1,2		9,8	11,5	688
internat. Großkoaxialkabel		2,6	9,6	0,5		3,9	10,6	638
Kabel für Strecke		3,6	23,7		1,2	3,6		
(Zubringer)	a	2,6	17,3		1,8	4,9		
Kabel für Linie		1,75	11,5		2,4	6,5		
(mittl. Verteilebene)	a	1,7	11,5		1,8	5,0		
Kabel für	a	1,1	7,3		3,6	9,8		
Stamm		1,1	7,3		2,2	6,2		
(Endverteilung)	a	0,7	4,8		3,5	9,6		

[a] Typen nach DIN 47252

Entsprechend der allgemeinen auch auf Leitungen anwendbaren Vierpoltheorie können Wellenwiderstand $\underline{Z}_0$ und Wellenfortpflanzungskonstante $\underline{\Gamma}$ auch aus einer Kurzschluß- und Leerlaufmessung (Impedanz $\underline{W}_k$ bzw. $\underline{W}_l$) gewonnen werden. Die entsprechenden Beziehungen lauten: (Einheit Ω bzw. rad):

$$\underline{Z}_0=\sqrt{\underline{W}_k \underline{W}_l}; \quad \underline{\Gamma}=\gamma l=\operatorname{artanh}\sqrt{\underline{W}_k/\underline{W}_l}. \qquad (2.67)$$

l ist darin die Kabellänge in m.

Nebensprechen

Das Nebensprechen (Übersprechen, engl. crosstalk, frz. diaphotie [Bild] bzw. diaphonie [Ton], genaue Definition siehe einschlägiges Schrifttum, z.B. [2.4]) ist bei koaxialen Leiterpaaren mit massivem, dichtem Außenleiter für Frequenzen, bei denen die Stromverdrängung voll wirksam ist, zu vernachlässigen. Bei Frequenzen unter 100 kHz (Eindringtiefe > Wandstärke des Außenleiters) ist ein Ansteigen des Nebensprechens festzustellen. Die Schirmwirkung nichtmagnetischer Außenleiter geht dann weitgehend verloren. Um auch für tiefe Frequenzen gute Nebensprecheigenschaften zu erhalten, wird der Außenleiter mit einem magnetischen Material umwickelt. Bei Fernsehanwendungen ist dies aber im allgemeinen auch im Videobereich nicht nötig.

Koaxialkabel mit geflochtenem Außenleiter ergeben bei Frequenzen über Größenordnung 10 MHz deutlich schlechtere Nebensprechwerte. Unabgeschirmte paarsymmetrische Leitungen, insbesondere gewöhnliche Telefon-Teilnehmerleitungen, weisen bei höheren Frequenzen sehr ungünstige Nebensprecheigenschaften auf. Diese schränken die Verwendung solcher Übertragungsmittel oft mehr ein als die ebenfalls ungünstigen Dämpfungseigenschaften.

Typische Daten von Kabeln, wie sie u.a. in Gemeinschaftsantennenanlagen Anwendung finden, sind in Tabelle 2–VI aufgeführt. Es ist üblich, Koaxialkabel durch Angabe des Durchmessers des Innenleiters und des Innendurchmessers des Außenleiters grob zu kennzeichnen; dies zumindest im europäischen Raum (Millimetermaß).

Betriebseigenschaften

Die oben dargelegten Wellenparameterbeziehungen sind in der Praxis nur dann anwendbar, wenn das Kabel beidseitig mit einer guten Nachbildung des Wellenwiderstandes abgeschlossen wird. Dies ist in der Praxis beim Koaxialkabel für Frequenzen über Größenordnung 1 MHz bei reellem Abschluß $R_0=Z_\infty$ mit ausreichender Genauigkeit der Fall. Übertragungen im radiofrequenten (RF-)Bereich (HF, VHF, UHF) bieten deshalb prinzipiell bezüglich Leitungsabschluß keine besonderen Schwierigkeiten. Auch wird der Mitfluß durch die Kabeldämpfung stark verringert.

Die Ein- und Ausgangsimpedanzen radiofrequenter Verstärker weisen aber oft beträchtliche imaginäre Komponenten auf, was zu entsprechenden Anpassungsfehlern führen kann. Ist genügend Verstärkungsreserve vorhanden, kann die Anpassung durch das Einfügen ohmscher T-Glieder verbessert werden.

Videofrequente Fernsehübertragung

Die einfache Wellenparametertheorie ist auf die videofrequente Fernsehübertragung (tiefste Frequenz 25 Hz) bei den üblichen Verstärkerfeld-Kabellängen — auch aus Gründen der Stromverdrängung — nicht anwendbar. Demgegenüber schließt die allgemeine Vierpoltheorie diesen Fall mit ein. Bei den niedrigeren Frequenzen (für die Praxis etwa unterhalb 100 kHz) wird der Wellenwiderstand komplex und sein Betrag steigt stark an (Bild 2–42) [2.4; 2.40; 2.41]. Das Verstärkerfeld ist mit Rücksicht auf die hohe Kabeldämpfung bei den oberen Videofrequenzen (5 bis 10 MHz) oder andere Gegebenheiten im allgemeinen kurz (Bereich 10 bis 1000 m). Schließt man das Leiterpaar — was hier allgemein üblich ist — beidseitig mit dem reellen, hochfrequenten Wellenwiderstand $Z_\infty=R_0$ (fast immer 75 Ω) ab, ergeben sich unterhalb von etwa 10 kHz beträchtliche Fehlanpassungen. Für das in Bild 2–43 skizzierte Übertra-

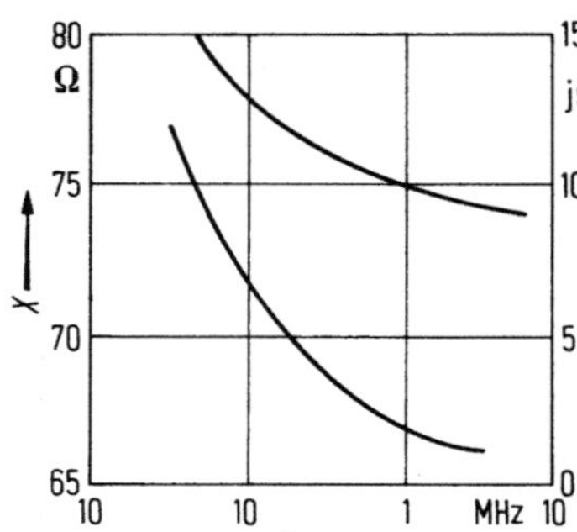

Bild 2-42. Wellenimpedanz $\underline{Z}=X+\mathrm{j}Y$ des internationalen Kleinkoaxialkabels 1,2/2,4 mm; f Frequenz. X obere, jY untere Kurve

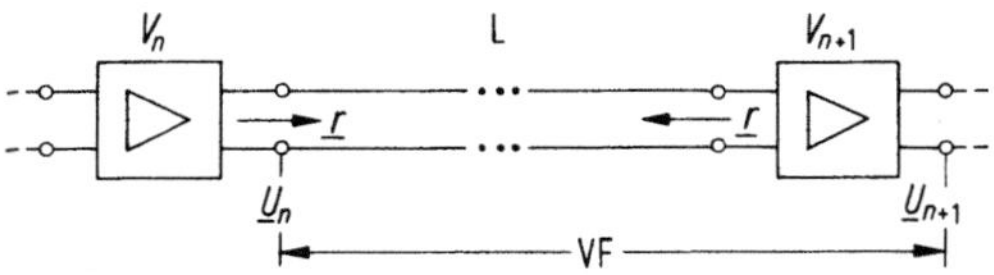

Bild 2-43. Ausschnitt aus Übertragungsweg mit einzelnem Verstärkerfeld, das in sich entzerrt ist. V_n, V_{n+1} Verstärker; L Leitung, VF Verstärkerfeld; $\underline{U}_n$, $\underline{U}_{n+1}$ Verstärker-Ausgangsspannungen; $\underline{r}$ Reflexionsfaktor

gungsfeld läßt sich ($\underline{U}_0$ Urspannung) als Betriebsübertragungsfunktion die folgende Beziehung herleiten:

$$\underline{U}_0/2\,\underline{U}_2 = \underbrace{\exp(\gamma l)}_{\text{(I)}}\,\underbrace{(1-\underline{r}^2)^{-1}}_{\text{(II)}}\,\underbrace{[1-\underline{r}^2\exp(-2\gamma l)]}_{\text{(III)}}, \tag{2.68}$$

worin $\underline{r}=\underline{r}(f)=\{R_0-\underline{Z}_0(f)\}/\{R_0+\underline{Z}_0(f)\}$ den Reflexionsfaktor verkörpert. Der Zähler des Reflexionsfaktors ändert bei strommäßigen Betrachtungen das Vorzeichen. Oft interessiert nur der Betrag $|\underline{r}(f)|$, der zwischen 0 und 1 liegt. Der Ausdruck

$$A_r = 20\ \lg\,(1/|\underline{r}(f)|) = 20\ \lg\ a_r \tag{2.69}$$

wird Anpaß- oder Rückflußdämpfung genannt (Maßeinheit dB). Ihr numerischer Wert a_r geht aus Gl. (2.69) hervor.

Der Betriebsdämpfungsfaktor setzt sich gemäß Gl. (2.68) aus drei Anteilen zusammen:

(I) Wellen-Fortpflanzungsfaktor,
(II) Stoßfaktor,
(III) Mitflußfaktor erster Ordnung.

Der Wellen-Fortpflanzungsfaktor (I) bedarf nach dem oben Gesagten keiner weiteren Erläuterung. Er verkörpert den direkten Dämpfungs- und Verzögerungseinfluß der Leitung.

Der Stoßfaktor (II) beinhaltet den durch beidseitige Fehlanpassung verursachten spannungsmäßigen Übertragungsverlust. Er hängt nicht von der Leitungslänge ab. Meist interessiert nur sein Betrag, der sich auch als Quotient des arithmetischen zum geometrischen Mittelwert von R_0 und $|\underline{Z}_0|$ ausdrücken läßt.

Der Mitflußfaktor (III) ähnelt dem Kehrwert des Stoßfaktors. Er entspricht dem durch einmalige Reflexion am Leitungsende und -anfang verursachten Spannungsmitfluß am Ausgang der Übertragungsstrecke und beinhaltet wie (I) den Wellenfortpflanzungsbelag γ des Kabels. (Mitflußfaktoren höherer Ordnung sind fast immer zu vernachlässigen.) Eine mitflußfreie Übertragung ist schon dann gewährleistet, wenn das Kabel nur am einen der beiden Enden reflexionsfrei abgeschlossen wird. Auch beim Mitflußfaktor interessiert im allgemeinen nur der Betrag.

Aus der gesamten Formel für $\underline{U}_0/2\,\underline{U}_2$ läßt sich folgendes herauslesen:

— Für $|\underline{r}|\to 0$ (gute Anpassung) streben die Ausdrücke (II) und (III) gegen eins (Fall der reinen Wellendämpfung).
— Für $|\gamma l|\to 0$ (kürzere Leitungen) strebt das Produkt (II)·(III) bei endlichen $|\underline{r}|$-Werten schneller gegen eins als (I), d.h. Stoß- und Mitflußfaktor kompensieren sich teilweise.

Bild 2-44 zeigt für zwei für Videoübertragungen häufig verwendete 75-Ω-Kabeltypen und zwei charakteristische Kabellängen die Betriebsdämpfung auf. Die Wellendämpfung folgt hier ungefähr der Formel $\alpha=\sqrt{\omega RC/2}$ (gestrichelte Geraden). Die Fehlanpassung am unteren Bandende bringt beim üblichen Kabelabschluß mit dem reellen, für hohe Frequenzen gültigen Wellenwiderstand eine willkommene Abflachung des Dämpfungsverlaufs mit sich. Im Frequenzbereich über einigen hundert kHz vermindert sich die Fehlanpassung zunehmend und die Kabeldämpfung steigt gemäß obiger Formel ungefähr mit der Wurzel der Frequenz an; störender Mitfluß, der sich in Form von Geisterbildern äußern würde, ist hier kaum zu erwarten.

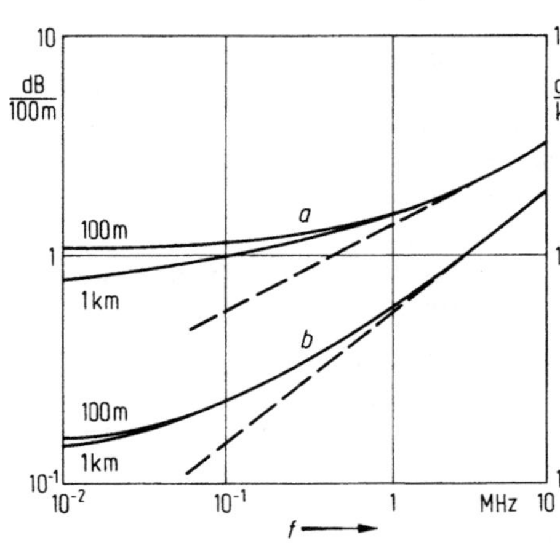

Bild 2-44. Kabel-Betriebsdämpfung im Videobereich für Längen von 100 m (linke Skala) und 1 km (rechte Skala). *a* Typ RG-59-AU, *b* Typ RG-11-AU. Gestrichelt: ungefährer Verlauf der Wellendämpfung (*f* Frequenz)

Der mit steigender Frequenz im wesentlichen durch die Stromverdrängung verursachte Dämpfungsanstieg ist in einem Übergangsgebiet, das gewöhnlich im Bereich von 10 bis 100 kHz liegt, besonders schwierig zu entzerren. Schon verhältnismäßig kurze Video-Kabelverbindungen bedürfen — vor allem im Studiobereich — einer sorgfältigen frequenzabhängigen Entzerrung, wofür besondere, schrittweise an die Leitungslänge anpaßbare Korrekturverstärker entwickelt wurden.

Bei tiefen Videofrequenzen wird die Wellenlänge der Schwingung gegenüber der Verstärkerfeldlänge groß (Größenordnung 1000 km). Das Kabel wirkt dann wie ein ohmscher Spannungsteiler.

Die Betriebsgruppenlaufzeit einer typischen Koaxialtube ist oberhalb von etwa 500 kHz innerhalb von etwa 50 ns konstant. Gegen tiefe Frequenzen hin steigt sie asymptotisch an. Am unteren Ende des Videobandes ergeben sich Werte von einigen hundert ns. Diese Werte gelten für eine Kabellänge von etwa einem Kilometer.

Im videofrequenten Verstärkerfeld dürfen die Endausrüstungen nicht ohne weiteres geerdet werden, da die Gefahr besteht, daß sich wechselstrommäßige Fremdspannungsdifferenzen über den Kabelaußenleiter ausgleichen und sich dadurch dem Nutzsignal additiv überlagern. Man pflegt gewöhnlich die Sendeseite bezüglich Kabelaußenleiter zu erden, empfangsseitig jedoch die beiden Koaxialleiter, unter Vermeidung einer niederohmigen Erdverbindung, auf einen Differenzverstärker zu führen. Für nicht allzu hohe Ansprüche lassen sich auch Videotransformatoren oder bifilare Drosselspulenanordnungen verwenden, die auf stoßförmige Überspannungen weniger empfindlich als Transistoreingangsstufen sind (Bild 2–45) [2.50]. Videofrequente Übertragung ist auch über Glasfasern möglich [2.56].

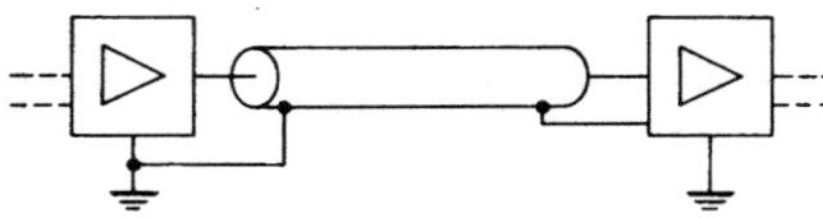

Bild 2-45. Vermeidung von Brummstörungen durch einseitige Kabelaußenleiter-Erdung auf Sendeseite und Differenzverstärker-Eingangsstufe auf Empfangsseite

2.6.2 Gemeinschaftsantennenanlagen und Kabelverteilnetze

Einrichtungen dieser Art dienen, wie aus dem Titel dieses Abschnitts hervorgeht, vornehmlich der leitergebundenen Verteilung von Fernsehprogrammen [2.36–2.39; 2.42–2.49; 2.51–2.54; 2.57–2.66]. Sie können in Block-, Quartier-, Orts-, Regions- und landesweite Verteilnetze gegliedert werden. Im CCIR wurden bisher lediglich Richtlinien für Individual- und Kollektivsysteme bis zur Größe von Blockverteilanlagen ausgearbeitet (s. Anhang 2.7; Tabelle 2–IX). Über Eigenschaften von Empfängern mit Blick auf deren Einsatz in Vielkanalnetzen orientiert Tabelle 2–X im genannten Anhang. Die Ausführungen dieses Abschnitts beziehen sich vor allem auf mittlere und größere Verteilanlagen. Allgemein hat sich schon seit langem der Frequenzmultiplexbetrieb durchgesetzt.

Für die leitergebundene Verteilung von Rundfunkprogrammen haben Gemeinschaftsantennenanlagen und Kabelnetze in einer Reihe von Ländern (Nordamerika, Benelux, Schweiz usw.) eine große Verbreitung erfahren und sind vielerorts weiter im Ausbau begriffen. Sie können durch das Verschwinden der „Antennenwälder" zur Verschönerung des Ortsbildes beitragen und den „Hochhausgeschädigten", d.h. Teilnehmern, welche durch Gebäudeabschattungen schlechte Empfangsverhältnisse haben, zu einem einwandfreien Empfang verhelfen.

In den meisten Fällen liegt das primäre Interesse des Teilnehmers aber an einem vermehrten Programmangebot. Um dieses Ziel zu erreichen, werden an günstig gelegenen Kopfstationen Fernseh- und UKW-FM-Tonsignale entfernter — oft ausländischer — Sender empfangen, verstärkt und via Kabel oder Richtfunk (Beispiel Schweiz) an regionale Kabelverteilzentralen weitergeleitet, dort signal- und frequenzmäßig aufbereitet, auf geeignetere Kanäle umgesetzt und an die Abonnenten verteilt. Die ursprünglichen Modulationsarten werden dabei in relevanten Fällen häufig an die Landesnorm angepaßt. Die Verstärkung ab Kopfstation erfolgt, wie erwähnt, praktisch ausnahmslos breitbandig im Frequenzmultiplexbetrieb, wobei auch Zusatzsignale wie zweiter Fernsehton oder Fernsehtext einwandfrei mitzuübertragen sind.

Schmalbandigere Systeme, bei denen der Teilnehmer die gewünschten Programme via Wählscheibe über einen telefonieartigen Rückkanal abrufen kann, konnten sich bisher nicht durchsetzen.

In einigen Ländern (USA, Canada usw.) werden Fernsehsignale bereits in größerem Ausmaß über Satelliten an Kopfstationen weitergegeben. Ent-

wicklungen dieser Art haben auch in Europa Fuß gefaßt.
Größere Gemeinschaftsantennenanlagen oder Verteilzentralen können zu Netzen mit Möglichkeiten zur Einspeisung lokaler Programme ausgebaut und im Prinzip auch unter sich verbunden werden. Die „verkabelte Stadt" (Begriff der siebziger Jahre) endlich sieht — vorläufig noch mehr als Zukunftsvision — den Miteinbezug von Teilnehmern in Programmschalt-, Datenabfrage- und/oder Datensammelzentren vor, die entweder schmalbandig zur Übermittlung von Programmwahl-Steuerbefehlen, digitalen Nachrichten (z. B. Abstimmungsvoten, Zählerablesung), ober aber breitbandig zur direkten fernsehmäßigen Kommunikation zwischen Teilnehmer und Zentrale oder gar zwischen den Teilnehmern unter sich, ausgelegt sind. Ein vollständig integriertes Fernmeldesystem hätte neben solchen Diensten und Videotex (Bildschirmtext) aufgrund wirtschaftlicher Überlegungen primär stets ein Telefonwählnetz anzubieten (vgl. Abschnitt 2.6.3).
Lokale Fernsehprogramme können Unterhaltungs- und Bildungszwecken dienen, zum kulturellen und politischen Leben in den Gemeinden und Regionen beitragen und dabei zeitweise auch Reklamesendungen, wie z. B. Zeitungsinserate oder Marktangebote großer Verkaufsorganisationen usw., vermitteln.
Gesellschafts-, medien- und wirtschaftspolitische Aspekte und Interessen wie auch die Kostenfrage behindern zur Zeit in vielen Ländern noch die Einführung von Lokalprogrammen. Ohne Werbesendungen dürften solche jedenfalls kaum zu realisieren sein. Zusätzliche Einnahmequellen bietet das Abonnementfernsehen (pay television) an. Bei den besonders zu reglementierenden Systemen dieser Art ist durch technische Maßnahmen dafür gesorgt, daß bestimmte Sendungen (meist neuere Spielfilme) nur gegen Entgelt gesehen werden können. Zur Übertragung ausländischer Fernsehprogramme anderer Normen werden zum Teil, besonders in großen Netzen, Normwandler eingesetzt.
Das Leistungsvermögen moderner Großgemeinschaftsanlagen und Kabelverteilsysteme sei aufgrund einiger Daten veranschaulicht. Auf das durchwegs angewandte Frequenzmultiplexprinzip wurde bereits hingewiesen. Meist werden im UKW-Bereich speziell aufbereitete mono- und stereofone FM-Tonrundfunksignale mit übertragen. Neueste amerikanische Systeme sind auf eine obere Frequenzgrenze von rund 450 MHz ausgelegt, was einer Übertragungskapazität von gegen 50 7-MHz-Fernsehkanälen entspricht. Anlagen bisheriger europäischer Konzeption können z. B.

Tabelle 2–VII. Kanalraster für das Kabelfernsehen (CCIR-Norm B). Nach [2.39]. K regulärer Kanal, S Sonderkanal. Für Rückkanäle ist der Bereich von 5 bis 21 MHz geeignet (vgl. Tabelle 2–XI im Anhang 2.7). Zusätzliche schmalbandige Rückkanäle können z. B. etwas oberhalb von 21 MHz untergebracht werden. UKW regulärer FM-Hörfunkbereich. Die in Klammer gesetzten Sonderkanäle S 1 und S 2 werden normalerweise nicht mehr genutzt.

Bereich	Kanal		Frequenz
III			300
		S 20	
			293
		S 19	
			286
		S 18	
			279
		S 17	
			272
		S 16	
			265
		S 15	
			258
		S 14	
			251
		S 13	
			244
		S 12	
			237
		S 11	
			230
	K 12		
			223
	K 11		
			216
	K 10		
			209
	K 9		
			202
	K 8		
			195
	K 7		
			188
	K 6		
			181
	K 5		
			174
		S 10	
			167
		S 9	
			160
		S 8	
			153
		S 7	
			146
		S 6	
			139
		S 5	
			132
		S 4	
			125
		S 3	
			118
		(S 2)	
			(111)
		(S 1)	
II			(104)
			.
	UKW		.
			.
			87,5
I			68
	K 4		
			61
	K 3		
			54
	K 2		
			47

bei einem Frequenzbereich von 47 bis 300 MHz auf die Übermittlung von bis zu 29 Fernsehprogrammen und etwa 20 teils Mono-, teils Stereo-Rundfunkprogrammen ausgelegt sein. Die Übertragung beschränkt sich dabei nicht auf die eigentlichen Rundfunkbereiche I bis III (Band II: UKW-Tonrundfunk), sondern umfaßt zusätzlich noch die sogenannten unteren und oberen Sonderkanäle (Bereiche 118 bis 174 und 230 bis 293 MHz, s. Tabelle 2–VII). Die Empfänger werden meist schon in der Fabrik für den Sonderkanalempfang hergerichtet. Gelegentlich werden die Sonderkanallagen auch kurz vor der Signalverteilung an die Teilnehmer auf reguläre Dezimeterwellenkanäle umgesetzt; die hohe Kabeldämpfung ist so tragbar.
Bei den obigen Kanalzahlen ist angenommen, daß die Empfänger nachbarkanaltauglich sind. Inwieweit ein störungsfreier Nachbarkanalbetrieb möglich ist, hängt sowohl von der Anlage als auch von den verwendeten Empfängern ab. Die meisten modernen Empfängertypen vermögen den hohen Kanalselektionsanforderungen zu genügen. Akustische Oberflächenwellenfilter im ZF-Teil lassen, im Verein mit besonderen Maßnahmen im radiofrequenten Empfangsteil, in Zukunft noch bessere Nachbar- und Spiegelkanal-Selektionseigenschaften erwarten.
Neben den öffentlichen Anwendungen des leitergebundenen Fernsehens haben auch — meist kleinere — Netze für Sonderzwecke, z. B. in Lehre, Forschung und Medizin, zu Überwachungszwekken oder zur Übertragung von Börsenkursen, eine gewisse Bedeutung erlangt. Auch zur Scheck- und Unterschriftskontrolle wird häufig das Fernsehen herangezogen. In solchen Fällen handelt es sich oft um isolierte Einzelverbindungen, z. B. zwischen dem Hauptsitz einer Bank oder Post und ihren regionalen Filialen. Man spricht vom professionellen oder Betriebsfernsehen. Netze solcher Art können videofrequent ausgelegt sein [2.50; 2.56].
Die leitergebundene Übertragung erfolgt zur Zeit generell noch fast ausschließlich über Koaxialkabel. Mit der Zeit dürfte die Glasfaser aber zweifelsohne gegenüber der Koaxialtube an Bedeutung gewinnen.

Netzstrukturen

Topologisch lassen sich im leitergebundenen Nachrichtenwesen Baum-, Stern- und Ringstrukturen unterscheiden. Die Telefonienetze mit ihrer symmetrischen Informationsvermittlungsstruktur (Geber und Empfänger bei jedem Teilnehmer) sind in Sternstruktur ausgelegt. Ringstrukturen eignen sich besonders für den Austausch adressencodierter Datenpakete. In Gemeinschaftsantennenanlagen und auf Kabelfernsehnetzen ist zur Zeit, von seltenen Ausnahmen abgesehen, der Informationsfluß einseitig zum Teilnehmer gerichtet. In solchen Fällen ergibt — zumindest bei den gegebenen, relativ kurzen Verstärkerfeldlängen — die Baumstruktur (Bild 2–46) die wirtschaftlich günstigste Lösung. Auch asymmetrische Netze, z. B. mit schmalbandigen Rückkanälen, lassen sich auf dieser Basis noch ohne allzu hohe Kosten verwirklichen. Symmetrische Netze, wie sie etwa für das Fernsehtelefon benötigt werden, müssen sich indessen in der Gliederung den Telefonienetzen anpassen.
Gemeinschaftsantennen- und Kabelfernsehanlagen sind netztechnisch nicht unterschiedlich organisiert, doch haben erstere primär stets eine Antennenkopfstelle. Großanlagen bestehen beispielsweise aus einer zentralen Empfangsstelle mit einer ersten Signalaufbereitung, einem Zuleitungsnetz zu den regionalen Kopfstellen (teils via Richtstrahlverbindungen), einer zweiten Signalaufbereitung in diesen im Idealfall in der Mitte des zu versorgenden Gebiets gelegenen Kopfstellen (Kabelfernsehzentralen), dem aktiven Versorgungsnetz, das oft über öffentlichen Grund führt, und dem Haus- oder Blockverteilnetz, das meist passiv ausgelegt ist und an den Zimmer-Anschlußdosen der einzelnen Fernsehgeräte endet. Der Wellenwiderstand der Kabel wurde international auf 75 Ω festgelegt.
Satellitensignale werden in diesem Fall z. B. bei einer zentralen Empfangsstelle und Lokalprogramme bei den regionalen Kopfstellen eingespeist. Im Quartierbereich lassen sich im Bedarfsfall, wenn es die Kosten erlauben, auch noch Signale für die Spielplatzüberwachung usw. hinzufügen. Die Verteilung ab regionaler oder lokaler Kopfstelle ist im Bild 2–46 schematisch aufgezeigt. Die Grobverteilung erfolgt hier über das Streckennetz (Zubringernetz), die Feinverteilung über die Linien- und Stammnetze (in der Schweiz zusammenfassend Verteilnetz genannt). Ungefähr jeder zweite Streckenverstärker besitzt eine selbsttätige Pegelregelung. Auch Linienverstärker können eine solche aufweisen. Man spricht auch von vier Netzebenen A bis D, wobei die letztgenannte die Endverteilung in den Häusern umfaßt.
Dieses verfeinerte Schema wird indessen aus wirtschaftlichen Gründen oft nicht streng eingehalten,

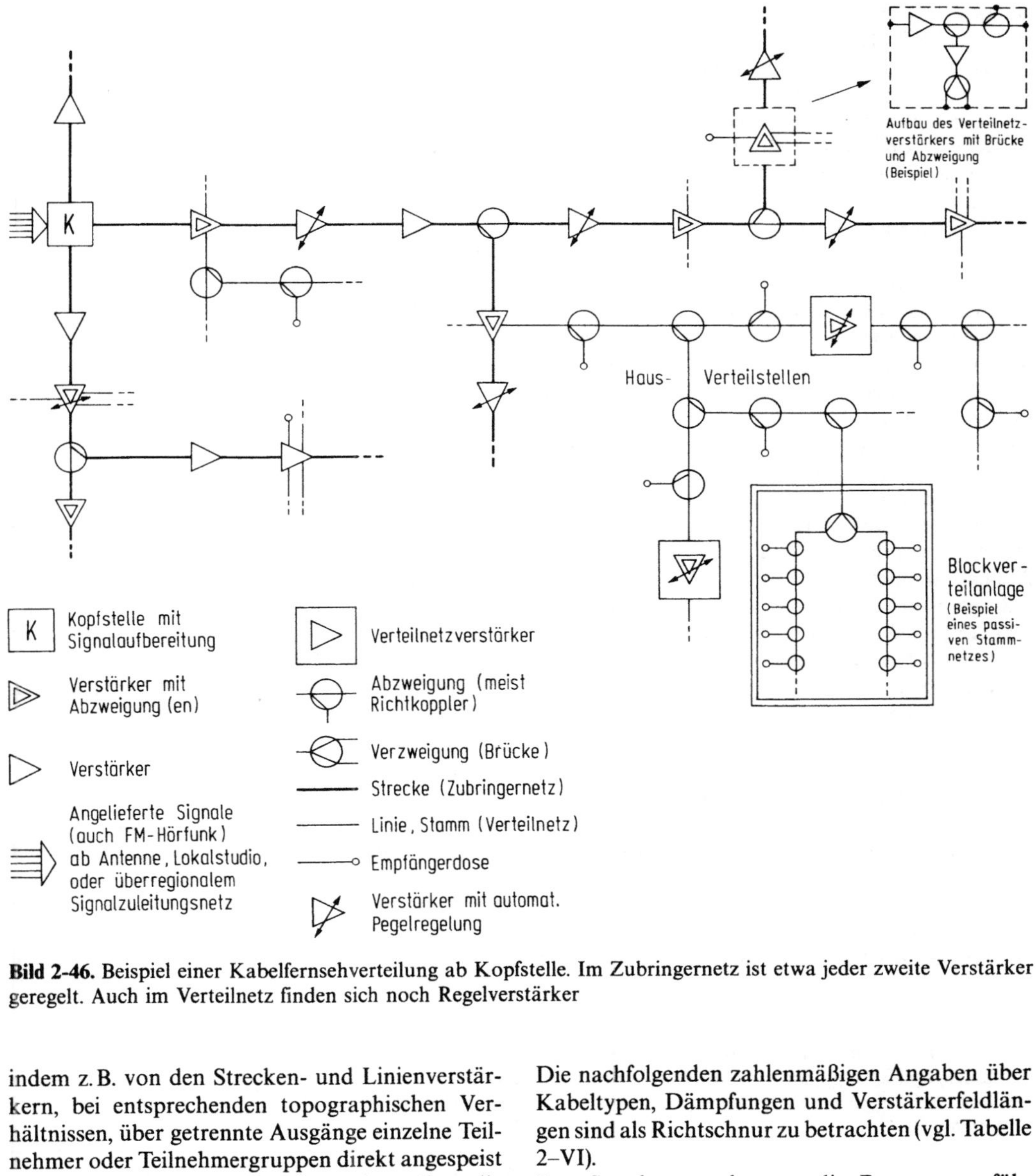

Bild 2-46. Beispiel einer Kabelfernsehverteilung ab Kopfstelle. Im Zubringernetz ist etwa jeder zweite Verstärker geregelt. Auch im Verteilnetz finden sich noch Regelverstärker

indem z. B. von den Strecken- und Linienverstärkern, bei entsprechenden topographischen Verhältnissen, über getrennte Ausgänge einzelne Teilnehmer oder Teilnehmergruppen direkt angespeist werden. Die nachfolgenden Angaben über die Netzebenen sind entsprechend etwas zu relativieren, wobei auch festzuhalten ist, daß die Netzgröße sehr stark variieren kann und dementsprechend — vor allem das Streckennetz — ausdehnungsmäßig recht großen Schwankungen unterworfen ist. Bei Kleinanlagen kann dieses sogar entfallen; man ist hier oft auch kaum noch in der Lage, von Linien- und Stammnetz zu sprechen.

Die nachfolgenden zahlenmäßigen Angaben über Kabeltypen, Dämpfungen und Verstärkerfeldlängen sind als Richtschnur zu betrachten (vgl. Tabelle 2–VI).

Das Streckennetz besorgt die Programmzuführung von der Kopfstelle zu den Versorgungszentren. Die Länge kann, je nach örtlichen Verhältnissen, stark variieren (1 bis 10 km als mittlere Spanne). Um auf solchen Kabelstrecken bei größerem Verstärkerabstand zu hinreichend hohem Rauschabstand und niedrigen Verzerrungen zu kommen, wird ein Koaxialkabeltyp relativ großen Durchmessers (armiert 20 mm und mehr) mit entsprechend niedriger Dämpfung (z. B. 4,9 dB je 100 m bei 300 MHz) verwendet. Die hier eingesetzten Breitbandverstärker müssen sehr rauscharm sein und ausgezeichnete Intermodulationseigenschaften aufweisen. Die Verstärkungsgrade liegen im Bereich von 20 bis 25 dB, die Verstärkerfeldlängen entsprechend im Bereich um etwa 400 bis 500 m.

Die Liniennetze bedienen vom Streckennetz her lokale Versorgungsbereiche wie kleinere Ortschaften oder Stadtquartiere. Die Verstärkerfeldlängen liegen bei Größenordnung 500 m. Die dabei zur Anwendung kommenden Koaxialtuben haben bei Außenleiterdurchmessern von etwa 12 mm typische Dämpfungen von 5 bis 6 dB je 100 m bei 300 MHz. Auch hier sind Breitbandverstärker bester Qualität erforderlich. Die Verstärkungsfaktoren liegen um 25 bis 30 dB.

Etwas geringere Anforderungen werden an das Stammnetz gestellt, das die Signale den einzelnen Häusern und Blöcken zuleitet. Kabeltuben mit Außendurchmessern von etwa 5 bis 8 mm und Dämpfungen von 6 bis 10 dB je 100 m (Frequenz 300 MHz) sind hier üblich. Die Verstärkungsgrade können bis zu etwa 40 dB gehen, was auf Verstärkerfeldlängen von bis zu rund 600 m führen kann.

Die Endverteilung in den Häusern wird, wie bereits erwähnt, fast ausnahmslos passiv durchgeführt. Dabei finden oft Richtkoppler, teilweise auch Brückenschaltungen, Anwendung.

Strecken- und teilweise auch Linienverstärker sind mit selbsttätigen Verstärkungsreglern ausgerüstet, die auf zwei an den Bandenden übertragene Pilotfrequenzen ansprechen und auch temperaturabhängige Kabeldämpfungen ausgleichen können. In Tabelle 2–VIII sind einige Daten typischer Verstärker zusammengestellt. Weitere Angaben finden sich im Anhang 2.7 in Tabelle 2–XI.

Frequenzlagen unterhalb des Fernsehbereichs I, beispielsweise zwischen 5 und 30 MHz, können in späteren Ausbauetappen für schmal- und breitbandige Rückkanäle Verwendung finden. Filterweichen erlauben es im Bedarfsfall, den gegenläufigen Informationsfluß vom Teilnehmer bis zur Kopfstelle auf dem bereits vorhandenen Verteilnetz zu übertragen (vgl. genannte Tabelle 2–XI).

Signalempfang und -aufbereitung auf Kopfstellen

Mit Rücksicht auf den oft recht langen Gesamtübertragungsweg ist hervorzuheben, daß es sehr wichtig ist, daß die von der Kopfstation empfangenen Signale von möglichst guter Qualität sind. Was terrestrische Signale betrifft, sollten — aus Gründen des Mehrwegeempfangs sowie witterungs- und jahreszeitlich bedingter Schwankungen bei der Wellenausbreitung — vor der endgültigen Standortwahl längerfristige Feldstärkenmessungen sowie Bild- und Ton-Qualitätsbewertungen durchgeführt werden. Kritisch ist einerseits der Fernempfang; andererseits u. U. aber auch der Empfang naher Sender, nämlich dann, wenn die Gefahr der Interferenz durch Bodenreflexionen kritischer Laufzeit besteht. Letztere können dabei unter der Grenze für sichtbare Geisterbilder, d. h. unter der Bildpunktdauer (~ 100 ns) liegen.

Echosignale mit diskreter Laufzeit lassen sich im Prinzip mit adaptiven Transversalfiltern korrigieren. Von dieser Technik wird indessen zur Zeit anscheinend noch kaum Gebrauch gemacht. Echo- und andere Störsignale aus geometrisch diskriminierbaren Richtungen können mit geeigneten Antennenanordnungen (Dipolkombinatio-

Tabelle 2–VIII. Hauptdaten typischer Kabelfernseh-Verteilverstärker (s. auch Tabelle 2–X im Anhang 2.7). Der Ausgangspegel kann, je nach Anzahl der zu übertragenden Kanäle, beträchtlich schwanken.

Parameter	Strecken-, Zubringer-, Primärnetz	Verteilnetz	
		Linien-, Sekundärnetz	Stamm-, Tertiärnetz
Betriebsverstärkung in dB	22	26	32
Rauschzahl in dB	8	9	≤ 12
SS-Wert der Amplitudengangsschwankung in dB	± 0,25	± 0,5	± 0,5
Ausgangspegel je Fernsehkanal in dBμV[a]	93	106	106
Frequenzbereich in MHz	47...300	47...300	47...300

[a] Synchronspitze Bildträger, Effektivwert; im allgemeinen mit betrieblicher Reserve.

nen) ausgeblendet werden. (An hochgelegenen Empfangsstandorten besteht erhöhte Gefahr für Gleich- und Nebenkanalstörungen.)
Kopfstationen werden außerdem für den Empfang von Satelliten-, Bild- und Tonrundfunksignalen ausgerüstet. Dabei ist es denkbar, daß — z. B. als Zwischenstufe zum späteren Direktempfang — auch die im Zentrum der lokalen Versorgung gelegenen Verteilzentralen Satellitenempfangseinrichtungen erhalten. Verteilsatelliten für Rundfunkzwecke werden auch oft mit dem Abonnementfernsehen in Verbindung gebracht.
Fernsehkanäle lokaler Sender sollten durch Gemeinschaftsantennenanlagen nach Möglichkeit nicht belegt werden, da die Gefahr der Direkteinstreuung mit zeitlich vorlaufenden Bildsignalen besteht.
Die Signalaufbereitung geschieht kanalweise, unter weitmöglichster Trennung von unerwünschten Nebensignalen (hochselektive Kanalfilter). Dabei werden die empfangenen Fernseh- und Tonrundfunkprogramme — ohne Kurz-, Mittel- und Langwellen — in geeignete Kanäle des Frequenzrasters umgesetzt und auf einen festen Pegel eingeregelt. Bei langen Primärstrecken wird häufig zunächst auf eine für die Übertragung günstige niedrige Frequenz und erst nachträglich auf die Endfrequenz transportiert. Entsprechende Richtfunkabschnitte arbeiten in der Regel mit Frequenzmodulation.
An die Kopfstellenausrüstungen werden hinsichtlich Rauscheigenschaften, Selektionsvermögen und Intermodulationsfestigkeit sehr hohe Anforderungen gestellt. So darf am Ausgang der Effektivwert des unbewerteten Rauschens im Einzelbildkanal, auf den Synchronspitzen-Effektivwert des Bildsignals bezogen, z. B. den Wert von −55 dB nicht überschreiten (HF-mäßige Messung) [2.36]. Dabei wird, wie bei allen weiteren Ausführungen, negative Bildmodulation vorausgesetzt (nur die französische CCIR-L-Norm hat bei 625 Zeilen positive Modulation [1.1; 0.9]). Ferner sollen bei Vollbelegung des Systems z. B. Kreuzmodulationsprodukte in keinem Kanal den Pegel von −60 dB überschreiten (auch strengere Werte sind üblich). Meßmethoden finden sich im Kapitel 3, vgl. Bild 3–31.
Zur Verhinderung störender Mischprodukte wird der relative Tonträgerpegel meist auf −15 bis −20 dB abgesenkt. Für frequenzmodulierte Hörfunksignale darf die Absenkung nur etwa −10 dB (mono) bzw. −5 dB (stereo) betragen; gemessen wird hier allgemein bei unmoduliertem FM-Träger.
Bei Verzicht auf Fernseh-Nachbarkanalbetrieb reduzieren sich die Anforderungen an die Kopfstelle etwas. Da neue Anlagen in den meisten Ländern nachbarkanalfest ausgelegt werden, sei hier nicht näher darauf eingegangen. Der Nachbarkanalbetrieb erfordert u. a. sehr gute Empfängereigenschaften, die indessen heute meist erbracht werden (Tabelle 2–X im Anhang 2.7).
Kabelfernseh- und Tonrundfunk-Verteilzentralen können außer den hier beschriebenen von Kopfstationen bezogenen Signalen z. B. auch noch lokal erzeugte Programme verteilen, deren technische Qualität sich in den Gesamtrahmen einzufügen hat.
Beim Frequenzmultiplex-Kabelfernsehen beziehen sich — wenn nicht speziell vermerkt — Pegelangaben stets auf den Effektivwert des Bildträger-Spitzensignals eines einzelnen Kanals. Bei negativer Modulation entspricht dies dem bereits erwähnten Synchronzeichen-Spitzenwert (vgl. Abschnitt 3.6.2).

Dimensionierungskriterien für Zubringer- und Verteilnetz

Im folgenden sollen in knapper Form wesentliche weitere Gesichtspunkte für die Bemessung von Gemeinschaftsantennenanlagen und Kabelnetzen dargelegt werden. Die Ausführungen gelten, wie allgemein, für Fernsehsignale, d. h. auf das Mitübertragen von FM-Tonsignalen („UKW-Palette") wird nicht eingegangen. Die rund 20 FM-Hörfunkkanäle neuerer Systeme bringen kreuz- oder intermodulationsmäßig keine bedeutende Zusatzbelastung.

Die elektrischen Übertragungsparameter sind:

- Lineare Verzerrungen:
  Kabel-Dämpfungsverzerrung inkl. Temperaturgang,
  Echo-Mitfluß (Anpassungs-, Kabelfehler).
- Nichtlineare Verzerrungen:
  Intermodulation allgemein,
  Kreuzmodulation (Störprodukte 3. Ordnung).
- Rauschen.
- Pegelstabilität (automatische Verstärkungsregelung).
- Gesetzmäßigkeiten der Verstärkerfeld-Kaskadierung.
- Fremdstörungen
  - Störempfindlichkeit bezüglich:

  - Entkopplung der Teilnehmeranschlüsse,
  - Netzbrumm (Speisung der Verstärker),
  - anderer Fremdsignale.
- Störvermögen hinsichtlich fremder Funkdienste, die außerhalb der regulären, in Tabelle 2–VII mit K 2 bis K 12 und UKW bezeichneten Rundfunkbereiche liegen.

Wichtigste Parameter sind lineare und nichtlineare Verzerrungen, Rauschen, Pegelstabilität und Kaskadierungsgesetzmäßigkeiten. Auch die Empfängereigenschaften sind — insbesondere beim Nachbarkanalbetrieb — von großer Bedeutung. Tabelle 2–X im Anhang 2.7 enthält relevante Daten neuerer Empfänger [2.51].

CEI-Publikation 728 orientiert ausführlich über international empfohlene Prüfmethoden, Nennwerte und Toleranzen. Dabei werden z.T. auch Arbeiten des CCIR und CMTT mitberücksichtigt.

Lineare Entzerrung des Verstärkerfeldes, Mitfluß

Moderne Großverteilanlagen können, wie erwähnt, auf 30 und mehr Fernseh- und z.B. 20 und mehr UKW-Mono- und Stereohörfunk-Programme ausgelegt sein. Sie umfassen dann z.B. in Europa bei der CCIR-B-Norm, Nachbarkanalbelegung und reiner Verteilung (Einwegbetrieb) den Frequenzbereich von 47 bis 300 MHz. In den Fernsehbereichslücken sind bis zu etwa 18 genutzte Sonderkanäle zu finden (vgl. Tabelle 2–VII). Diese enthalten vor allem Signale, welche ursprünglich auf den Dezimeterwellenbereichen ausgestrahlt wurden. Ausgehend von amerikanischen Entwicklungen besteht eine gewisse Tendenz, durch Erweiterung der oberen Frequenzgrenze gegen 400 MHz weitere Sonderkanäle zu gewinnen.

Die Zahl der in Großnetzen in Kette geschalteten Breitbandverstärker kann 50 und mehr betragen. Daraus ergibt sich zunächst, daß das einzelne Verstärkerfeld (Verstärker mit anschließender Leitung) bezüglich Kabeldämpfung sehr sorgfältig entzerrt werden muß (typischer Toleranzwert ±0,1 dB; wenn notwendig nach einigen Verstärkerfeldern noch spezielle Feinentzerrung). Dem Temperaturgang der Kabeldämpfung wird, wie bereits ausgeführt, durch Regelverstärker Rechnung getragen. Dies ist vor allem bei oberirdisch ausgelegten Leitungen sehr wichtig (in Europa werden diese meist in die Erde verlegt). Für einen hinreichenden Dämpfungsausgleich ist —auch darauf wurde bereits hingewiesen — die Übertragung zweier frequenzmäßig weit auseinanderliegender Pilotfrequenzen erforderlich. Nur so kann eine frequenzabhängige Dämpfungsänderung mit hinreichender mittlerer Genauigkeit ausgeglichen werden. Aus Kostengründen genügt es meist, nur jeden zweiten Verstärker zu regeln. Regelverstärker gleichen naturgemäß auch Pegelschwankungen anderer Ursache aus.

In Frequenzmultiplexnetzen dieser Art ergibt sich die Forderung nach geringen linearen Verzerrungen nicht so sehr vom einzelnen Fernsehkanal als solchem her, sondern vor allem über den Umweg der weiter unten beschriebenen nichtlinearen Verzerrungen: Mit ungenügendem Pegel eintreffende Fernsehsignale werden durch Verstärkerrauschen sowie Intermodulations- und Kreuzmodulationsprodukte relativ stärker gestört als normalpegelige (niedrigerer Geräuschabstand).

Lineare Verzerrungen besonderer Art können sich durch Anpassungsfehler zwischen Kabeln und Verstärkern ergeben. Kritisch sind dabei z.B. auch kurze Verbindungsleitungen in Verstärkerschränken, da sich hier reflektierte Signale, im Gegensatz zu den längeren Kabelleitungen zwischen den Verstärkern, praktisch nicht ausdämpfen (Kurzzeitechos mit entsprechenden Frequenzgangfehlern). Echomitfluß kann sich stets nur bei beidseitiger Fehlanpassung ergeben. Schon die einseitige Fehlanpassung führt aber zu Pegelverlusten. Zwischen Anpassung und Rauschzahl eines Breitbandverstärkers muß ein optimaler Kompromiß angestrebt werden. Kurzzeitechos sind, wie erwähnt, besonders kritisch bei Fernsehtextübertragungen (vgl. Abschnitt 1.4.3).

Eigenreflexionen im Kabel durch Inhomogenitäten sind bei den hier besprochenen Anwendungen fast immer zu vernachlässigen. Kritische Kabelfehler können aber durch Beschädigung, z.B. Knikken, entstehen (Bild 2–47). Normalerweise liegt die kritische Stoßstelle für das durchlaufende Signal

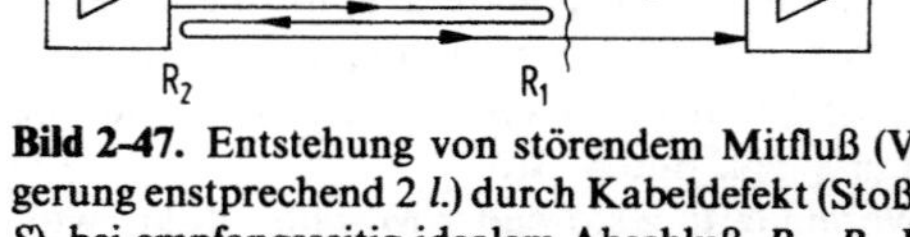

Bild 2-47. Entstehung von störendem Mitfluß (Verzögerung enstprechend 2 *l*.) durch Kabeldefekt (Stoßstelle *S*), bei empfangsseitig idealem Abschluß. R_1, R_2 Reflexionsstellen, a_{r1}, a_{r2} Reflexionsfaktoren. Die Signallaufzeit im Koaxialkabel liegt — grob genähert — um 200 m/µs. Der Reflexionsfaktor wird auch Echodämpfungsfaktor genannt

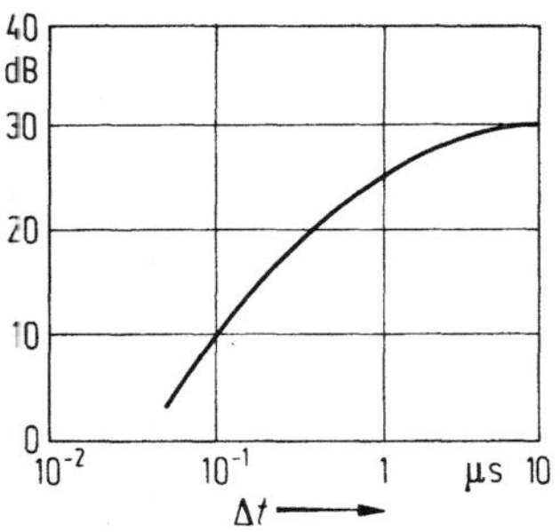

Bild 2-48. Echoabstand in dB als Funktion der zeitlichen Verzögerung Δt des Reflexionssignals. Kriterium: Bei Einzelecho noch gute mittlere Bildqualität

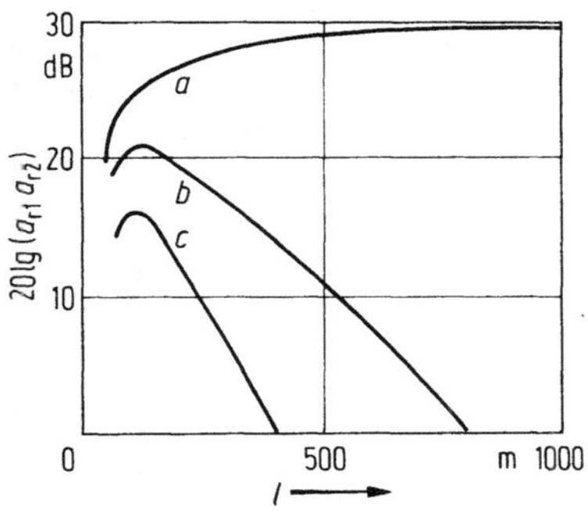

Bild 2-49. Mitfluß-Echoabstände für noch gute Bildqualität (Einzelecho). l Leitungslänge. a Kabeldämpfung vernachlässigt; b, c Trägerfrequenz 60 bzw. 200 MHz. Für b und c wird eine Kabeldämpfung von 13 dB je 100 m bei 200 MHz angenommen (relativ hoher Wert). Es ist zu erkennen, daß sich die Kabeldämpfung günstig auf den Mitflußabstand auswirkt. Die Teildämpfungen a_{r1} und a_{r2} gehen aus Bild 2-47 hervor

am Kabelende. Bild 2–48 bezieht sich auf die Störwirkung von Echos. Bild 2–49 zeigt tolerierbare Echoabstände als Funktion der Leitungslänge l, die zweimal durchlaufen wird, auf (Mitfluß).

Aussteuerbereich des Verstärkers

Der gesamte dynamische Aussteuerbereich eines Kabelfernseh-Breitbandverstärkers für Frequenzmultiplexbetrieb kann als Quotient

$$L = \frac{\text{Maximalpegel des einzelnen Fernsehkanals}}{\text{Eigenrauschpegel des Verstärkers je Fernsehkanal}}. \quad (2.70)$$

am Ausgang des Verstärkers gemessen, definiert werden (negative Bildmodulation). Dabei wird für alle im Frequenzmultiplex übertragenen Fernsehsignale der gleiche Pegel angenommen. Der zulässige Maximalpegel ist eine Funktion der bezüglich Intermodulationsstörungen gerade noch tragbaren nichtlinearen Verzerrungen. Die Pegelwerte (Angabe in V_{eff}) sind bei negativer Bildmodulation auf das Synchronzeichen bezogen. Der Rauschpegel bezieht sich auf das Restseitenbandspektrum (vgl. Abschnitt 3.6.2).

Intermodulation, Kreuzmodulation

Man unterscheidet im allgemeinen zwischen Intermodulationsprodukten zweiter und dritter Ordnung. Letztere werden gewöhnlich Kreuzmodulationsprodukte genannt. Sie sind im allgemeinen kritischer als die Produkte zweiter Ordnung und können z. B. eine zusätzliche Modulation des gewünschten Bildträgers durch den Bildinhalt des störenden Kanals bewirken, die nicht mehr rückgängig gemacht werden kann („Scheibenwischereffekt“ bei nicht synchronen Frequenzlagen). Produkte zweiter Ordnung führen demgegenüber „nur“ auf moiréähnliche Störungen. In Vielkanalsystemen können diese allerdings ebenfalls kritisch werden. Mit Hilfe der nachfolgenden rechnerischen Untersuchung sollen Entstehungsmechanismus und grundlegende Gesetzmäßigkeiten solcher nichtlinearer Störungen aufgezeigt werden (vgl. z. B. [2.38]).

Solange ein Verstärker noch annähernd linear arbeitet, läßt sich seine Ausgangsspannung u_A als Funktion der Eingangsspannung u_E in eine Taylor-Reihe entwickeln,

$$u_A = k_1 U_E \pm k_2 u_E^2 \pm k_3 u_E^3 + \ldots \,. \quad (2.71)$$

u_E und u_A sind dann Momentanwerte der Spannung, $\pm k_1$, $\pm k_2 \ldots$ die Koeffizienten der Übertragungskennlinie.

Diese Reihe sei vorerst schon nach dem Glied zweiter Ordnung abgebrochen. Es ergeben sich so, nach trigonometrischen Umformungen, für drei gleichzeitig am Eingang vorhandene sinusförmige Signale unterschiedlicher Frequenz aber gleicher Nullphasenlage,

$$u_E = A \cos a + B \cos b + C \cos c, \quad (2.72)$$

mit $a = \omega_A t$, $b = \omega_B t$, $c = \omega_C t$,

am Ausgang für positive Koeffizienten die folgenden Signalkomponenten:

$$
\left.
\begin{aligned}
u_a = {} & k_1\,(A\cos a + B\cos b + C\cos c)\\
& \text{(3 Komponenten 1. Ordnung: Lineare Verstärkung),}\\
& + k_2\left(\frac{A^2}{2} + \frac{B^2}{2} + \frac{C^2}{2}\right)\\
& \text{(3 Gleichspannungsanteile durch Verzerrungen 2. Ordnung),}\\
& + k_2\,[AB\cos(a \pm b) + AC\cos(a \pm c) + BC\cos(b \pm c)]\\
& \text{(6 Summen- und Differenz-Schwebungssignale),}\\
& + k_2\left(\frac{A^2}{2}\cos 2a + \frac{B^2}{2}\cos 2b + \frac{C^2}{2}\cos 2c\right)\\
& \text{(3 Anteile der 2. Harmonischen).}
\end{aligned}
\right\} \quad (2.73a)
$$

Insgesamt bilden sich mithin schon bei diesem einfachen Fall 12 unerwünschte Intermodulations-Signalkomponenten, worin aber die drei Gleichspannungsanteile ohne praktische Bedeutung sind. Da Breitbandverstärker im allgemeinen im Gegentakt arbeiten, ist es für eine genauere Untersuchung notwendig, die Taylor-Reihe auf mindestens drei Glieder zu erweitern. Dabei kommen, mit positivem k_3, zu den bereits angeschriebenen Komponenten die folgenden noch hinzu:

$$
\left.
\begin{aligned}
u_a = {} & \ldots + \frac{1}{4}k_3\,(A^3\cos 3a + B^3\cos 3b + C^3\cos 3c) + \frac{4}{3}k_3\,[A^2B\cos(2a \pm b) + A^2C\cos(2a \pm c)\\
& + B^2A\cos(2b \pm a) + B^2C\cos(2b \pm c) + C^2A\cos(2c \pm a) + C^2B\cos(2c \pm b)]\\
& \text{(12 Intermodulationsprodukte des Typs } \omega t = 2a \pm b \text{ usw.),}\\
& + \frac{3}{2}k_3\,ABC\cos(a \pm b \pm c)\\
& \text{(4 Produkte des Typs } \omega t = a \pm b \pm c \text{ mit relativ großer Amplitude, englisch}\\
& \text{triple beats genannt),}\\
& + \frac{3}{4}k_3(A^3\cos a + B^3\cos b + C^3\cos c)\\
& \text{(3 Komponenten, welche Selbstkompression bzw. -dilatation (negatives } k_3\text{)}\\
& \text{der Ursprungssignale bewirken),}\\
& + \frac{3}{2}k_3[(AB^2 + AC^2)\cos a + (BA^2 + BC^2)\cos b + (CA^2 + CB^2)\cos c]\\
& \text{(6 Anteile relativ großer Amplitude, welche kreuzweise Amplitudenkompression}\\
& \text{bzw. -dilatation hervorrufen).}
\end{aligned}
\right\} \quad (2.73b)
$$

Obschon sich diese Untersuchung auf nur drei Träger bezieht, ist es für den Nichtspezialisten bereits schwierig, die vielen Intermodulationsprodukte hinsichtlich ihrer potentiellen Störwirkung richtig zu werten. Dazu kommt, daß es bei guten Verstärkern nicht statthaft ist, die Taylor-Reihe schon beim dritten Glied abzubrechen. Zum dritten sind die einzelnen Signalanteile in praxi im allgemeinen nicht miteinander korreliert: man müßte also in obiger Rechnung eigentlich noch variable Phasenlagen $\omega_A t + \varphi_A(t)$, $\omega_B t + \varphi_B(t)$ usw. einführen. $\varphi_A(t)$ und $\varphi_B(t)$ beinhalten in dieser Darstellung die meist langsamen regellosen Frequenz- und Phasenschwankungen der Trägerschwingungen. Sind diese unter sich nicht oder nur wenig korreliert, ist eher mit Leistungs- als mit Spannungsaddition der Störkomponenten zu rechnen, was günstig ist. Eine mathematisch umfassende Behandlung des Problems führt auf Volterra-Funktionen und ist damit schwierig durchzuführen. Bei der numerischen Durchrechnung von Vielkanalsystemen ist der Computer zu Hilfe zu nehmen. Im Rahmen dieser Darstellung genüge der Hinweis, daß folgen-

den Intermodulationsprodukten im allgemeinen besondere Aufmerksamkeit zu schenken ist:
- Frequenzen $2a \pm b$ usw.,
- Frequenzen $a \pm b \pm c$ (besonders kritisch bei größeren Kanalzahlen),
- Frequenzen *a, b, c* mit kreuzweise beeinflußter Amplitude.

In Europa wird die Kreuzmodulation im allgemeinen nach einer Dreisendermethode definiert und gemessen. (Näheres darüber in Abschnitt 3.6.2.) In den USA haben sich z.T. andere Praktiken eingebürgert (Quasi-Vollbelastung des Systems, indem alle Kanäle — mit Ausnahme des zu messenden — mit dem Bildträger beaufschlagt werden). Einzelne Intermodulations- und Kreuzmodulationskomponenten sollten gegenüber dem Einzelbildträger (Synchronspitze) um 60 dB abgesenkt sein. Dabei ist in Breitbandtechnik nach Bild 3-31a (DIN 45004) zu messen [2.36].

Für die Systemplanung ist die Kenntnis der Additionsmechanismen der Störprodukte von großer Wichtigkeit. Basierend auf den oben aufgeführten Berechnungen (vereinfachter Fall phasenkorrelierter Eingangssignale) sind folgende Aussagen möglich:
- Der Relativpegel am Eingang eines einzelnen Verstärkers ändere für alle Signale um $\pm X$ dB. Der Relativpegel der Störprodukte zweiter (dritter) Ordnung ändert dann am Verstärkerausgang bei Bezug auf den früheren Nutzpegel um $\pm 2X$ dB ($\pm 3X$ dB), bei Bezug auf den neuen Nutzpegel um $\pm X$ dB ($\pm 2X$ dB).
- Gleichartige frequenzgangmäßig fast ideale Verstärkerfelder seien in Kette geschaltet.
  Da die Störkomponenten in solchen Netzen a priori einen viel niedrigeren Pegel als die Nutzsignale aufweisen müssen, darf angenommen werden, daß die Intermodulationsbeiträge der ersteren bei den darauffolgenden Verstärkern keine weiteren störenden Intermodulationsprodukte erzeugen. Jeder Verstärker trägt damit für sich zu gleich großen Intermodulationsanteilen bei. Wenn diese unter sich kohärent sind, steigt der relative Störanteil p (Kehrwert des Störabstands) mit steigender Zahl n von Verstärkerfeldern, unabhängig von der Ordnungszahl der Intermodulationsprodukte, linear an, d.h. es gilt in dB:

  $$20 \lg p_{\text{tot}} = n \cdot 20 \lg p_{\text{einzeln}}. \qquad (2.74)$$

  Jede Verdoppelung der Anzahl kaskadierter Verstärkerfelder verdoppelt damit den relativen Gesamtstöranteil oder vermindert, anders ausgedrückt, den Störabstand um 6 dB.

Beim häufigen Fall nicht phasenkorrelierter Einzelsignale addieren sich die Störanteile demgegenüber quadratisch (vgl. Tabelle 3–III). Da die Anzahl der in Kette geschalteten Verstärker normalerweise im Streckennetz größer als im Liniennetz und in diesem wiederum größer als im Stammnetz ist, ergeben sich für die entsprechenden Verstärkertypen unterschiedliche Anforderungen hinsichtlich Intermodulations- und Rauschabstand.

Da Intermodulationsprodukte im allgemeinen am meisten stören, wenn sie ungefähr auf einen anderen Träger fallen, läßt sich die subjektive Störwirkung durch geschickte Frequenzraster-Festlegungen mitbeeinflussen („intermodulationsfreie Frequenzreihen"). Man kann aber auch den umgekehrten Weg beschreiten und die verschiedenen Träger unter sich phasenmäßig verkoppeln. Die Störprodukte können dann zwar exakt auf die Nutzträger fallen, bewirken aber mit diesen keine Schwebungsfrequenzen, was subjektiv im Fernsehbild wiederum günstig ist.

Eigenrauschen des Verstärkers

Das Eigenrauschen des Verstärkers ist durch die Rauschzahl gegeben. Man hat zwischen Breitband-Rauschpegel (z.B. Bereich 50 bis 300 MHz) und Kanalrauschpegel (Rauschbandbreite beim Fernsehen um 5 MHz) zu unterscheiden. Die Rauschzahl eines guten Breitbandverstärkers dieser Art sollte im einzelnen Fernsehkanal 10 dB nicht überschreiten. Was die Berechnungsgrundlagen betrifft, sei auf Abschnitt 2.3 verwiesen.

Wird der Rauschpegel auf den einzelnen Fernsehkanal bezogen, ist der Verstärker-Aussteuerbereich L identisch mit dem radiofrequenten Rauschabstand des maximal ausgesteuerten Fernsehkanals (vgl. Abschnitt 3.2.6).

Hinsichtlich Rauschen läßt sich eine optimale Verstärkung und damit Verstärkerfeldlänge errechnen. Diese ist weder von den Kleinsignaleigenschaften des Verstärkers noch von den übrigen Systemdaten abhängig und liegt bei einem Verstärkungsfaktor von 1 Np (8,69 dB). Unter Mitberücksichtigung der Verstärkernichtlinearitäten kommt man auf für die Praxis optimale Verstärkungsfaktoren je Einzelverstärker von 20 bis 30 dB (vgl. weiter oben). Diese Verstärkungsgrade gelten bei Breitbandverstärkern für das obere Bandende, wo das Kabelentzerrungsnetzwerk die Dämpfung null hat und werden letztlich durch wirtschaftliche

Überlegungen in Verbindung mit typischen Netzstrukturen wesentlich mitbestimmt.

Scherendiagramm bei Verstärker-Kaskadierung

Der nutzbare Aussteuerbereich eines Kabelfernseh-Verstärkertyps wird mit zunehmender Anzahl *n* kaskadierter Verstärker immer kleiner. Dies rührt davon her, daß sich bezüglich Eingangssignal der Kette gegenläufige Forderungen stellen: Ein guter Ausgangsrauschabstand verlangt einen hohen, ein guter Intermodulationsabstand einen niedrigen Eingangspegel. Bild 2–50 zeigt die Verhältnisse im Diagramm auf. Die zulässige spannungsmäßige Maximalaussteuerung des einzelnen Fernsehkanals und der äquivalente Kanalrauschpegel bilden, auf den Ausgang jedes einzelnen Verstärkers der Kette bezogen, bei doppelt logarithmischer Darstellung, als Funktion der Anzahl kaskadierter Verstärker, zusammenlaufende Geraden. Bei gegebenem Verstärkungsgrad (z. B. 22 dB) und gewünschtem Rauschabstand (z. B. 46 dB) läßt sich für eine bestimmte Kanalzahl die maximale

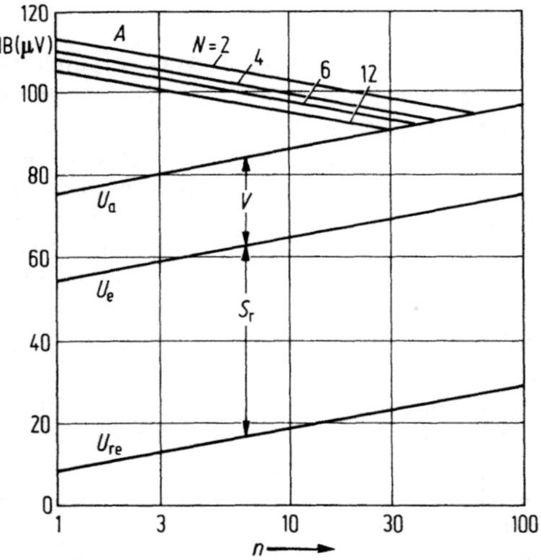

Bild 2-50. Scherendiagramm bei Verstärkerfeld-Kaskadierung. Nach [2.36]. *N* Kanalzahl (Frequenzmultiplex); *A* Aussteuerung des Verstärkers am Ausgang (je Kanal), Maximalwerte bezüglich Intermodulation; *n* Anzahl Verstärker gleichen Typs; S_r gewählter Rauschabstand (46 dB, Einzelkanal); U_{re} auf Eingang bezogener Rauschpegel des Verstärkers (V_{eff}; 5 MHz); U_e Signalpegel am Eingang des Verstärkers (Einzelkanal); U_a Signalpegel am Ausgang des Verstärkers (Einzelkanal, Mindestwert bezüglich Rauschen); *V* Verstärkungsfaktor des einzelnen Verstärkers

Verstärkerzahl grafisch ermitteln. An diesen theoretischen Wert läßt sich in der Praxis um so näher herankommen, je besser die Dämpfungsentzerrung des Kabels und je stabiler der Verstärker ist. Von den Empfängereigenschaften her gesehen ist es — mit Rücksicht auf Intermodulationsprobleme bei hohen und Rauschprobleme bei niedrigen Pegeln — empfehlenswert, bei der Planung leitergebundener Fernsehverteilanlagen je Kanal die Pegel an den Teilnehmerdosen auf Werte zwischen −38 dBm und −47 dBm auszulegen (0 dBm ≙ 1 mW an 75Ω für die Synchronspitze des negativ modulierten Fernsehsignals. Mit Ausnahme der französischen L-Norm findet man bei allen CCIR-Normen negative Bildmodulation) [2.51].

Verstärkertechnologie

Breitband-Leitungsverstärker für größere Netze müssen extremen Bedingungen genügen (niedrige Rauschzahl, hohe Aussteuerfähigkeit). Die maßgeblichen aktiven Schaltteile sind meist auf einem einzigen Halbleiterplättchen untergebracht. Für integrierte Schaltungen dieser Art gibt es nur wenige Herstellerfirmen. Verstärker verschiedenen Fabrikats unterscheiden sich deshalb in ihren elektrischen Eigenschaften im allgemeinen nicht wesentlich. Je nach Strenge des Selektionsverfahrens für die Chips ergeben sich aber doch Qualitäts- und Preisunterschiede. Zur Linearisierung wird naturgemäß stark gegengekoppelt. Typische Verstärkerdaten sind Tabelle 2–VIII sowie 2–XI von Abschnitt 2.7 zu entnehmen.

2.6.3 Glasfaserübertragung, integrierte Fernmeldesysteme

Seit es gelungen ist, für die optische Übertragung Glasfasern mit sehr geringer Dämpfung im Infrarotbereich herzustellen, hat auf diesem jüngsten Zweig der leitergebundenen Nachrichtentechnik eine stürmische Entwicklung eingesetzt, deren Ende noch nicht abzusehen ist. Die Glasfaser ist von Natur aus breitbandig und frei von Störbeeinflussungen durch elektrische oder magnetische Fremdfelder. Ferner sind — im Gegensatz etwa zu Kupfer — die für die Herstellung benötigten Rohstoffe in praktisch beliebiger Menge vorhanden. Das Fehlen einer galvanischen Verbindung zwischen Sender und Empfänger kann sich bei gewissen Anwendungen, z. B. im Telefonie-Ortsnetz, allerdings auch als Nachteil erweisen. Auch fordern die geringen Faserdurchmesser besondere Sorgfalt beim Spleißen [2.55–2.66].

Fasereigenschaften

Glasfasern sind Lichtwellenleiter. Sie sind koaxial aufgebaut. Der Glaskern besitzt einen höheren mittleren Brechungsindex als der Glasmantel. Man unterscheidet zwischen Gradienten- und Stufenfaser. Bei der Gradientenfaser (Kerndurchmesser typisch 50 µm, Mantel-Außendurchmesser 125 µm) nimmt der Brechungsindex radial nach außen hin ungefähr parabolisch ab, bei der Stufenfaser (Kerndurchmesser zwischen 3 und 85 µm, Mantel-Außendurchmesser ungefähr wie bei der Gradientenfaser) ist er dagegen im Kern konstant. Das Licht, dessen Wellenlänge wesentlich unter dem Druchmesser des Kerns liegt, wird in den äußeren Kernschichten gegen die Achse hin zurückgebeugt bzw. totalreflektiert. Die Ausbreitung erfolgt bei der Gradientenfaser auf zickzackförmigen Bahnen mit unterschiedlichen Schnittwinkeln zur Faserachse. Dies führt auf viele voneinander abweichende Signallaufzeiten und damit auf eine Dispersion der eingespeisten Lichtenergie, was sich in einer Begrenzung des Produkts Bandbreite × Faserlänge äußert. Typische Dispersionswerte liegen gegenwärtig etwa zwischen 200 und 1500 MHz·km, bzw. im Zeitbereich um 0,3 bis 2,5 ns/km.

Bei der Stufenfaser läßt sich in Verbindung mit kohärentem Licht unter optimalen physikalischen Bedingungen eine Einmode-(Monomode-) Ausbreitung erzielen, wodurch sich das Bandbreite-Leitungslänge-Produkt um mehr als eine Größenordnung erweitert. Diese Technologie ist bereits weit fortgeschritten und steht im Begriff, diejenige der Gradientenfaser generell abzulösen. Weitere technische Verbesserungen zielen in Richtung einer spektralen Zwei- oder Mehrfachausnutzung der einzelnen Faser. Die Kopplungs- und Spleißprobleme sind allgemein bereits zufriedenstellend gelöst.

Bei den zur Anwendung kommenden Lichtwellenbereichen spricht man von optischen Fenstern, (Bild 2–51). Ein erstes zur Zeit benütztes Wellenlängenband liegt um 0,85 µm. Die Technologie der elektrooptischen Wandler ist hier weit fortgeschritten. Weitere Fenster, die von der Physik der Faser her besonders niedrige Dämpfungen ergeben, liegen um 1,3 und 1,55 µm. Auch für diese Bereiche gibt es technisch verwendbare Wandler. Die derzeitigen Faserdämpfungswerte liegen bei 0,85 µm

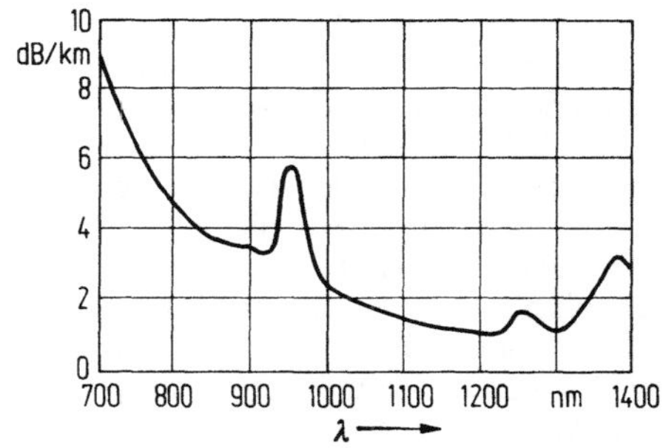

Bild 2-51. Typische Gradientenfaser-Dämpfungswerte als Funktion der Lichtwellenlänge λ im Infrarotbereich. Ein erstes „Fenster" liegt um 850 bis 900 nm, weitere um 1200 und 1550 nm

um 2 bis 3,5. Bei 1,3 bzw. 1,55 µm findet man für Stufenfasern Werte um 0,5 bzw. 0,2 dB/km (1 µm = 1000 nm).

Elektro-optische Wandler

Zur Umwandlung der elektrischen in optische Signale finden auf der Sendeseite lichtemittierende Dioden oder Laserdioden auf Halbleiterbasis (oft GaAs) Anwendung. Lichtemittierende Dioden haben im allgemeinen ein geringeres Eigenrauschen als Laserdioden, doch bereitet bei ihnen das Einkoppeln des Lichts in die Faser mehr Schwierigkeiten als bei den Laserdioden. Sendeseitige Wandler können mit beträchtlichen Nichtlinearitäten behaftet sein.

Empfangsseitig werden entweder Silizium-PIN-Sensoren oder Halbleiter-Lawinen-Photodioden verwendet, wobei auch hier auf möglichst geringes Eigenrauschen und niedrige optische Kopplungsverluste zu achten ist. Übertragungsseitig liegen optische Richtkoppler vor.

Die hier aufgeführten Parameter bestimmen, zusammen mit den Dämpfungs- und Dispersionseigenschaften der Glasfaser, die Leistungsfähigkeit eines solchen optischen Übertragungssystems.

Signalaufbereitung, Modulationsverfahren

Vor der Übertragung müssen die elektrischen Signale, wie allgemein üblich, geträgert werden. Dazu können sich sowohl analoge als auch digitale Modulationsverfahren eignen. Die Anwendung analoger Techniken ist von der Faser und vor allem auch von den Wandlern her stark limitiert. Einem Frequenzmultiplexbetrieb sind im Falle von Amplitudenmodulation sehr enge Grenzen gesetzt. Bei Frequenzmodulation liegen die Verhältnisse etwas günstiger [2.62]. Beide Verfahren können bei kürzeren Übertragungsdistanzen (keine Verstärkerfeldkaskadierung), wie etwa im Ortsbereich einer Telefon- oder Fernseh-Kabelverteilanlage, grundsätzlich zur Anwendung kommen. Ein Fernseh- und Hörfunk-Vielkanalbetrieb bis zum Teilnehmer ist bei der Glasfaser nur bei Leitungsmultiplex oder bei Aufschaltung weniger gleichzeitig gewünschter Programme via Rückleitung ab Verteilzentrale möglich. Dabei ist zu vermuten, daß der heutige Breitband-Teilnehmeranschluß des Kabelfernsehens noch auf lange Zeit hinaus wesentlich kostengünstiger als eine Glasfaserlösung ist.

In der Weitverkehrstechnik, wo Verstärkerfelder in großer Zahl kaskadiert werden müssen, kommen bei Glasfasern nur Pulscodemodulationssysteme in Frage. Wegen der Regenerierbarkeit der übertragenen Impulse ist auf solchen Netzen die Signalqualität im Prinzip nicht von der Übertragungsdistanz abhängig. Für digitale Heimfernsehsignale, die größenordnungsmäßig Nachrichtenflüsse von 100 Mbit/s (Mindestwert 34 Mbit/s) aufweisen, ergeben sich auf guten Gradientenfasernetzen Verstärkerfeldlängen von Größenordnung 10 km. Inwieweit solche PCM-Signale in ferner Zukunft z. B. bis zum Fernsehteilnehmer geführt werden können, ist vorläufig noch eine offene Frage. Voraussetzung wäre die Massenfabrikation preisgünstiger Decoder in integrierter Schaltungstechnik.

Aus Fernmeldekreisen sind Glasfaser-Pilotprojekte für integrierte Ortsnetze bekannt geworden (Beispiel BIGFON), welche die Übertragung von Telefonie-, Daten-, Fernseh- und Hörfunksignalen erlauben, wobei weitgehend ein interaktiver Betrieb über ein Sternnetz vorgesehen ist.

In Ländern mit leitergebundener Fernsehübertragung gibt es zur Zeit ein Nebeneinander von Telefonierortsnetzen in Stern- und Kabelfernseh-Verteilnetzen in Baumstruktur, wobei in beiden Kommunikationsmitteln bei langer Lebensdauer sehr viel Kapital investiert ist und ein späteres Zusammenlegen, der unterschiedlichen Netzstruktur wegen, nicht möglich erscheint. Integrierte Fernmeldesysteme der umschriebenen umfassenden Art dürften sich deshalb im allgemeinen aus wirtschaftlichen Gründen nur in einer fernen Zukunft umfassend verwirklichen lassen, wobei — schon allein vom symmetrisch interaktiven Telefoniebetrieb her — ein Sternnetz kaum zu umgehen sein wird. Aus zahlreichen Referaten auf Fachtagungen und aus Publikationen in einschlägigen Zeitschriften ist ersichtlich, daß seit einigen Jahren in dieser Richtung intensiv geforscht und entwickelt wird.

Ein voll integriertes Netz müßte im Endausbau auch das Fernsehtelefon mit einschließen. Aus Kostengründen können Systeme dieser Art z. B. nur etwa ein Viertel der Bildpunktzahl des Heimfernsehens aufweisen, genügen aber zur Portraitwiedergabe des Partners auf einem kleinen Bildschirm. Durch Digitalisierung kann bei Anwendung hochadaptiver Codierungstechniken der zu übertragende Nachrichteninhalt klein gehalten werden (Kanalbedarf um 2 Mbit/s; s. auch Abschnitt 1.4.3). Fernsehtelefon-Pilotversuche wurden in den USA schon vor geraumer Zeit durchgeführt. Sie mußten aus Kostengründen wieder eingestellt werden. Näheres ist der umfangreichen Sonderliteratur zu entnehmen, aus der im Literaturverzeichnis einige Beiträge aufgeführt sind. Auch Konferenzfernsehnetze im nationalen und internationalen Rahmen mit z. T. sehr kleinen Nachrichtenflüssen stehen zur Diskussion [1.79; 1.80; 2.67–2.71].

2.7 Anhang

Die Tabellen 2–IX, 2–X und 2–XI enthalten detaillierte Daten zu einzelnen Ausführungen von Abschnitt 2.6 (Leitergebundene Übertragung und Verteilung von Fernsehsignalen).

Tabelle 2–IX. Auszug aus CCIR-Bericht 482 [1.1] über empfohlene Charakteristiken für Kollektiv- und Individual-Antennensysteme für den Heimempfang über terrestrische Fernsehsender (Netzgröße beschränkt auf Blockverteilanlagen). Hinweis: Die Eigenschaften von Fernsehempfängern und Empfangsantennen werden in CCIR-Bericht 625-2 [1.1] behandelt, der vor allem Hinweise auf Dokumente der Internationalen Elektrotechnischen Kommission (CEI/IEC) enthält (Nummern 107-1, 107-2 und 597-2). Darauf wird hier nicht eingegangen (s. aber Tabelle 2–XI).

Parameter		Werte	
Frequenzbänder		Bereiche I, III, IV, V	
Amplitudenfrequenzgang (ohne Antenne)		innerhalb 3 dB in jedem einzelnen Kanal	
nominelle Ausgangsimpedanz	asymmetrisch	75 Ω	
	symmetrisch	300 Ω	
Rauschzahl	Bereich I	≤ 9 dB	
(unbewerteter Rauschabstand > 37 dB)	Bereich III	≤ 9 dB	
	Bereich IV	≤ 12 dB	
	Bereich V	≤ 15 dB	
Reflexionskoeffizient		Bereiche I und III	Bereiche IV und V
	passive Schaltteile	≤ 0,25	≤ 0,33
	Kuppler und Filter	≤ 0,33	≤ 0,33
	aktive Ausrüstung	≤ 0,33	≤ 0,33
Störungen	Intermodulations- oder Kreuzmodulationsprodukte der Anlage	keine Störungen bei regulärer Sendernetzplanung	
fremde oder anlageeigene Echosignale		Einzelechos mit mindestens 20 dB Abstand gelten noch nicht als störend	
Signalpegel an	Bereich I	−20... −51 dBm[a]	
Empfänger-Anschlußbuchse	Bereich III	−20... −51 dBm	
	Bereich IV	−30... −48 dBm	
	Bereich V	−30... −48 dBm	
Farbfernsehen, relative Pegelabweichung des Farbträgers im einzelnen Kanal		max. ±2 dB	
Lokaloszillatorstörpegel am Empfängereingang		von CISPR[b] festzulegen	
Isolation zwischen Empfänger-Anschlußbuchsen (korrekte Frequenzplanung, genormte Zwischenfrequenz)		≥ 22 dB	
Antennencharakteristik, bezogen auf Einzelkanal			
Schwankung des Antennengewinns		≤ ±2 dB	
Impedanz		an nominelle Systemimpedanz (75 Ω) angepaßt	
Schutz gegen Wellen aus um 90° gedrehter Polarisationsebene		≥ 20 dB	

[a] dB, bezogen auf 1 mW.

[b] CISPR: Comité International Spécial des Perturbations Radio-électriques. Richtwert: −69 dB [2.51].

Tabelle 2–X. Fernsehempfängereigenschaften und -anforderungen hinsichtlich Vielkanal-Kabelverteilnetzen (Nachbarkanalbetrieb, Richtwert 30 Kanäle). Untersucht wurden 23 Heimempfänger; die einzelnen Parameter führten für sich auf gute bis sehr gute Bildqualitäten [2.51]. Angaben über Meßmethoden finden sich großenteils im Kapitel 3. dBm Dezibel, bezogen auf 1 mW Leistung (CCIR-Normen B/G, negative Bildmodulation).

	Parameter	Mittelwert μ	Streuung $\pm\sigma$	Interferenzabstand	Kabelfernsehen: erforderlicher Wert	Kabelfernsehen: rel. Anteil tauglicher Empfänger
Videobereich	Amplitudenfrequenzgang	um 0	20 %			
	Gruppenlaufzeitfehler	—	78 ns			
	Amplitudenverhältnis 2T-Impuls zu Zeilenbalken	− 6 %	17 %			
	2T-K-Wert	− 1,3%	2,8%			
	Chrominanz-Luminanz-Intermodulation	− 1,6%	5 %			
	differentielle Amplitude (SS-Wert)	14 %	12 %			
	differentielle Phase (SS-Wert)	4°	5°			
Geträgerter Bereich	Selektion, untere Nachbartonträger.					
	1. Kanal (1,5 MHz unter Bildträger)	47 dB	6 dB	56 dB	43 dB	75%
	2. Kanal (1,25 MHz unter Bildträger)	42 dB	9 dB	49 dB	ohne Zweitkanal	
	Spiegelselektion					
	Bereich I	72 dB			60 dB	11%
	untere Sonderkanäle	69 dB			60 dB	5%
	Bereich III	64 dB			60 dB	23%
	obere Sonderkanäle	61 dB			60 dB	51%
	Lokaloszillatorpegel am Antenneneingang					
	Bereich I	−73 dBm			−69 dBm	37%
	untere Sonderkanäle	−76 dBm			−69 dBm	19%
	Bereich III	−74 dBm			−69 dBm	28%
	obere Sonderkanäle	−72 dBm			−69 dBm	40%
	Rückflußdämpfung am Empfängereingang					
	Bereich I	6,5 dB	3,9 dB			
	untere Sonderkanäle	8,6 dB	4,1 dB			
	Bereich III	9,7 dB	4,5 dB			
	obere Sonderkanäle	8,1 dB	3,6 dB			
	Empfängereingang					
	Mindestpegel bez. Rauschen	−47 dBm			−45 dBm	16%
	Höchstpegel bez. Intermodulation	−38 dBm	8 dB			

[a] Relative Pegelangaben in dB beziehen sich auf die Synchronspitze des geträgerten Signals im Fernsehkanal.

Tabelle 2–XI. Ausführliche Daten für einen geregelten Kabelfernsehverstärker für das Streckennetz (Primärnetz), mit Rückkanälen. Nach [2.44]

	Parameter	Wert
Kanäle für Programmverteilung	Frequenzbereich in MHz	47...301
	Verstärkung in dB	23
	Dämpfungsverzerrung in dB bei optimaler Einstellung der Entzerrer	annähernd ± 0
	maximaler Ausgangspegel je Kanal in dBµV (negative Modulation, Synchronspitze, nach Din 45004 B)	123
	Abstand für Intermodulation 2. Ordnung am Ausgang (Pegel 95 dBµV), in dB	82
	Rauschfaktor in dB	8
	Rückflußdämpfung in dB	
	am Eingang bei 47 MHz	20
	am Ausgang, per Oktave	1
	Gruppenlaufzeitfehler in ns[b]	
	unterster Kanal	12
	zweituntersterster Kanal	≈ 1,5
	weitere Kanäle	≪ 1,5
Rückkanäle	Frequenzbereich in MHz	5...21
	Verstärkung in dB	7
	Dämpfungsverzerrung in dB	± 0,25
	maximaler Ausgangspegel je Kanal in dBµV (Definition wie oben)	124
	Abstand für Intermodulation 2. Ordnung am Ausgang (Pegel 110 dBµV) in dB	70
	Rauschfaktor in dB	8,5
	Rückflußdämpfung, Ein- und Ausgang, in dB	20
	Gruppenlaufzeitfehler in ns[b]	
	8,25...12,68 MHz	15
	15,25...19,68 MHZ	≈ 15
Temperaturbereich in °C		− 20... +50

[a] Der im Einzelfall gewählte tatsächliche Kanalpegel hängt von der Anzahl der zu übertragenden Programme und von der Betriebsreserve ab; er kann wesentlich niedriger liegen (vgl. Tabelle VII).

[b] Restfehler bei optimaler Entzerrung.

3 Meßtechnik, Prüfsignale, Toleranzen

3.1 Einleitung, subjektive Versuche

Im Mittelpunkt der Betrachtungen und Untersuchungen zur Festlegung einer Fernsehnorm steht deren inhärente Qualität für Bild und Begleitton. Man versteht darunter die „dem System anhaftende“ unter idealen technischen Bedingungen erreichbare Bild- und Tongüte. Die tatsächlich erzielbaren Qualitäten hängen von der Güte der einzelnen Glieder des oft langen und komplizierten Gesamtübertragungsweges ab, der streng genommen schon bei der Bildabtastung beginnt und erst bei der Bilderzeugung auf dem Wiedergabeschirm endet.

Von besonderer Bedeutung ist dabei der eigentliche Übertragungsweg, der an den Ausgangsklemmen des Fernsehstudios beginnt und an den Eingangsklemmen des Empfängers endet. Drahtlose Teilübertragungspfade folgen dabei den besonderen Gesetzmäßigkeiten der Wellenausbreitung, auf die im Kapitel 2 eingegangen wurde. Während sich für den drahtlosen Heimempfang nur beschränkt Qualitätsnormen aufstellen lassen (vgl. Abschnitt 2.7, Tabelle 2–IX), liegen die Verhältnisse bei Richtfunk- und Satelliten-Übertragungsstrecken günstiger. Für den internationalen Programmaustausch werden hier in der Comission Mixte CCIR/CCITT pour les Transmissions Télévisuelles et Sonores (CMTT, Federführung beim CCIR), im Sinne von Empfehlungen, Übertragungsqualitätsnormen ausgearbeitet. Darauf wird in Abschnitt 3.3 näher eingegangen.

Normungsvorschläge werden oft auch im Schoße der UER (Union Européenne de Radiodiffusion; englisch EBU, European Broadcasting Union; Sitz der technischen Zentrale ist Brüssel) ausgearbeitet und dem CCIR im Sinne von Empfehlungen unterbreitet. Der Ostblock hat eine eigene auch technisch tätige Rundfunkorganisation, die OIRT (Organisation Internationale de Radio et Télévision).

Das CCIR (Comité Consultatif International des Radiocommunications) und das CCITT (Comité Consultatif International de Téléphonie et de Télégraphie) sind über die UIT (Union Internationale des Télécommunications) Zweigorganisationen der UNO mit Sitz in Genf. In der UIT werden nur die auch in diesem Buch verwendeten französischen Abkürzungen benützt.

Für Anlagen- und Gerätenormen im engeren Sinne ist die Commission Electrotechnique Internationale (CEI; englisch International Electrotechnical Commission, IEC) zuständig (vgl. z.B. Kapitel 1).

In den USA ist die Federal Communications Commission (FCC) für Fernsehsystemnormen zuständig. An deren Ausarbeitung sind mehrere Organisationen, darunter die Society of Motion Picture and Television Engineers (SMPTE), beteiligt.

Der Ingenieur, der ein Fernsehgerät zu entwickeln hat, muß wissen, welchen Qualitätsanforderungen dieses zu genügen hat. Er benötigt dazu ein Pflichtenheft, das zahlenmäßige Angaben über eine Reihe relevanter Signalparameter enthält. Man spricht von einzuhaltenden Grenzwerten und Toleranzen.

Zur Ermittlung und zahlenmäßigen Festlegung solcher Werte kommt man prinzipiell nicht darum herum, subjektive Versuche durchzuführen. Dabei hat ein Kollektiv von Versuchspersonen — vorzugsweise Laien — entsprechend einer festgelegten Notenskala oder einem anderen gleichwertigen Kriterium entweder die Bildqualität als solche oder aber die Wirkung einer bestimmten, dem Bild dosiert beigefügten Verzerrung oder Störung zu bewerten. Um zu zuverlässigen Ergebnissen zu kommen, sollte die Anzahl der Testpersonen möglichst groß sein. Aus Gründen des zeitlichen Aufwandes wird man aber, je nach vorliegendem Bildmaterial, im allgemeinen nicht über 10 bis 20 Personen hinausgehen können.

Um die Ergebnisse verschiedener Laboratorien

miteinander vergleichen zu können, müssen die Versuchsbedingungen und nach Möglichkeit auch die Bildinhalte sowie die Darstellung der Ergebnisse international vereinheitlicht werden. Im Anhang 3.7 sind dazu in den Tabellen 3–VII und 3–VIII zwischenstaatlich getroffene Empfehlungen zusammengestellt.

Solche Versuchsreihen sind grundsätzlich mit natürlichen Bildvorlagen durchzuführen. Diese sollen etwas kritischer als mittlere Bildinhalte des Fernsehens sein, wobei u. U. den besonderen Gegebenheiten der Digitalisierung Rechnung zu tragen ist. Testbildsätze können bei einigen Organisationen, z. B. bei der Technischen Zentrale der UER in Brüssel, bezogen werden [3.6].

Auch die optische Visionierung von Farbfilmen, deren fernsehmäßige Verbreitung zur Diskussion steht, muß unter einheitlichen Betrachtungsbedingungen (Farbtemperatur des Projektionssystems, Farbtemperatur und relative Leuchtdichte des Umfeldes) durchgeführt werden [3.19].

Im praktische Fall treten bei der Bildbewertung im allgemeinen mehrere Störungen und Signalverzerrungen in zeitlich konstanter oder wechselnder Stärke auf dem Bildschirm gleichzeitig in Erscheinung, wobei aber oft die stärkste Komponente die anderen dominiert, d. h. — zumindest bis zu einem gewissen Grad — maskiert.

Da systematische Versuche mit mehreren simultan vorhandenen Bildunvollkommenheiten unübersichtlich und zeitraubend sind, beschränkt man sich normalerweise bei einer bestimmten Testreihe auf einen definierten einzelnen Parameter, z. B. den Gruppenlaufzeit-Frequenzgang, das regellose flache Rauschen, usw.

Eine besonders kleine Streuung ergibt sich erfahrungsgemäß bei Anwendung des Kriteriums „Störung bzw. Qualitätsreduktion gerade sichtbar". Dies entspricht auf den fünfstufigen CCIR-Skalen der Note $4\frac{1}{2}$ (vgl. Anhang 3.7, Tabelle 3–VII). Im Bereich mittlerer Noten ergeben beispielsweise 3 dB Rauschunterschied (halbe oder doppelte Rauschleistung) eine subjektive Rauschdifferenz von etwa einer halben Note, was ungefähr dem noch signifikanten mittleren Unterscheidungsvermögen entspricht.

Die Ermittlung der Gesamtstörwirkung aus strukturell gleichen einzelnen Anteilen stößt, vor allem bei stärkeren Störungen, auf beträchtliche Schwierigkeiten. In den letzten Jahren wurden auf diesem wichtigen Sondergebiet aber beachtliche Fortschritte erzielt (vgl. CCIR-Berichte 405–4, 959 und 960 [1.1], im erst- und letztgenannten Bericht finden sich viele Referenzen). Die Durchführung subjektiver Versuche hat beim Fernsehen wie auch auf anderen Gebieten aus Kostengründen stets mehr oder weniger Stichprobencharakter. In jüngerer Zeit ist vermehrt auf diesen Umstand hingewiesen worden (vgl. z. B. [3.6]). Ob man mit genaueren mathematischen Ansätzen oder weiter verfeinerten Versuchsprozeduren zu noch zuverlässigeren Ergebnissen kommt, muß die Zukunft lehren. Schwierig ist vor allem die Auswertung gerade erkennbarer Bildunvollkommenheiten.

Die digitale Bildverarbeitung kann durch inhärente Störeffekte, deren Ursprung bei der Bildquantisierung liegen kann, zu derart feinstrukturigen Bildunvollkommenheiten führen, daß sie aus normalem Betrachtungsabstand (4- bis 6mal Bildhöhe) kaum noch wahrzunehmen sind. In solchen Fällen ist es u. U. angezeigt, als einheitlichen Betrachtungsabstand z. B. nur das Dreifache der Bildhöhe zu wählen. Als nicht-natürlicher Bildinhalt wird — besonders beim Digitalfernsehen — u. a. oft ein Testbild mit konzentrischen, nach außen immer feiner werdenden schwarzweißen Ringen verwendet (zone plate).

3.2 Statistische Auswertung und Darstellung der Ergebnisse von Meßreihen und subjektiven Versuchen

In der Praxis schenkt man oft der Tatsache, daß die Anzahl der Meß- oder Beobachtungswerte endlich — ja gelegentlich sogar relativ klein — ist, weiter keine Beachtung und begnügt sich mit einer Auswertung der Ergebnisse in Richtung Mittelwert, Streuung und Summenhäufigkeit. Auf diese Weise ist im allgemeinen z. B. bereits festzustellen, inwieweit sich der tatsächliche Verteilungsverlauf einer Normalverteilung (Gaußschen Verteilung) nähert, die man im Bereich der mittleren Bildqualitäten meist näherungsweise erwarten darf. Die Literatur zur Statistik ist sehr umfangreich (vgl. z. B. [3.5]). Die mathematischen Beziehungen für den Mittelwert μ und die Streuung (Standardabweichung) σ der diskreten Normalverteilung gehen aus den folgenden Formeln hervor (vgl. Bild 3–01):

$$\mu = \frac{1}{n} \sum_{1}^{n} h_i \, X_i \, ; \qquad (3.1)$$

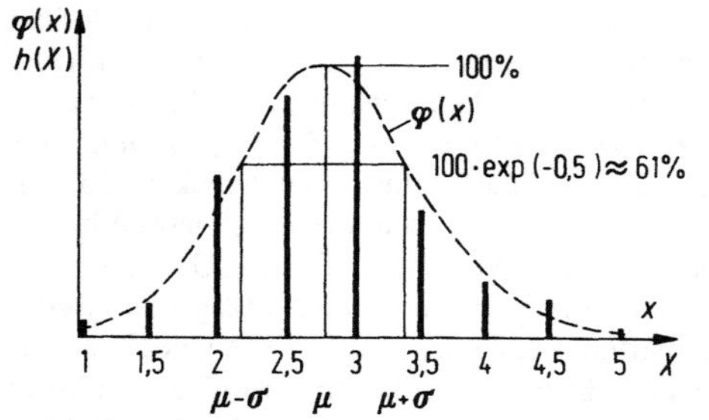

Bild 3-01. Balkendiagramm (Histogramm) einer diskreten Verteilung $h(X)$, z.B. der Häufigkeit von Einzelurteilen der subjektiven Qualitätsbewertung eines Fernsehbildes (Notenskala 1 bis 5, vgl. Tabelle 3–VII im Abschnitt 3.7). Gestrichelt: Normalverteilung $\varphi(x)$ und Streuungsbereich $\pm\sigma$ um den Mittelwert μ (vgl. Text)

$$\pm\sigma=\sqrt{\frac{\sum_1^n h_i(X_i-\mu)^2}{n-1}}. \tag{3.2}$$

Die Zahl der Merkmalswerte (Klassen) sei k (z.B. fünf Notenstufen). In den Formeln ist X_i der i-te Merkmalswert (z.B. Note 3 bei fünfstufiger Skala), h_i die Häufigkeit des Auftretens dieses Merkmalswertes und n die Gesamtzahl der Einzelbeobachtungen; es gilt

$$n=\sum_1^k h_i.$$

Anstelle absoluter Häufigkeiten wählt man in der Darstellung oft deren Relativwerte, d.h. die Gesamtzahl n der einzelnen Beobachtungen wird z.B. gleich 100 gesetzt.

Die Umhüllende des Häufigkeitsdiagramms entspricht der Fehlerfunktion

$$\varphi(x)=\frac{1}{\sigma\sqrt{2\pi}}\exp\left[-\frac{1}{2}\left(\frac{x-\mu}{\sigma}\right)^2\right]. \tag{3.3}$$

Der Merkmalswert X_i geht dabei für $n\to\infty$ in die Variable x über. Die positiven und negativen Streuungswerte $\pm\sigma$ entsprechen, vom Mittelwert aus gerechnet, den relativen Abszissenwerten der Umhüllenden bei den zwei Ordinatenwerten von rund 61% (Bild 3–01).

Je mehr Beobachter für derartige Versuche herangezogen werden, desto zuverlässiger werden die Resultate. Dies kommt zwar aus den μ- und σ-Werten direkt nicht zum Ausdruck, kann aber mittels der Beziehung $\bar{\sigma}=\sigma/\sqrt{n}$ zuverlässig abgeschätzt werden. Bei Gaußscher Verteilung ist $\pm\bar{\sigma}$ der mittlere Fehler des Mittelwertes μ. Noch präzisere Angaben über die zu erwartende Zuverlässigkeit der Versuchsergebnisse liefert die t-Verteilung (Student's distribution), da diese zahlenmäßig gut an die beschränkte Zahl von Beobachtern und Einzelbeobachtungen angepaßt ist [3.6]. Auch andere statistische Auswertemethoden sind bekanntgeworden.

Oft wählt man auch die Darstellungsform des Summenhäufigkeitsdiagramms. Dabei werden die Einzelhäufigkeiten der Merkmalswerte von oben oder unten her aufsummiert; man spricht von Merkmalsgrenzwerten. Der Übergang zur stetigen Funktion ($n\to\infty$) führt auf das Fehlerintegral

$$\Phi(x)=\int_{-\infty}^{x}\varphi(x)\,\mathrm{d}x. \tag{3.4}$$

Dieses Integral ist elementar nicht auswertbar [0.18].

Bei Normalverteilung und linearen Skalen ergibt sich der in Bild 3–02a gezeigte Verlauf. Die Standardabweichung liegt bei den Merkmalsgrenzwerten 16 und 84% (gerundete Werte). $\Phi(x)$ stellt die

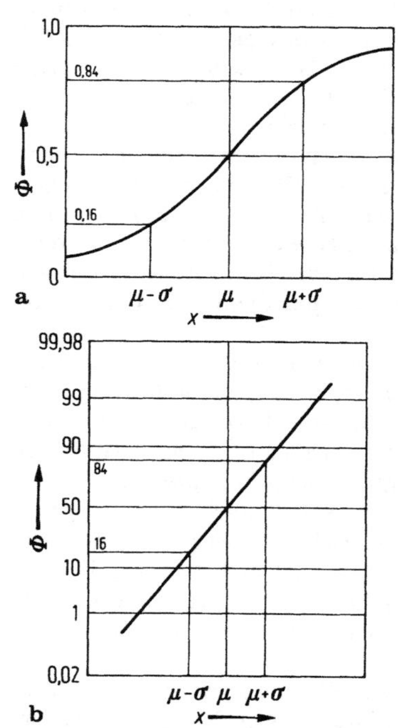

Bild 3-02. Verlauf der Summenhäufigkeit bei Normalverteilung. **a** lineare Koordinaten; **b** Koordinatenmaßstäbe so gewählt, daß Summenhäufigkeitsverlauf bei Normalverteilung eine Gerade ergibt

Unterschreitungs-, $1-\Phi(x)$ die Überschreitungswahrscheinlichkeit dar (Normierung $\Phi_{max}=1$). Man führt nun weiter in der grafischen Darstellung als Maßstab in Φ-Richtung zweckmäßigerweise eine dem Fehlerintegral angepaßte Länge ein, und erhält so bei Normalverteilung als Merkmals-Grenzwertfunktion eine Gerade (Bild 3–02b, „Wahrscheinlichkeitspapier").

Bei statistischen Verteilungen ist zwischen dem Mittelwert μ und dem Medianwert m zu unterscheiden. Der Medianwert entspricht dem Merkmalsgrenzwert 50%. Er wird z. B. bei Feldstärkeregistrierungen oft als Bezugswert genommen. Bei symmetrischen Verteilungen — also auch bei Normalverteilung — sind μ und m identisch.

Im Sinne einer Überleitung zu den nachfolgenden Abschnitten ist noch zu erwähnen, daß bereits in den Kapiteln 1 und 2 verschiedentlich gebräuchliche oder empfohlene Grenzwerte oder Toleranzen aufgezeigt wurden. Auf Prüfsignale und Meßmethoden wurde dabei aber nicht eingegangen.

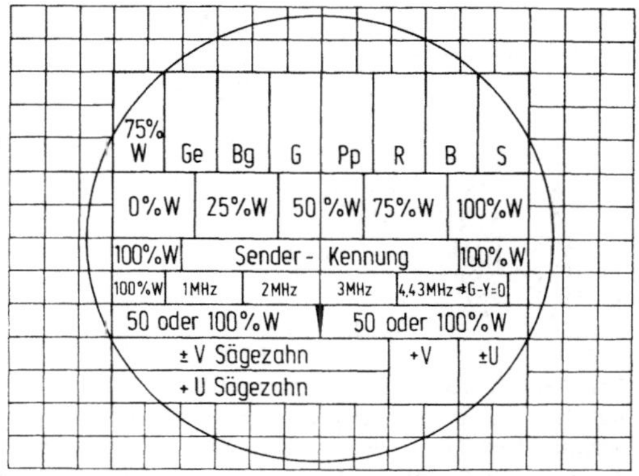

Bild 3-03. Sendertestbild für CCIR-B/G-PAL-Farbfernsehnorm (Verwendung z. B. in der BR Deutschland und in der Schweiz). Erste Reihe: Farbbalken; Primär- und Komplementärfarben; 100% Sättigung, 75% Amplitude (W Weiß, Ge Gelb, Bg Blaugrün, G Grün, Pp Purpur, R Rot, B Blau, S Schwarz). Zweite Reihe: Fünf Leuchtdichtestufen. Vierte Reihe: Weißwert und vier Felder mit sinusförmigen Signalen konstanter Amplitude, aber steigender Frequenz. Fünfte Reihe: Schmaler Schwarzkeil auf hellem Grund zur Erkennung von Echosignalen. Unterster Teil, links: PAL-Farbdifferenz-Grundsignale mit kontinuierlich fallender Amplitude, rechts: Felder mit zeilenweise umgepolter U- und nicht umgepolter V-Komponente (sind bei korrekt arbeitendem Decoder farblos). Siehe auch Abschnitt 1.4.1

3.3 Internationale Qualitätskriterien; Prüfsignale und Meßmethoden für die Weitverkehrstechnik

Im Rahmen der Abschnitte 3.3 und 3.4 soll nur auf die Videomeßtechnik im Sinne von Prüfsignalen, Grenzwerten und Toleranzen an definierten Schnittstellen, nicht aber auf Messungen im trägerfrequenten oder allenfalls digitalisierten Bereich und im allgemeinen auch nicht auf Art und Genauigkeit der Meßgeräte eingegangen werden [3.13; 3.18].

Es sei schon an dieser Stelle erwähnt, daß im Anhang 1.4.1 eine Kurzdarstellung des PAL-Farbfernsehsystems zu finden ist.

Der Videomeßtechnik kommt, vor allem im Studio- und Übertragungsbereich, große Bedeutung zu. Einen Basisbandbereich gibt es darüber hinaus, wie aus früheren Kapiteln bekannt, auch beim Empfänger (vgl. Abschnitt 3.5). Bild 3–03 zeigt das in verschiedenen Ländern Europas ausgestrahlte Farbfernseh-Testbild (mit Signalangaben).

Will man logisch und konsequent vorgehen, sind vorerst durch subjektive Tests der im vorhergehenden Abschnitt beschriebenen Art die sogenannten Systemtoleranzen und -grenzwerte zu ermitteln. Man versteht darunter die auf dem Gesamtübertragungsweg von der Bildsignalquelle bis zum Schirm des Heimempfängers für eine definierte Bildqualität erforderlichen linearen und nichtlinearen Mindestübertragungseigenschaften sowie die benötigten Mindestgeräuschabstände.

Eine zweite, sehr schwierige Aufgabe beseht in der Folge darin, diese Systemtoleranzen, im Sinne einer kostenmäßigen Optimierung, möglichst zweckmäßig auf die einzelnen Abschnitte des Übertragungsweges aufzuteilen. Darauf wird in Abschnitt 3.4 eingegangen.

Um an verschiedenen Orten gewonnene Meßwerte miteinander vergleichen zu können, müssen vorgängig Meßsignale und Prüfmethoden festgelegt werden. Dieser Aufgabe ist man, wie erwähnt, in der Commission Mixte CCIR/CCITT pour les Transmissions Télévisuelles et sonores (CMTT, Federführung beim CCIR in Genf) auf internationaler Ebene für die Weitverkehrstechnik nachgekommen. Eine erste Basis dazu bildet für Europa und andere Kontinente CCIR-Empfehlung 472-1, in der alle für den Programmaustausch wichtigen Parameter der 625-Zeilen-Systeme vereinheitlicht dargestellt sind [1.1].

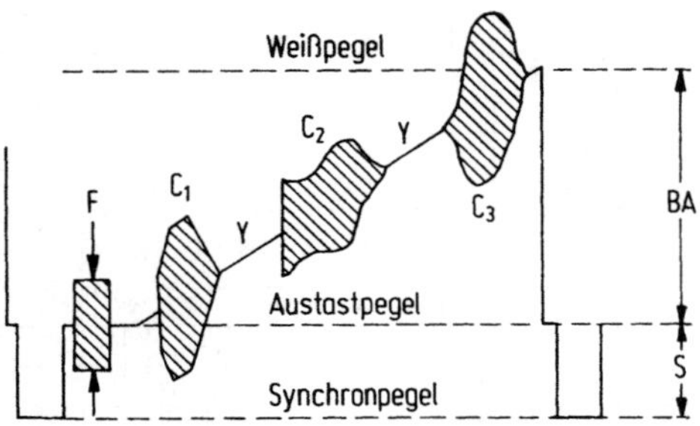

Bild 3-04. Videofrequente internationale Fernsehsignal-Schnittstelle am Beispiel eines Luminanz-Zeilensägezahns *Y* mit überlagerten PAL- oder NTSC-Chrominanzsignalen C_1 bis C_3. Bei den 625-Zeilen-Systemen ist BA = 0,7 V, S = 0,3 V und F (Farbsynchronsignal) = $^3/_7$ von BA = 0,3 V_{ss}. Für 525-Zeilen-Systeme gilt analog in relativen Einheiten: $BA = 1$, S = 0,4, $F = {}^4/_{10}$ von BA (*SS*-Wert). Die Chrominanzamplituden sind so proportioniert, daß für Primär- und Komplimentärfarben maximaler Amplitude und Sättigung der Schwarz- bzw. Weißpegel des Leuchtdichtesignals *Y* um maximal 33% unter- bzw. überschritten wird (vgl. Abschnitt 1.4.1)

Die Vereinbarungen beziehen sich dabei auf die schon im Kapitel 2 erwähnte videofrequente Schnittstelle (Signalübergabepunkt im Übertragungsnetz). Die normierten Pegel für 625-Zeilen-Systeme sind in Bild 3–04 wiedergegeben. Darüber hinaus wurden im genannten Gremium auch Toleranzwerte für Bezugskreise festgelegt (Abschnitt 3.4).

Die weiteren Ausführungen dieses und des folgenden Abschnitts 3.4 sind, wenn nicht gesondert vermerkt, der sehr wichtigen CMTT-Weitverkehrsempfehlung 567-1 (früher Bericht 486) entnommen [3.1]. Diese ist wie folgt gegliedert:

Teil A: Definition von Übertragungswegen.
Teil B: Definition von Parametern.
Teil C: Meßmethoden und Prüfsignale.
Teil D: Dimensionierungsgrundlagen und Toleranzen für Bezugskreise.
Teil E: Eigenschaften von Übertragungswegen, die kürzer oder länger als der hypothetische Bezugskreis sind.

Diese Empfehlung berücksichtigt die Erfordernisse des Farbfernsehens (NTSC-, PAL-, SECAM-Systeme) im weltweiten Rahmen. Auf die Modulationsart der Übertragung ist darin nicht speziell Rücksicht genommen. Enthält der Übertragungsweg digitalisierte Abschnitte, kann es angezeigt sein, einzelne Teile bestimmter Prüfsignale etwas zu modifizieren. Darauf wird im folgenden nicht eingegangen. — Für die weiteren Ausführungen sind [3.7–3.12] von direktem Interesse.

3.3.1 Verzerrungsmessungen mit stationären Signalen

In CMTT-Empfehlung 567-1 sind im Teil **B** die verschiedenen videomäßig möglichen Signalverzerrungs- und -störungsarten übersichtlich zusammengestellt (Bilder 3–05 und 3–06). Für die unterstrichenen Parameter sind Meßsignale und Prüfmethoden definiert worden. Darauf nehmen die Tabelle 3–I und eine Reihe nachfolgender Bilder Bezug.

Es ist zunächst festzuhalten, daß Signalverzerrungen überwiegend im Zeitbereich gemessen werden.

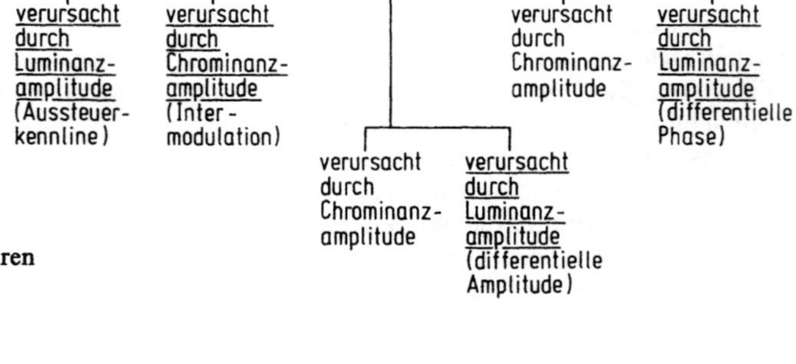

Bild 3-05. Aufgliederung der nichtlinearen Verzerrungsarten

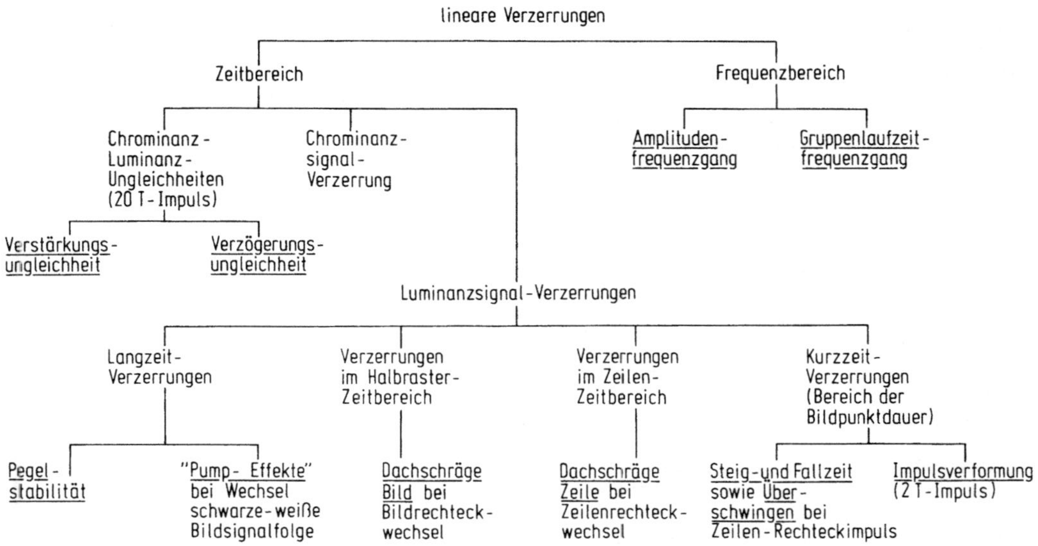

Bild 3-06. Aufgliederung der linearen Verzerrungsarten

Tabelle 3-I. Farbfernseh-Meßtechnik: Verzerrungsarten, Prüfsignale, Definition von Verzerrungen für 625-Zeilen-Systeme. Miteingetragen sind als Beispiel die Toleranzwerte für den hypothetischen Weitverkehrs-Bezugskreis. Nach CMTT-Empfehlung 567-1 [3.1].

Verzerrungsart	Definition	Prüfsignal(e) (PZ Prüfzeile)	Hypothetischer Bezugskreis 2500 km	
	Nichtlineare Verzerrungen		Toleranz	Add.-gesetz: h-Wert[a]
Nichtlinearität des Luminanzsignals	relative Pegeländerung eines dem Luminanzsignal vom Austast- bis zum Weißpegel überlagerten kleinen Stufensignals	Bild 3-09, Signal D_1 (PZ 17)	±5% bei hohem und niedrigem mittleren Bildsignalpegel	3/2
differentielle Amplitude	relative Pegeländerung eines dem Luminanzsignal vom Austast- bis zum Weißpegel überlagerten Farbträgersignal kleiner Amplitude	Bild 3-09, Signal D_2 (PZ 330)	±10%, SS-Wert jedoch maximal 12%. Bildsignalpegel wie oben	3/2 oder 2
differentielle Phase	relative Phasenänderung eines dem Luminanzsignal vom Austast- bis zum Weißpegel überlagerten Farbträgersignals kleiner Amplitude und konstanter Phase	Bild 3-09, Signal D_2 (PZ 330)	±5°, SS-Wert jedoch maximal 6°. Bildsignalpegel wie oben	3/2 oder 2
Chrominanz →Luminanz-Intermodulation	relative Änderung des mittleren Signalpegels bei Überlagerung eines konstanten Luminanzsignals durch ein Chrominanzsignal konstanter Amplitude	Bild 3-09, Signal G_1 oder G_2 (PZ 331)	±3%, Bildsignalpegel wie oben	2

Tabelle 3–I. (Fortsetzung)

Verzerrungsart	Definition	Prüfsignal(e) (PZ Prüfzeile)	Hypothetischer Bezugskreis 2500 km	
	Nichtlineare Verzerrungen		Toleranz	Add.-gesetz: h-Wert[a]
Pegeländerung des Bildsynchronsignals	relative Pegeländerung des Synchronsignals, bezogen auf den nominellen Wert von 3/7 des Luminanz- + Austastsignals	kein besonderes Prüfsignal	±10%, Bildsignalpegel wie oben	3/2
	Lineare Verzerrungen			
Verzerrungen über ein Halbraster (Zeitbereich)	maximale Abweichungen der positiven und/oder negativen Signalspitzen, bezogen auf Pegel in Balkenmitte. Erste und letzte vier Zeilen nicht mitgemessen	Bildrechteckwechsel, Bild 3-07	± 6%	1
Verzerrungen über eine Zeile (Zeitbereich)	maximale Abweichungen der positiven und/oder negativen Signalspitzen, bezogen auf Pegel in Balkenmitte. Erste und letzte µs nicht mitgemessen	Zeilenrechteckwechsel, Bild 3-09, Signal B_2 (PZ 17)	± 3%	2
Kurzzeitverzerrungen (Bildpunktdauer) (Zeitbereich)	a) relative Abweichung der Amplitude eines 2T-Impulses vom Signalwert eines Zeilenbalkensignals. b) prüfen, ob Nebenminima und -maxima innerhalb einer vorgegebenen Toleranzschablone liegen (K-Faktor-Methode)	Bild 3-08 oder 3-09, Signale B_1 und B_2. Signal B_1 (PZ 17 oder 330)	±12% Schablone gemäß Bild 3-08	 b
Amplitudenfrequenzgang	relative Amplitudenänderung einer Sinusschwingung, bez. auf tiefe Frequenzen	Bild 3-09, Signal C_2 (PZ 18)	—	3/2
Chrominanz-Luminanz-Pegelungleichheit	relative Änderung des Chrominanzpegels, bezogen auf den Luminanzpegel	Bild 3-09, Signal F (PZ 17) (20T-Impuls)	±10%	2
Chrominanz-Luminanz-Verzögerungsungleichheit	Gruppenlaufzeitfehler des Chrominanzsignals, bezogen auf das Luminanzsignal	wie oben	±100 ns	2

[a] Vgl. Abschnitt 3.4.1, Toleranzaufteilung. Werte nach CMTT-Empfehlung 567-1 [3.1].
[b] Kein Gesetz.

Der Grund liegt darin, daß Signalunvollkommenheiten des Zeitbereichs in direkterer Beziehung zur subjektiven Bildgüte stehen als solche des Frequenzbereichs. Beispiele dafür sind die Bilder 3–07 und 3–08.

Für monochrome Fernsehnormen wurden diesbezüglich in CMTT-Weitverkehrsempfehlung 421 schon gegen Ende der fünfziger Jahre wichtige z. T. bis 1977 gültige Festlegungen getroffen. 1978 wurde Empfehlung 421 durch die genannte auf Farb-

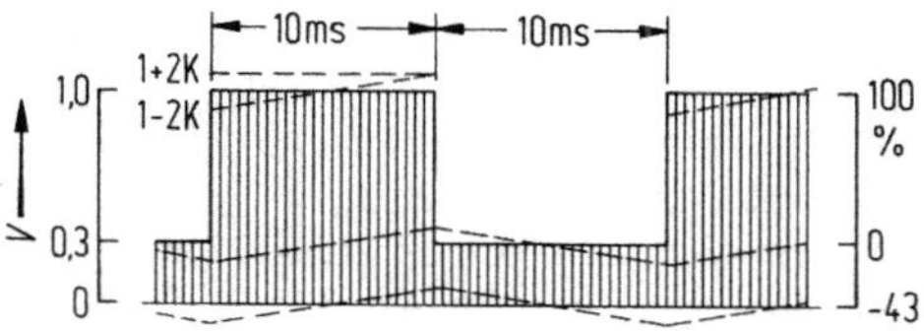

Bild 3-07. Halbraster-Rechteckwechsel (schematisch). Vertikale Streifen: Zeileninhalte mit Synchronzeichen. Schräg gestrichelt: Andeutung einer typischen Signalverzerrung. Meßtechnische Einzelheiten sind Tabelle 3–I (Halbraster) zu entnehmen (vgl. [3.1]). Für die *K*-Faktor-Meßmethode ist die gemäß *K*-Wert zulässige Toleranz eingetragen. (Für den nicht eingezeichneten Zeilenrechteckwechsel gilt als Toleranz $1+K$, $1-K$) [3.7; 3.9–3.11]

signale erweiterte CMTT-Empfehlung 567-1 abgelöst. Diese ersetzt auch die frühere nur für die englische I-Norm gültige Empfehlung 451.

3.3.2 Prüfzeilensignale

Die „klassischen" stationären Meßsignale der früheren CMTT-Empfehlung 421 wurden durch die Prüfzeilensignale für 525- und 625-Zeilen-Systeme der CMTT-Empfehlungen 473/567 [3.1] weitgehend abgelöst (Bilder 3–09a bis d). Diese sehr ausgeklügelten Signalkombinationen können auf je zwei Leerzeilen der beiden Halbraster gleichzeitig mit dem Bildsignal übertragen werden. Sie sind in dieser Form, besonders für betriebliche Routinemessungen, sehr gut geeignet, da die Fernsehsendung beim Meßvorgang nicht unterbrochen werden muß.
Die Numerierung der Zeilen erfolgt ab erstem breitem Vertikalsynchronimpuls des ersten Halbrasters [1.1; 0.1]; die Prüfzeilen liegen im Vertikalaustastintervall, das rd. 25 Zeilen umfaßt. Für Typenprüfungen und Abnahmemessungen kann bei entsprechendem Signalgeber das einzelne Prüfsignal auch auf allen Zeilen des Fernsehrasters gleichzeitig übertragen werden, was die Durchführung der Tests vereinfacht und die Genauigkeit erhöht. Zur vollständigen Prüfung der Aussteuerkennlinie kann auf den aktiven Zeilen des Fernsehbildes auch wahlweise ein schwarzer oder weißer Bildinhalt eingetastet werden.
Für Rauschmessungen wird bei 625 Zeilen auf den Zeilen 22/335 nur der Austastwert übertragen. Ein Bildrechteckwechsel (Hälfte des Halbrasters Weißbild, andere Hälfte Schwarzbild) stellt eine zweckmäßige Ergänzung zu den Prüfzeilensignalen dar (Bild 3–07).

3.3.3 Geräusch- und Nebensprechmessungen

In CMTT-Empfehlung 567-1 [3.1] sind auch detaillierte Angaben über Klassierung und Messung von Geräusch- und Nebensprechsignalen zu finden. Dabei wird unterschieden zwischen
- regellosem Rauschen (continuous random noise),
- niederfrequentem Geräusch (low frequency noise),
- periodischem Geräusch (periodic noise),
- impulsförmigem Geräusch (impulsive noise),
- Übersprechen (crosstalk) von einem andern Fernsehkanal.

Was das regellose Rauschen betrifft, konnte man sich 1978 international auf ein einheitliches alle Farbfernsehsysteme umfassendes Rauschbewer-

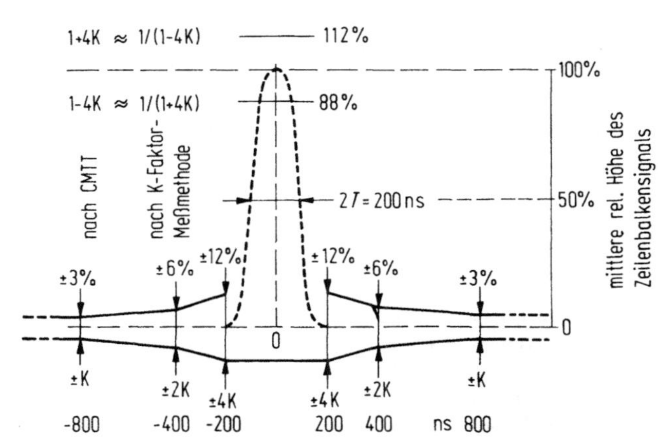

Bild 3-08. Toleranzschema für den 2*T*-Impuls sowie für das 2*T*-Impuls-/Zeilenbalken-Verhältnis am Beispiel des hypothetischen Bezugskreises von CMTT-Empfehlung 567-1 [3.1] (vgl. Abschnitt 3.4). Der unverzerrte 2*T*-Kosinusquadratimpuls ist punktiert mit eingezeichnet (*K*-Faktor-Meßmethode [3.7; 3.9–3.11])

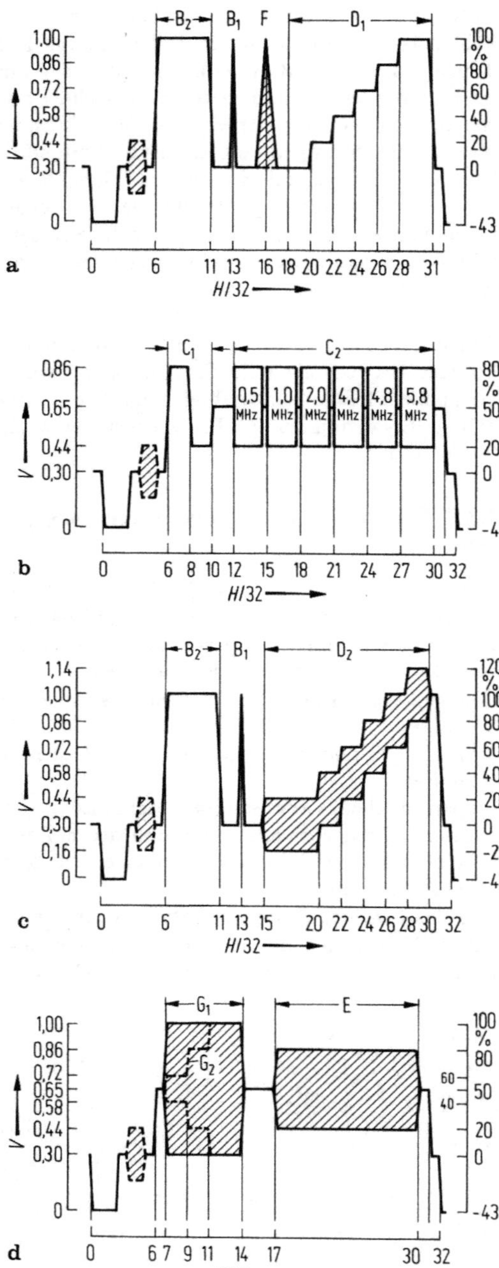

Bild 3-09. Prüfzeilen für das vertikale Austastintervall (625-Zeilen-Systeme) [3.1]. **a** Prüfzeile 17 (Weißbalken, 2*T*-Impuls, farbgeträgerter 20*T*-Impuls [3.8], fünfstufige Grautreppe); **b** Prüfzeile 18 (Rechteckwechsel, Pakete mit sinusförmigen Schwingungen der angegebenen Frequenzen); **c** Prüfzeile 330 (wie Prüfzeile 17, Grautreppe jedoch mit einer Farbhilfsträgerschwingung konstanter Amplitude und Phase überlagert); **d** Prüfzeile 331 (mittlerer Graupegel, überlagert mit Farbträgerpaketen unterschiedlicher Amplitude aber konstanter Phase)

tungsfilter einigen (CMTT-Empfehlung 568, Bild 3–10). Tabelle 3–II enthält die wichtigsten internationalen Übereinkünfte für die Durchführung von Messungen auf diesem Gebiet.

Für den einzelnen roten, grünen oder blauen Farbkanal wie auch für das Leuchtdichtesignal ergibt das für die CCIR-Normen B/G aufgezeigte Bewertungsfilter der alten CMTT-Empfehlung 421 genauere Resultate als das vereinheitlichte Filter (vgl. Kapitel 1).

Regelloses Rauschen wird in Effektivspannungen ausgedrückt. Der auf dem Oszillographenschirm bei mittlerer Strahlhelligkeit meßbare SS-Wert

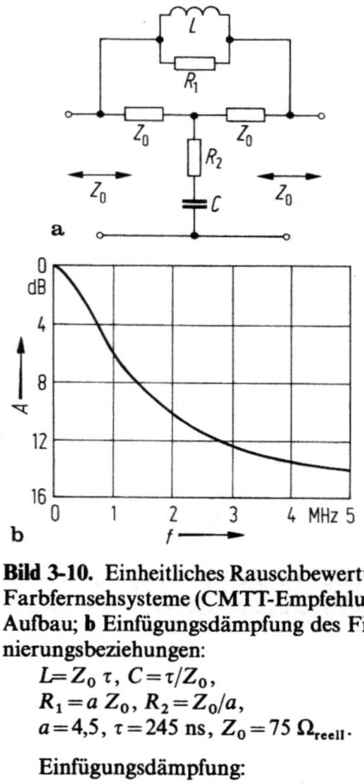

Bild 3-10. Einheitliches Rauschbewertungsfilter für alle Farbfernsehsysteme (CMTT-Empfehlung 567-1 [3.1]). **a** Aufbau; **b** Einfügungsdämpfung des Filters. Dimensionierungsbeziehungen:

$L = Z_0\,\tau,\ C = \tau/Z_0,$

$R_1 = a\,Z_0,\ R_2 = Z_0/a,$

$a = 4{,}5,\ \tau = 245\ \text{ns},\ Z_0 = 75\ \Omega_{\text{reell}}.$

Einfügungsdämpfung:

$$A = 10\log\frac{1+\{(1+1/a)\omega\tau\}^2}{1+\left(\dfrac{1}{a}\omega\tau\right)^2}\ \text{dB}$$

Tabelle 3–II. Nähere Angaben über Definition und Messung der in CMTT-Empfehlung 567-1 [3.1] aufgelisteten Geräuscharten und des Nebensprechens. Angaben über allenfalls erforderliche Filter finden sich im Anhang der genannten Empfehlung (vgl. Bild 3-08).

Geräuschart	Spektraler Meßbereich	Geräuschpegel, gemessen an 75 Ω in	Bezugspegel, gemessen an 75 Ω
regelloses Rauschen (Abstand in dB)	10 kHz...5 MHz, normalerweise zusätzlich Rauschbewertungsfilter. Meßgerät mit definierter Meßzeitkonstante	V_{eff}	nomineller maximaler Schwarzweißsprung (0,7 V_{ss} bei 625-Zeilen-Systemen)
niederfrequentes Geräusch (Abstand in dB)	500 Hz...10 kHz (nicht spektral gemessen)	V_{ss}	
periodisches Geräusch (Abstand in dB)	1 kHz...5 MHz: getrennte Angaben für einzelne Frequenzkomponenten. Unter 1 kHz: Nur 1 Angabe: Netzbrumm mit niederen Harmonischen	V_{ss}	
impulsförmiges Geräusch (Abstand in dB)	keine spezielle Vorschrift	V_{ss}	
Übersprechen von einem andern Fernsehkanal (Abstand in dB)	keine spezielle Vorschrift	V_{ss}	

Als Geräuschabstand bezeichnet man den Ausdruck $20 \lg \frac{\text{Bezugspegel}}{\text{Geräuschpegel}}$

liegt rund 17 dB über dem Effektivwert (Genauigkeit etwa ±1 bis 2 dB).

3.3.4 Messung der Anpassung und Einfügungsdämpfung

Videosignale werden sozusagen ausnahmslos auf Koaxialkabeln mit Wellenwiderstand 75 Ω übertragen. Ab Übertragungsdistanzen von etwa 15 m muß im Studiobereich die frequenzabhängige Betriebsdämpfung solcher Leitungen sorgfältig auskompensiert werden, wofür spezielle Verstärker entwickelt wurden. Der Kabelabschluß ist immer 75 Ω reell. Man hat sich hier zu vergegenwärtigen, daß in einem großen Fernseh-Studiokomplex insgesamt viele Kilometer Videoleitungen ausgelegt werden müssen (vgl. Kapitel 2).

Um Reflexionen zu vermeiden, müssen die Ein- und Ausgänge der einzelnen Geräte hohe Rückflußdämpfungen aufweisen (typische Werte bis 5 MHz: 30 bis 40 dB). Rückflußdämpfungen sind, meist primär bedingt durch die unvermeidlichen Schaltkapazitäten an den Ein- und Ausgängen der Geräte, im allgemeinen frequenzabhängig. Sie werden mit besonderen Brückenschaltungen gemessen.

Zwischen Reflexionsfaktor $\underline{r}$, Rückflußdämpfung a_r (auch Anpassungs- oder Echodämpfung genannt) und Stehwellenverhältnis s bestehen folgende Zusammenhänge:

$$a_r = 1/|\underline{r}|; \quad s = (1+|\underline{r}|)/(1-|\underline{r}|).$$

Darin ist $\underline{r} = [\underline{Z}_0 - \underline{Z}(f)]/[\underline{Z}_0 + \underline{Z}(f)]$.

Für die Rückflußdämpfung ergibt sich damit im Dezibelmaß:

$$A_r = 20 \lg |[\underline{Z}_0 + \underline{Z}(f)]/[\underline{Z}_0 - \underline{Z}(f)]|, \qquad (3.5)$$

worin $\underline{Z}(f)$ die Kabelimpedanz, bzw. Impedanz des Geräteein- oder -ausgangs (im allg. komplex) und $\underline{Z}_0$ die Abschlußimpedanz (Nennwert fast immer 75 Ω, reell) sind.
Im Zeitbereich gilt für die Rückflußdämpfung

$a_r = |U_1/U_2|$, bzw. im Dezibelmaß

$$A_r = 20 \lg |U_1/U_2|. \qquad (3.6)$$

Darin ist U_1 der *SS*-Wert des Eingangs- und U_2 derjenige des zurückfließenden Signals. Zahlenmäßig ergibt sich für A_r im Zeitbereich nur dann der gleiche Wert wie im Frequenzbereich, wenn die Rückflußdämpfung frequenzunabhängig ist.
Die genaue Berechnung der Betriebsdämpfung eines koaxialen Video-Leitungspaares im Studiofrequenzbereich von 50 Hz bis etwa 7 MHz ist verhältnismäßig kompliziert (s. Kapitel 2). Trotz des Dämpfungsanstiegs im Bereich höherer Videofrequenzen und des starken Anwachsens der Kabelimpedanz gegen tiefere Basisbandfrequenzen hin, die mit einer extremen Unteranpassung verbunden ist, sind Kabelmeßlängen von Größenordnung 1 m noch nicht kritisch. Der Abschlußwiderstand von 75 Ω reell muß dabei naturgemäß auf der Meßgeräteseite liegen.
Mit Meßsonden von wenigen Picofarad Eigenkapazität darf auch direkt am Geräteein- oder -ausgang gemessen werden. Bei größerer kapazitiver Belastung ist ein Abzweigfilter erforderlich (Bild 3-11). Die Meßgerätzuleitung muß hochohmig sein. Auf diese Weise lassen sich z. B. auch mehrere Videogeräte an eine gemeinsame Leitung anschließen (Durchschlauffilter).

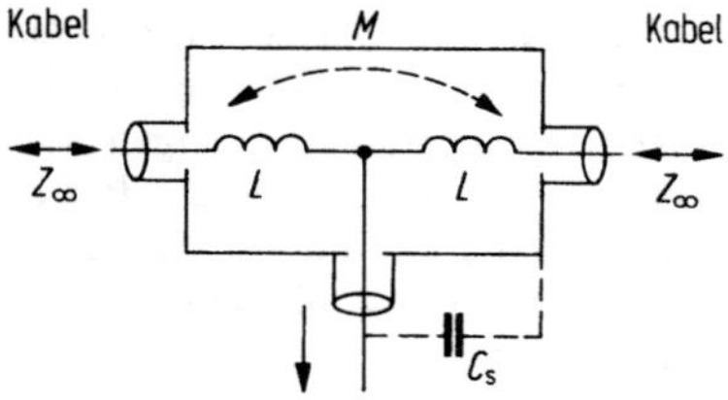

Bild 3-11. Abzweigfilter, z. B. für ein 75-Ω-Koaxial-Videokabel (Beispiel). Die beiden mit Vorteil gegenseitig gekoppelten Induktivitäten *L* bilden, zusammen mit der Kapazität C_s, ein Glied eines Tiefpaßsystems, dessen Wellenwiderstand näherungsweise der Kabelimpedanz Z_∞ entspricht (Filtertheorie). *M* gegenseitiger Kopplungsfaktor der Induktivitäten. Für gute Breitbandigkeit muß die Auskopplung kapazitätsarm und hochohmig erfolgen

Einfügungsdämpfung

Die Pegelhaltung oder -stabilität, auch Einfügungsdämpfung genannt (engl. insertion gain, frz. gain d'insertion), ist eine der wichtigsten Grundgrößen jedes Übertragungssystems. Man versteht darunter das für ein bestimmtes Prüfsignal in V_{ss} gemessene Verhältnis Ausgangs- zu Eingangspegel und unterscheidet zwischen dauernder zulässiger Abweichung vom Nennwert, Langzeit-(Größenordnung 1 h) und Kurzzeit-(Größenordnung 1 s) -stabilität.
An den normierten 1-V-Schnittstellen des Videosignals ist der Nennwert der Einfügungsdämpfung 1 (0 dB).

3.4 Bezugskreise und -ketten; Grenzwerte, Toleranzen und Toleranzaufteilung

3.4.1 Bezugskreise und Toleranzen für die Weitverkehrstechnik

Um die Signalqualität auf langen Übertragungswegen zu definieren, ist es, wie bereits angedeutet, vorerst notwendig, Länge und Beschaffenheit typischer Übertragungsabschnitte festzulegen. In CMTT-Empfehlung 567-1 finden sich deshalb im ersten Teil hypothetische Bezugskreise für die terrestrische und die Satellitenübertragung (s. Bilder 3-12 und 3-13 mit entsprechenden Legenden).

Toleranzen und deren Aufteilung auf die Übertragungsabschnitte

Theoretische Überlegungen

Zeitbereichstoleranzen stehen, wie bereits angedeutet, in der Fernsehtechnik — zumindest beim

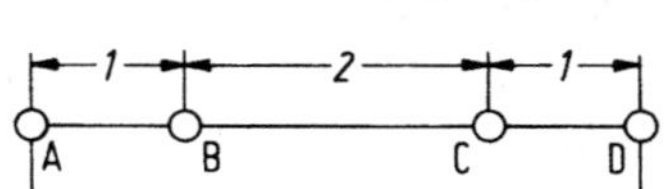

Bild 3-12. Internationale Fernsehverbindung. Sie setzt sich aus zwei lokalen Zubringerstrecken 1 und einer internationalen Strecke 2 zusammen. Letztere wird internationaler Bezugskreis für terrestrische Fernsehübertragungen genannt (Länge 2500 km). Der Bezugskreis teilt sich in drei Modulationsabschnitte von je 833 km Länge auf, die videofrequent miteinander verbunden sind. (CMTT-Empfehlung 567-1 [3.1])

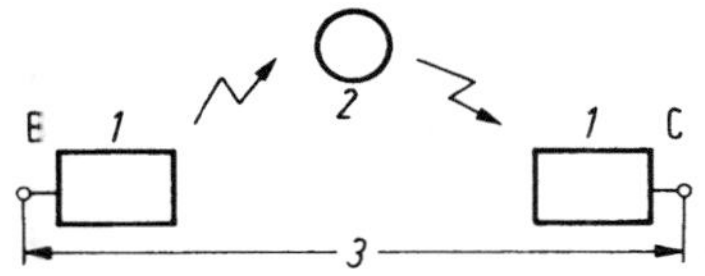

Bild 3-13. Hypothetischer Fernsehbezugskreis für eine geostationäre Weitverkehrs-Satellitenverbindung. Er steht anstelle der internationalen Fernsehverbindung von Bild 3-12 und umfaßt beidseitig die terrestrischen Zubringerstrecken zu den Satellitenstationen und die Modulatoren und Demodulatoren auf diesen Stationen, nicht aber allfällige Normkonverter, Synchronimpuls-Regeneratoren oder Geräte zum Eintasten von Sondersignalen in das vertikale Austastintervall (CMTT-Empfehlung 567-1 [3.1]). *1* erdgebundene Teile der Übertragung, *2* Satellit

monochromen Basissignal, d.h. wenn man zunächst vom codierten Chrominanz-Signalzusatz absieht — in einem interpretationsmäßig viel direkteren Zusammenhang zur subjektiven Bildgüte als Frequenzbereichstoleranzen. Ein Blick auf die Toleranztabellen dieses Kapitels zeigt, daß sie dementsprechend auch häufiger vertreten sind als Frequenzgangtoleranzen. Zunächst sei kurz auf die wichtige Frage eingegangen, inwieweit zwischen Toleranzen im Zeit- und Frequenzbereich in linearen Systemen Zusammenhänge bestehen [0.1; 3.1–3.4].

Wie allgemein bekannt ist, läßt sich jedem zeitlichen Signalverlauf ein Fourier-Spektrum zuordnen. Bei periodischen Zeitfunktionen ergibt sich ein Linienspektrum gemäß folgenden Beziehungen:

$$f(t)=\frac{1}{T}\sum_{n=-\infty}^{\infty} C_n\, e^{j\omega_n t},$$

mit (3.7)

$$C_n=\int_{-T/2}^{T/2} f(t)\, e^{-j\omega_n t}\, dt.$$

Darin sind $\omega_n=2\pi n/T$ die Kreisfrequenz der im allgemeinen komplexen n-ten Spektralkomponente C_n. Aus der zweiten Beziehung ist zu erkennen, daß nicht die Zeitfunktion als solche, sondern vielmehr der über eine Periode integrierte zeitliche Verlauf derselben in die Fourier-Koeffizienten eingeht. Ein extrem schmaler Impuls extrem großer Amplitude (bei $T\to\infty$ δ-Impuls) führt auf ein unendlich ausgedehntes Spektrum (1. Extremfall). Umgekehrt geht auch nicht die einzelne Fourier-Komponente als solche, sondern nur die Gesamtsumme aller Fourier-Komponenten in die Zeitfunktion ein (oberer Ausdruck). Eine einzelne Spektralkomponente für sich führt auf eine von $t=-\infty$ bis $+\infty$ sich ausdehnende sinusförmige Schwingung konstanter Amplitude (2. Extremfall). Daraus läßt sich ableiten, daß zwischen Zeit- und Frequenzbereichstoleranzen eine direkte, eindeutige Zuordnung im allgemeinen nicht möglich ist.

Eine zweite sehr wichtige Frage zielt in Richtung der Addierbarkeit von Toleranzen im Zeit- oder Frequenzbereich, wobei hier wiederum lineare Systeme vorausgesetzt sind.

Im Frequenzbereich liegen die Verhältnisse im Prinzip recht übersichtlich, indem man hier einfach die entsprechenden komplexen Grenzübertragungsfaktoren der einzelnen Abschnittsvierpole miteinander zu multiplizieren braucht. Dies läuft auf ein frequenzmäßiges Multiplizieren der einzelnen Amplitudengänge und ein entsprechendes Addieren der Phasengänge hinaus. Aus praktischen Gründen werden anstelle der Phasengänge fast immer die Gruppenlaufzeit-Frequenzgänge gemessen und spezifiziert. Da diese die Ableitung der Phase nach der Frequenz darstellen, geht dabei ein allfällig vorhandener frequenzunabhängiger Anteil der Phase verloren. Bei Gruppenlaufzeitmessungen und -spezifikationen muß man deshalb willkürlich einen Nullpunkt definieren. Die Erfahrung lehrt, daß dies in der Praxis nicht mit Nachteilen verbunden ist. Im Videobereich konvergiert der Phasenwinkel gegen die Frequenz null hin, bei den üblichen Schaltungen stets gegen null oder Vielfache von π. Gerade Vielfache haben dabei keinen verzerrenden Einfluß auf das Ausgangssignal, ungerade bewirken lediglich einen Polaritätswechsel des Eingangssignals. Gesamtsignalverzögerungen werden durch die Gruppenlaufzeitmessung allerdings nicht erfaßt; sie sind in der Übertragungstechnik aber fast immer ohne Bedeutung.

Die Addition von zeitlich definierten Toleranzwerten einer Übertragungskette führt auf beträchtliche Schwierigkeiten und ist in vielen Fällen exakt gar nicht durchführbar. Man muß sich hier des Faltungsintegrals bedienen. Ist $f(t)$ z.B. die einem bestimmten Toleranzgrenzverlauf entsprechende Zeitfunktion am Eingang eines Übertragungsabschnitts und $h(t)$ die Impulsantwort dieses Vierpols, so gilt für die Ausgangszeitfunktion mit der Hilfsvariablen τ

$$g(t)=f(t)*h(t)=\int_{-\infty}^{t} f(\tau)\,h(t-\tau)\,d\tau$$
$$=\int_{-\infty}^{t} f(t-\tau)\,h(\tau)\,d\tau. \qquad (3.8)$$

Da die Stoßfunktion über den gesamten Frequenzbereich ein flaches Spektrum aufweist, werden die Eigenschaften des Vierpols durch $h(t)$ vollständig erfaßt. Das Faltungsintegral ist sehr allgemein anwendbar, also beispielsweise auch auf zeitlich nur abschnittsweise differenzierbare Zeitfunktionen, wie sie in Zeittoleranzschemata häufig vorkommen (Bild 3–14). Als Faltungssatz ausgedrückt lautet die Rechenvorschrift:

„Man ersetze in beiden Zeitfunktionen die Variable (im vorliegenden Fall t) durch eine Hilfsvariable (hier zweckmäßigerweise τ). Hierauf nehme man eine der beiden Zeitfunktionen, klappe sie an der Ordinate um und ziehe sie, bei $t = -\infty$ beginnend, über die andere Zeitfunktion. Dabei bilde man laufend für alle Abszissenwerte der Hilfsvariablen $d\tau$ die Produkte der beiden Zeitfunktionen und summiere sie von $-\infty$ bis t auf."

Liegen die beiden Zeitfunktionen $f(t)$ und $h(t)$ lediglich als Meßwerte vor, ist numerisch zu integrieren.

Ein sehr leistungsfähiges Werkzeug zur Lösung von Problemen dieser und verwandter Art stellt die Laplace-Transformation dar. Die im Zeit- (Ober-, Original-) Bereich vorliegende Signalfunktion wird dabei zur Lösung der Aufgabe in den Frequenz- (Unter-, Bild-) Bereich transformiert, wo die Berechnung einfacher ist. Für die oft schwierige Rücktransformation gibt es Tabellenwerke [0.17].

Nichtlineare Toleranzwerte sind — vor allem beim Farbfernsehen — sehr wichtig (differentielle Amplitude und differentielle Phase, Chrominanz-Luminanz-Intermodulation). Die Theorien zur Behandlung solcher Verzerrungsarten sind aufwendig und schwierig (Volterra-Funktionen und -Reihen, usw.). Im vorliegenden Rahmen kann deshalb nicht darauf eingegangen werden.

Geräuschtoleranzwerte müssen in den meisten Fällen aufgrund praktischer Erfahrungen und Möglichkeiten festgelegt werden. Regellose Rauschanteile können leistungsmäßig addiert werden (quadratische Addition). Für andere Geräuscharten ist es im Sinne der im folgenden Abschnitt behandelten Toleranzaufteilung oft schwierig oder gar unmöglich, Gesetzmäßigkeiten zu finden. Bei Richtfunkverbindungen ist es üblich, Werte anzugeben, die über einen bestimmten Prozentsatz der Zeit des ungünstigsten Monats eingehalten sind (vgl. Abschnitt 2.4).

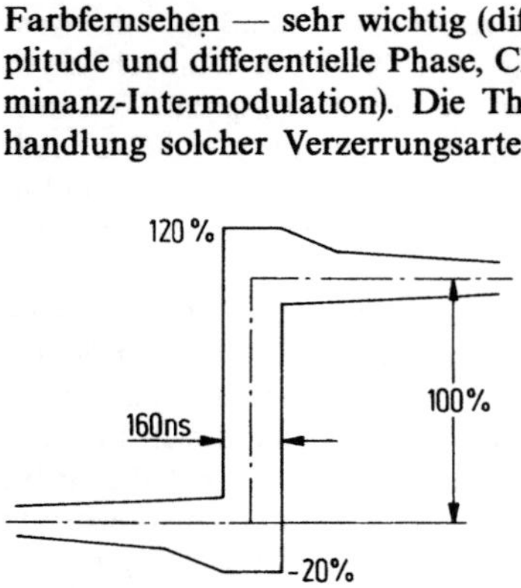

Bild 3-14. Hypothetischer Fernsehbezugskreis von 2500 km Länge. Toleranzschema für den Einschwingvorgang bei hohen Frequenzen des Leuchtdichtesignals (leicht vereinfacht, 625-Zeilen-Systeme mit 5 MHz Videobandbreite). Nach früherer CMTT-Empfehlung 421, die durch Empfehlung 567 abgelöst wurde. In letzterer fehlen Angaben dieser Art für 625-Zeilen-Systeme

Praxis der Toleranzen und der Toleranzaufteilung

Teil 4 der CMTT-Weitverkehrsempfehlung 567 enthält Nennwerte, Grenzwerte und Toleranzen für Bezugskreise der Weitverkehrstechnik. Eine Reihe davon ist in Tabelle 3–I aufgelistet. Bei Zeitfunktionstoleranzen sind z.T. Masken (engl. masks, frz. gabarits) erforderlich.

Die verschiedenen Toleranzverläufe sind gewöhnlich in Plexiglasplatten eingraviert. Die gewünschte Scheibe wird vor der Messung auf dem Oszillographenschirm angebracht. Beispiele für solche Toleranzmasken zeigen die Bilder 3–08 und 3–14. Sie stützen sich oft auf die englische K-Faktor-Meßmethode ab, ohne diese namentlich zu erwähnen (vgl. z.B. [3.10]).

Teil 5 von CMTT-Empfehlung 567 enthält Angaben über die Toleranzaufteilung und -extrapolation für den Fall, daß der in die Messung einbezogene Übertragungsweg kürzer oder länger als der terrestrische hypothetische Bezugskreis ist. Je nach Verzerrungs- und Störungsart sowie Übertragungsmittel findet man in der Praxis hinsichtlich Additionsgesetz lineare, quadratische, häufig aber auch gemischt linear-quadratische Zu- bzw. Abnahme der Verzerrungs- und Störwerte. Tabelle 3–III vermittelt Zahlenwerte für deren Zunahme als Funktion der Anzahl identischer Kettenglieder.

Richtfunknetze arbeiten zur Zeit fast ausnahmslos mit Frequenzmodulation. Lineare Verzerrungen im geträgerten Bereich können bei dieser Modulationsart im Videobereich zu nichtlinearen Verzerrungen führen. Die Gesetzmäßigkeiten für die zeitliche Verteilung der Geräusche sind komplex (vgl. Kapitel 2). Die spektrale Verteilung der Rauschleistungsdichte wird durch Signalvorbetonungen mitbeeinflußt. Theoretische Begründun-

Tabelle 3–III. Zunahme der Gesamtstörung oder -verzerrung als Funktion des Additionsgesetzes bei gleichen Beiträgen einzelner Übertragungs-Kettenglieder. Nach CMTT-Weitverkehrsempfehlung 567-1 [3.1].

Anzahl Kettenglieder	Zunahme (faktoriell)		
	linear	3/2-Gesetz	quadr.
1	1	1	1
2	2	1,6	1,4
3	3	2,1	1,7
4	4	2,5	2
5	5	2,9	2,2
6	6	3,3	2,5
7	7	3,7	2,6
8	8	4	2,8
9	9	4,3	3
10	10	4,6	3,2

gen für bestimmte Geräuschadditionsarten beziehen sich deshalb zur Zeit mehr auf leichter zu überblickende Einzelfälle, wie z. B. regelloses Rauschen auf Kabelstrecken.

Die Gesamtverzerrung oder -störung D_{tot} errechnet sich für die in Tabelle 3–III erwähnten drei Fälle nach folgenden Beziehungen (Spannungsebene):

Lineare Addition: $$D_{tot} = \sum_{i=1}^{n} D_i, \tag{3.9}$$

quadratische Addition: $$D_{tot} = \left(\sum_{i=1}^{n} D_i^2\right)^{\frac{1}{2}}, \tag{3.10}$$

gemischt linear/quadratische Addition (3/2-Gesetz):

$$D_{tot} = \left(\sum_{i=1}^{n} D_i^{3/2}\right)^{2/3}. \tag{3.11}$$

Darin bedeuten D_i die i-te Einzelkomponente der betreffenden Verzerrungs- oder Störungsart, gemessen zwischen Bezugspunkten des entsprechenden Einzelabschnitts (Signalverzerrungen in V_{ss}, regelloses Rauschen in V_{eff}, usw.), und n die Anzahl der in Kette geschalteten Übertragungsabschnitte (total $n+1$ Basisbandschnittstellen).

Steigzeiten in überschwingfreien Übertragungssystemen (Signalanstieg von 10 auf 90%) addieren sich erfahrungsgemäß mit guter Näherung quadratisch; ein Resultat, das sich aus dem Zentralgrenzwertsatz der Statistik ergibt. Bei seltenen impulsförmigen Einzelstörungen kurzer Dauer nimmt mit steigender Abschnittszahl lediglich die relative Häufigkeit des Auftretens, nicht aber der Spitzen-Spitzenwert des Störsignals zu.

3.4.2 Bezugskette für weltweite Verbindungen

Nach CMTT-Empfehlung 603 ist die weltweite hypothetische Bezugskette fünf in Kette geschalteten Bezugskreisen gemäß Abschnitt 3.4.1 gleichzusetzen. Die erwähnten Additionsgesetze für Geräusche und Verzerrungen gelten sinngemäß auch für die Bezugskette (Extrapolation der Bezugskreiswerte). Die hypothetische Bezugskette braucht nicht bis ins einzelne spezifiziert zu sein; wesentlich ist, daß sie beliebige Orte auf der Erde miteinander verbinden kann. Sie darf Standardkonverter und selbsttätige Signalentzerrer mitenthalten. In gewissen Fällen kann die Bildqualität noch unbefriedigend sein, was zusätzliche Untersuchungen erfordert.

3.4.3 Toleranzwerte und deren Aufteilung auf einen Gesamtübertragungsweg vom Studio bis zum Empfänger

In jüngerer Zeit wurde dem bereits weiter oben als sehr wichtig bezeichneten Problem der Aufteilung der Systemtoleranzen auf die einzelnen Abschnitte des Übertragungsweges international vermehrte Beachtung geschenkt.

Tabelle 3–IV zeigt einen möglichen Gesamtübertragungsweg auf, der auf Toleranztabellen von CMTT-Bericht 635-1 basiert. Die Zahlenwerte haben provisorischen Charakter. Tabelle 3–V enthält die dazugehörigen Gesamtverzerrungswerte sowie das zu erwartende Gesamtrauschen und eine Bildqualitätsabschätzung.

Ausführlichere Angaben über wünschbare Betriebstoleranzen finden sich in Tabelle 3–IX im Abschnitt 3.7 (Anhang). Sie gelten strenggenommen für das nach der englischen CCIR-I-Norm ausgestrahlte PAL-Farbfernsehsystem und umfassen den Übertragungsweg vom Codereingang bis zum Umsetzerausgang. Mit Ausnahme der Farbträger-Frequenztoleranz dürfen sie auch für die CCIR-B/G-Normen als wegweisend betrachtet werden.

Grenzwerte und Toleranzen für Anlagen- und Gerätepflichtenhefte

Nach der Aufteilung der Systemwerte auf die einzelnen Abschnitte des Übertragungsweges können nun für Anlagenplaner und Gerätehersteller, zumindest im Sinne begründeter Richtlinien, Grenzwerte und Toleranzen festgelegt werden.

Tabelle 3–IV. Toleranzen für das 625-Zeilen-System G (5 MHz Videobandbreite). Nach CMTT-Bericht 635-1 [3.1]. Summierte Verzerrungs- und Störwerte sind in Tabelle 3–V aufgeführt.

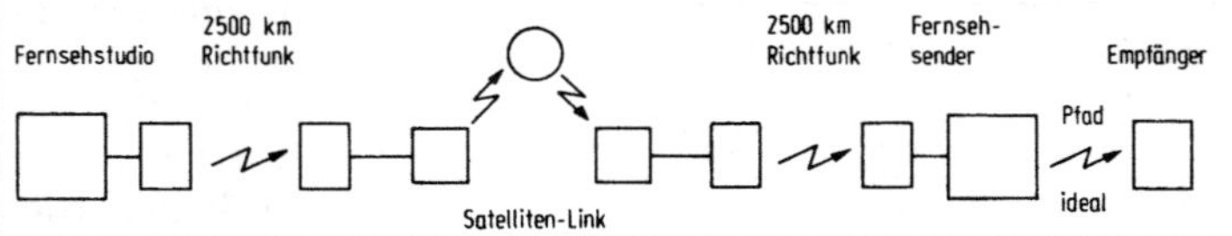

Verzerrungsart (nach CMTT-Empf. 567-1, vgl. Tabelle 3-I), bzw. bewerteter Rauschabstand	Übertragungsabschnitt: Fernsehstudio	2500 km Richtfunk	Satelliten-Link	2500 km Richtfunk	Fernsehsender	Pfad ideal, Empfänger
differentielle Phase in Grad	±5[a]	±5[a]	±4[a]	±5[a]	±5[a]	±6[e]
differentielle Amplitude in %	±5[a]	±10[a]	±8[a]	±10[a]	±10[a]	±10[e]
Chrom.-Lum.-Pegelungleichheit in %	±5[a]	±10[a]	±5[a]	±10[a]	±15[a]	-[c]
Chrom.-Lum.-Verzögerungsungleichheit in ns	±10	±50	±30	±50	±50	±100
bewerteter Rauschabstand in dB	48	56[b]	56	56[b]	--	52[d]

[a] Statistisch schwankende Größen; Werte nicht überschritten während mindestens 80% eines beliebigen Monats.
[b] Wert überschritten während mindestens 80% eines beliebigen Monats.
[c] Es wird angenommen, daß die empfängereigene Verzerrung manuell ausgeglichen wird.
[d] Es wird eine Empfangsfeldstärke von 80 dB(μV/m) und eine Rauschzahl von 10 dB angenommen.
[e] Diese als konstant angenommenen Werte addieren sich quadratisch zur Summe der Quadrate der Werte der übrigen Abschnitte.
[f] Bewertet nach CMTT-Empfehlung 568 (einheitliches Rauschbewertungsfilter, vgl. Abschnitt 3.3.3, Bild 3-10) [3.1].

Tabelle 3–V. Dem Übertragungsweg von Tabelle 3–IV unter Beachtung der Additionsgesetze zugeordnete Gesamtverzerrungs- und -störwerte (maßgebend für Bildqualität).

Verzerrungs- oder Störungsart	Über Teilabschnitte addierte Werte, nach CMTT-Empfehlung 567-1
differentielle Phase in Grad	17[a]
differentielle Amplitude in %	31[a]
Chrominanz-Luminanz-Pegelungleichheit in %	22[a]
Chrominanz-Luminanz-Verzögerungsungleicheit in ns	290[c]
bewerteter Rauschabstand in dB	45[b]

[a] Werte nicht überschritten während mindestens 80% eines beliebigen Monats.
[b] Wert überschritten während mindestens 80% eines beliebigen Monats.
[c] Ungünstigster Fall (durchwegs arithmetische Addition) angenommen.

Aufgrund praktischer Versuche erzielte Farbfernseh-Bildqualitäten (nach fünfstufiger Qualitätsskala, Tabelle 3–VII): Um Note 3,5 (ziemlich gut bis gut). Der drahtlose Pfad zwischen Sender und Heimempfänger wird dabei als ideal vorausgesetzt.

Dabei ist zunächst noch zu beachten, daß Betriebsparameter der geschilderten Art statistische Größen sind, die — im Sinne der Stichprobenrechnung — z. B. über 90% der Zeit mit einer Wahrscheinlichkeit von 95% eingehalten sein können, wogegen die Typenprüfungs- und Abnahmewerte (Spezifikationen der Pflichtenhefte) deterministischen Charakter haben, d. h. nicht vom Zeitpunkt der Durchführung der Messung abhängen dürfen. Man kann z. B. fordern, daß die letztgenannten Daten, was Verzerrungen anbelangt, nur etwa zwei Drittel der später im Betrieb noch tolerierten, vom CMTT empfohlenen, Abschnittswerte betragen sollen.

Da Anlagen oft zehn und mehr Jahre ihren Dienst ohne spürbare Qualitätsminderung versehen sollen, ist dem Unterhalt große Beachtung zu schenken. Empfangsseitig gibt es generell anlagemäßig noch beträchtliche Qualitätsunsicherheiten. Dabei mangelt es eher an Kontrollen als an technischen Richtlinien. Für größere Kabelverteilnetze liegen meist Pflichtenhefte vor. Signalverschlechterungen rühren häufig von drahtlosen Übertragungswegen her (vgl. Kapitel 2).

Moderne Meßpraktiken, z. B. auf unbemannten Stationen

Geräte für Routinemessungen sind oft mit Mikroprozessoren ausgerüstet, welche gestatten, eine

Folge von Meßabläufen im voraus zu programmieren. Auf unbemannten Stationen lassen sich auf diese Weise in wählbaren Zeitabständen automatisch Signalverzerrungen und Geräuschabstände messen und drahtlos oder via Telefonleitung an eine Auswertezentrale weiterleiten, was zu sehr bedeutenden Rationalisierungen führen kann [3.24]. Über ältere Meßpraktiken auf Stationen wird in [3.14] berichtet.

3.5 Meßtechnik im Bereich der Programmausrüstung

Die Meßtechnik der Fernsehprogrammausrüstung umfaßt die Bereiche Studio und Außenübertragung, mit Einschluß lokaler leitergebundener oder drahtloser Zubringerstrecken [3.7–3.13; 3.16–3.18; 3.21; 3.22].

Im folgenden soll zunächst ein grober Überblick über das Gesamtgebiet geboten werden. Hierauf werden Prinzipien der Test-Schaltungsauslegung sowie Meß- und Prüfmethoden aufgezeigt, die z. T. grundlegend für die Breitbandmeßtechnik als solche, im weiteren Rahmen aber bedeutungsvoll für die Studio-Videotechnik sind. Eine Reihe von Prüfsignalen und Meßmethoden sind dabei mit denjenigen der Weitverkehrs-Meßtechnik identisch (vgl. Abschnitt 3.3). Die Darstellung erhebt keinen Anspruch auf Vollständigkeit und beschränkt sich im wesentlichen auf Techniken, wie sie bei Typenprüfungen und Abnahmemessungen Anwendung finden. Geräteentwicklung und -unterhalt können — ganz allgemein in der Fernsehtechnik — viele spezifische zusätzliche Meßmethoden erfordern, auf die im vorliegenden Rahmen nicht eingegangen werden kann.

Ähnlich wie in der Weitverkehrs-Meßtechnik mißt man auch im Fernsehstudio zunächst an genau definierten Videoschnittstellen. Zumindest bei den 625-Zeilen-Systemen sind Studio- und Übertragungsschnittstelle für das zusammengesetzte Bildsignal (FBAS-Signal) identisch (vgl. Bild 3–04). Für Studio-Hilfssignale gelten besondere Normen. Über Synchron-, Austast- und Sonderimpulse (letztere auf CCIR B–G-PAL-Normen bezogen) gibt Bild 3–15 Auskunft. Hinsichtlich Repetitionsfrequenz, Dauer sowie Steig- und Fallzeit der impulsförmigen Signale sei auf CCIR-Bericht 624 (Fernsehnormen) verwiesen [1.1; 0.1]. Die Meßtechnik dieses Abschnitts läßt sich grob gemäß Bild 3–16 gliedern.

Eine detaillierte Behandlung der Meßtechnik würde den Rahmen dieses Buches sprengen. Die nachfolgenden Ausführungen sollen deshalb mehr

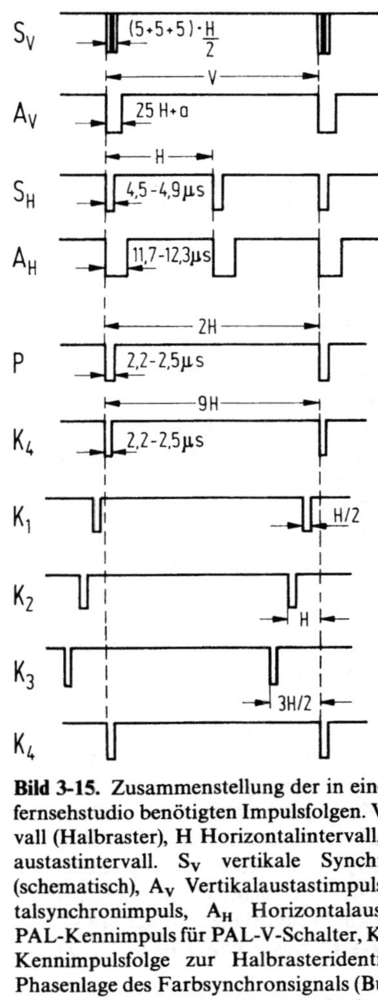

Bild 3-15. Zusammenstellung der in einem PAL-Farbfernsehstudio benötigten Impulsfolgen. V Vertikalintervall (Halbraster), H Horizontalintervall, **a** Horizontalaustastintervall. S_V vertikale Synchronimpulsfolge (schematisch), A_V Vertikalaustastimpuls, S_H Horizontalsynchronimpuls, A_H Horizontalaustastimpuls, P PAL-Kennimpuls für PAL-V-Schalter, K_1 bis K_4 Burst-Kennimpulsfolge zur Halbrasteridentifizierung. Die Phasenlage des Farbsynchronsignals (Bursts) auf ungeraden Zeilen des ersten, zweiten, fünften und sechsten sowie auf geraden Zeilen des dritten, vierten, siebten und achten Halbrasters ist $+135°$; auf den restlichen Zeilen $-135°$. Die Indices 1 bis 4 beziehen sich auf die zeitlich aufeinanderfolgenden Halbraster. — Hilfssignale, die nur innerhalb eines Fernsehstudiokomplexes benötigt werden, sind z. T. international nicht genau festgelegt. Impulssignale dieser Art haben normalerweise einen Pegel von $-4\ V_{ss}$. Synchron- und Austastsignale finden sich im CCIR-Bericht 624-2 [1.1] oder auch in der einführenden Literatur (z. B. [0.1]) genauer spezifiziert.

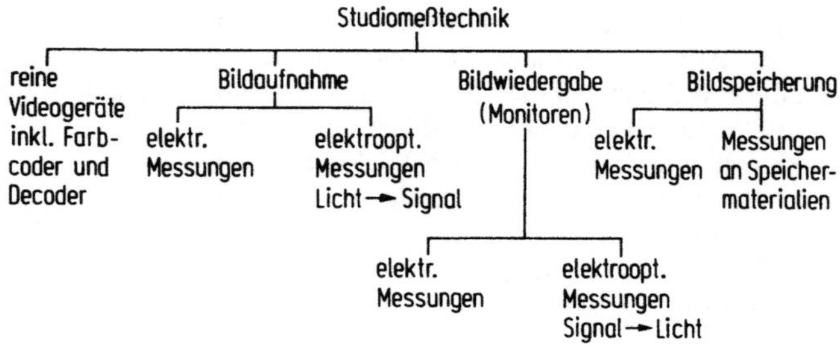

Bild 3-16. Gliederung der Studiomeßtechnik (Übersicht)

auf Wesentliches aufmerksam machen und einige grundlegende Hinweise im Zusammenhang mit solchen analogen Meßpraktiken vermitteln.

3.5.1 Messungen im Videobereich, Toleranzen

Messen linearer Verzerrungen im Frequenzbereich

Breitbandoszillographen haben normalerweise Eingangsimpedanzen von größenordnungsmäßig 1 MΩ ‖ 50 pF. Ähnliches gilt für Röhren-, Transistoren- und Diodenvoltmeter usw. Bei 5 MHz entsprechen 50 pF einer kapazitiven Reaktanz von nur 637 Ω. Man wird also mit derart einfachen Meßanordnungen im Falle von Frequenzgangmessungen bei hohen Videofrequenzen bereits einen nicht ganz zu vernachlässigenden Amplitudengangfehler erhalten. Eine höhere Genauigkeit hinsichtlich linearer Verzerrungen läßt sich bei Verwendung einer Meßsonde gemäß Bild 3–17 erzielen. Dieser sogenannte Gaborsche Spannungsteiler arbeitet bei gleichen Zeitkonstanten der beiden in Kette geschalteten RC-Glieder bis zu hohen Frequenzen verzerrungsfrei. Ein Trimmerkondensator (vgl. Bild) dient zum genauen Abgleich, für den sich ein Rechteckwechsel mit steilen Signalflanken am besten eignet. Üblich sind Spannungsteilungsverhältnisse von 1:10 bis 1:100, mit

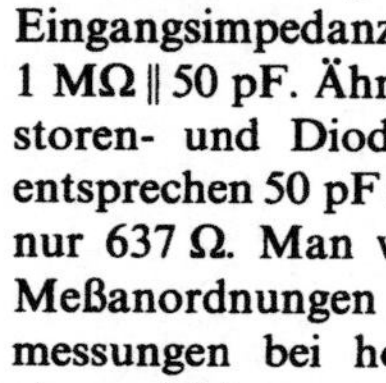

Bild 3-17. Einfacher Gaborscher Spannungsteiler zur Realisierung einer Meßsonde. C_2 parallel zu R_2 entsprechen der Eingangsimpedanz des Meßgeräts. Dimensionierungsvorschrift: $R_1 C_1 = R_2 C_2$, $C_1 \ll C_2$

entsprechend erhöhten Eingangsimpedanzen. Der Spannungsverlust muß naturgemäß durch einen entsprechend leistungsfähigen Vertikalverstärker im Oszillographen wettgemacht werden.

Lineare Phasenfehler $\varphi(\omega)$ werden auch in der Studiotechnik — von Ausnahmefällen abgesehen — nicht direkt, sondern über den Umweg der Gruppenlaufzeit $\tau_g(\omega)$ gemessen. Dabei gilt

$$\tau_g(\omega) = \frac{d\varphi(\omega)}{d\omega} \cong \frac{\Delta\varphi}{\Delta\omega}, \tag{3.12}$$

worin ω die Kreisfrequenz und $\Delta\varphi$, $\Delta\omega$ die Differenzwerte in der praktischen Meßschaltung darstellen. Die Spaltfrequenz $\Delta f = \Delta\omega/2\pi$ entscheidet über das Auflösungsvermögen des Meßgeräts.

In der Studiotechnik — mehr noch als in der Weitverkehrstechnik — sind die zu messenden Vierpole normalerweise bei geringer Nichtlinearität nur mit kleinen Fremdstörungen behaftet. Frequenzgangmessungen können deshalb empfangsseitig fast immer breitbandig durchgeführt werden.

Prinzipiell muß in diesem Zusammenhang aber festgehalten werden, daß eine exakte Trennung der linearen und nichtlinearen Übertragungseigenschaften eine selektive Messung über ein entsprechendes frequenzvariables Filter erfordert, das unerwünschte Harmonische unterdrückt.

Viele moderne Meßgeräte arbeiten nach dem Wobbelprinzip oder steuern den Prüfling nach einem vorgewählten Programm in bestimmter zeitlicher Folge mit Prüfsignalen an, die selbsttätig ausgewertet und über Peripheriegeräte analog oder digital ausgedruckt werden. Dies kann — wie im Übertragungsbereich — auch im Studiobereich zu beträchtlichen Zeit- und Personaleinsparungen führen [3.23].

Messen von Störsignalen (Geräuschen)

Frequenzselektive Schaltmittel werden außerdem benötigt, wenn periodische Geräusche niedrigen

Pegels genau gemessen werden sollen. Auch die Ermittlung von Rauschdichteverteilungen kann nur über Filter erfolgen.

Oft steht man vor der Aufgabe, Geräuschabstände videofrequenter BAS-Signale zu messen. Wünscht man für das Geräuschsignal eine direkte Instrumentenanzeige, muß vorgängig der Messung das B- und A-Signal ausgetastet werden. Für Mittelwertmessungen muß außerdem eine das Tastverhältnis berücksichtigende Korrektur angebracht werden. Auch ist mittels Tiefpaß die Meßbandbreite zu definieren (Bild 3–18; s. auch Bild 3–10).

Geräuschmessungen an BA- wie auch an BAS-Signalen lassen sich bei Verzicht auf höhere Genauigkeit auch mittels eines Breitbandoszillographen durchführen (vgl. Abschnitt 3.3.3). Bei bekannter Rauschdichteverteilung liefert die Substitutionsmethode verhältnismäßig genaue Resultate. Man benötigt dazu einen geeigneten Rauschgenerator mit geeichtem Pegelregler. Gut geeignet für solche Messungen können — bei hinreichendem Dynamikumfang und hohem Eigen-Intermodulationsabstand — auch Spektrumanalysatoren sein.

Bildgebersignale sind fast immer mit dem Bildinhalt überlagerten zeilen- und halbrasterfrequenten Störzeichen behaftet. Solche Flächenstörsignale (shadings) können ihre Ursache in einer nicht ganz homogenen lichtempfindlichen Schicht, einem nicht konstanten Auftreffwinkel des Abtaststrahls, einer vom Ablenkwinkel abhängigen Fleckschärfe oder anderen elektronenoptischen wie auch optischen Unvollkommenheiten haben.

Da Störsignale dieser Art rastergebunden sind,

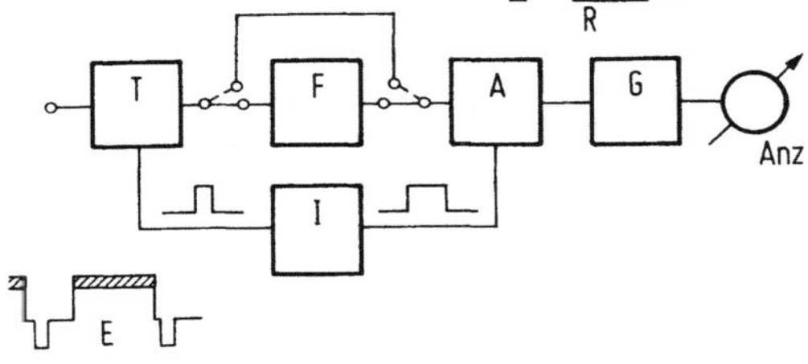

Bild 3-18. Gerät zur Rauschmessung bei vorhandenem Synchron- und Austastsignal (Blockschema). T Trennstufe für Synchron-/Austastanteil; F Tiefpaß mit zuschaltbarem Rauschbewertungsfilter, A Austastung des nicht bildrelevanten Signalanteils, R verbleibendes Rauschsignal, I Impulsaufbereitung, E Eingangssignalgemisch, G Gleichrichter (sofern Anzeigeinstrument Anz nicht auf thermischer Basis arbeitet)

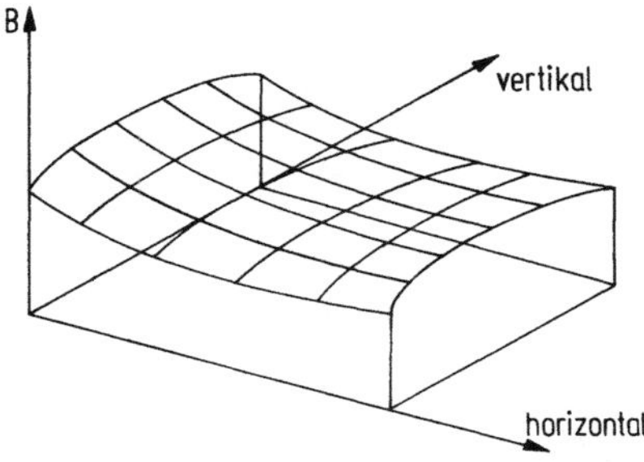

Bild 3-19. Bildgeber: Mögliche flächenmäßige Verteilung des Bildsignalpegels B für eine homogen graue Bildvorlage (meist elektrische Entzerrung nötig)

lassen sie sich durch additive oder multiplikative Überlagerung entsprechender Korrektursignale zum Bildsignal weitgehend beheben. Die Messung solcher Störsignale erfolgt mit Hilfe eines auf die Zeile oder das Halbraster synchronisierten Oszillographen bei schwarzem oder gleichförmig grauem Bildinhalt, horizontal wenn nötig über einen elektronischen Zeilenwahlschalter (Bild 3–19).

Messen von Verzerrungen im Zeitbereich

Signalformung auf Geberseite

Überschwingfreie Signalanstiege definierter Steigzeit lassen sich z.B. mit Hilfe des sogenannten Thomson-Filters erzeugen. Bei angelegtem δ-Impuls resultiert bei diesem Filter am Ausgang eine Kosinusquadratfunktion (Bild 3–20), die als sogenannter 2T-Impuls ($T = 1/2 f_g$; f_g Grenzfrequenz des Fernsehsystems, Videobandbreite) ein wichtiges Meßsignal darstellt (2T in Impulsmitte gemessen). Da der Frequenzbereich eines derart geformten zeitlichen Prüfsignals bei passender Wahl der Parameter energiemäßig praktisch überhaupt nicht über die Grenzfrequenz des Fernsehsystems hinausreicht, haften den gemessenen Ausgangssignalen keine inhärenten, d.h. dem System als solchem zuzuschreibende Verzerrungen an. Um so besser lassen sich Unvollkommenheiten des Übertragungsweges erkennen. Bild 3–21 zeigt Spektren bekannter Prüfsignale auf (vgl. Abschnitte 3.3 und 3.4).

Aufgrund des Faltungssatzes ist leicht einzusehen, daß ein Filter nach Bild 3–20 beim Anlegen eines Einheitssprungs als Signalanstieg ebenfalls mit einer Kosinusquadratfunktion antwortet. Bild 3–22 zeigt den Aufbau eines solchen „Thomson-Filters". Seine Transferfunktion ist verhältnismä-

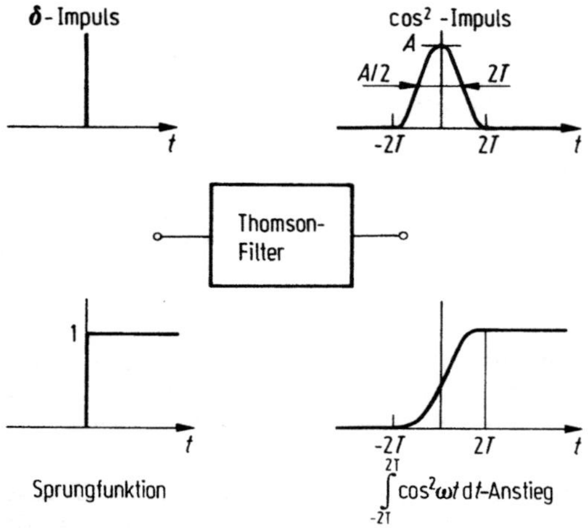

Bild 3-20. Thomson-Filter zur Umformung eines δ-Impulses in einen Kosinusquadratimpuls bzw. eines idealen Sprungsignals in ein Signal mit einem Kosinusquadratanstieg. $T=1/2f_g$, f_g Grenzfrequenz des Fernsehsystems. Für 625-Zeilen-Systeme wird als Impuls-Halbwertsbreite fast einheitlich $2T=200$ ns gesetzt (Ausnahme: Einige Ostblockländer, $2T=160$ ns, vgl. CMTT-Empfehlungen 473-3 und 567-1 [3.1])

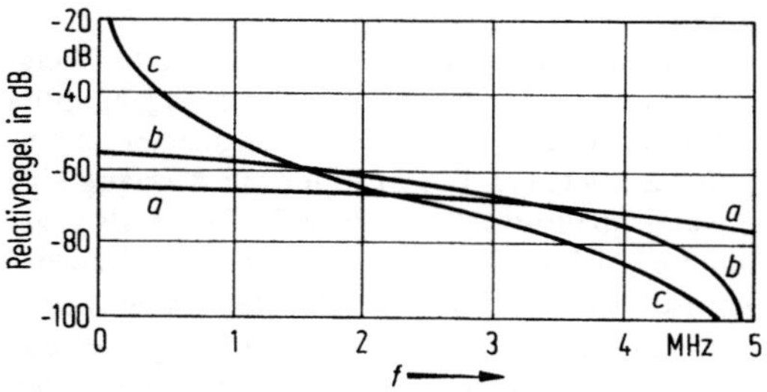

Bild 3-21. Spektren einiger Prüfsignale. *a* T-Impuls (für Übertragungsmessungen nicht verwendet), *b* $2T$-Impuls, *c* $2T$-Kosinusquadrat-Sprungsignal. Bezugspegel: *SS*-Wert des maximalen Leuchtdichtesignals

ßig kompliziert (Glieder der Ordnung 0, 2 und 4 im Zähler, 0 bis 7 im Nenner). Hinsichtlich weiterer Details muß auf einen Artikel von Thomson verwiesen werden [3.7].

Die Impulsverformung durch den Prüfling wird normalerweise nach der im Abschnitt 3.4.1 erwähnten K-Faktor-Methode gemessen. Setzt man einen 2T-Impuls mit voller Amplitude (100%) symmetrisch zum Wert null der Zeitachse, dürfen die zulässigen Amplitudenverzerrungen in Ordina-

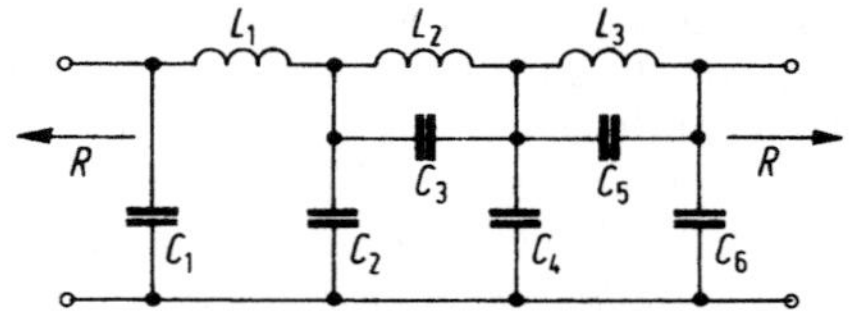

Bild 3-22. Aufbau eines Thomson-Filters zur Erzeugung von Kosinusquadratimpulsen. *R* Quellen- und Abschlußwiderstand, *T* Impulsbreite auf halber Höhe. Bemessung der Schaltelemente (Werte in s, Ω, H, F) [3.7]:

$L_1=0{,}1716\ TR$; $L_2=0{,}2175\ TR$;
$L_3=0{,}2853\ TR$; $C_1=0{,}0881\ T/R$;
$C_2=0{,}1752\ T/R$; $C_3=0{,}1063\ T/R$;
$C_4=1{,}0765\ T/R$; $C_5=0{,}0033\ T/R$;
$C_6=0{,}0776\ T/R$

tenrichtung im Studiobereich z. B. höchstens folgende Werte annehmen ($T=100$ ns):

$t=\pm 800/\pm 400/\pm 200$ ns,
$\delta A=\pm 1/\pm 2/\pm 4\%$

[3.10–3.12] (vgl. Bild 3–08).

Eigenschaften typischer Basisband-Übertragungs- und Meßkanäle

Einfache, allpaßfreie Tiefpaßfilter zeigen mit steigender Frequenz gegen das Bandende hin eine steil ansteigende Gruppenlaufzeit. Dadurch werden die höheren Frequenzen verzögert und es stellt sich beim SW-Sprung ein Nachschwingen ein (engl. ringing, Maximalamplitude bis etwa 20%). Bei geebneter Gruppenlaufzeit (linearer Phase) ergibt sich andererseits praktisch eine Integralsinusfunktion mit symmetrischem Unter- und Überschwingen von je rd. 9% (Bild 3–23).

In den Fernsehstudios wünscht man für den Zeilenrechteckwechsel monotone, praktisch überschwingfreie Videosignalflanken und erreicht dies dadurch, daß man die Amplitudenfrequenzgänge der Videoverstärker oberhalb der Grenzfrequenz des Fernsehsystems nur langsam abklingen läßt. Dies ergibt bis zur Grenzfrequenz einen guten Phasengang. Die Frequenzbandbegrenzung ist im wesentlichen durch die Bildquellen gegeben (Apertur, Aperturkorrektur, Rauschen; vgl. Kapitel 1 sowie [0.1]).

Wechselstromgekoppelte Meßverstärker von Oszillographen müssen für Dachschrägemessungen am Bildrechteckwechsel (vgl. Bild 3–07) vor allem wegen den Phasenverzerrungen eine sehr niedrige untere Grenzfrequenz haben (ein bis einige Hertz,

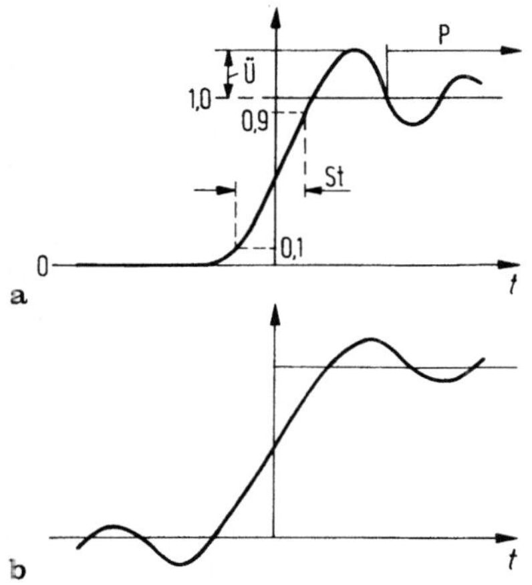

Bild 3-23. **a** Typischer Fall einer Sprungantwort bei nicht laufzeitentzerrtem Tiefpaß mit steiler Filterflanke. St Steigzeit, Ü Überschwingen (bis rd. 20%), P periodisches Ausschwingen; **b** Sprungantwort bei laufzeitgeebnetem Tiefpaß (angenähert Integralsinusfunktion), maximales Unter- und Überschwingen je etwa 9%

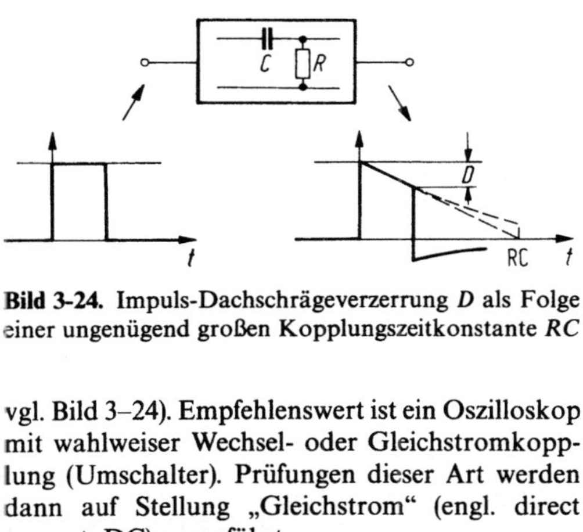

Bild 3-24. Impuls-Dachschrägeverzerrung *D* als Folge einer ungenügend großen Kopplungszeitkonstante *RC*

vgl. Bild 3–24). Empfehlenswert ist ein Oszilloskop mit wahlweiser Wechsel- oder Gleichstromkopplung (Umschalter). Prüfungen dieser Art werden dann auf Stellung „Gleichstrom" (engl. direct current, DC) ausgeführt.

Der Zeilenrechteckwechsel dient im Studiobereich mehr zur Überprüfung der Impulsflanken. In gewissen Fällen, z. B. bei längeren videofrequenten Kabelverbindungen, ist es aber angezeigt, auch dessen Dachschräge zu überprüfen (vgl. Kapitel 2).

Videomessungen auf Kanälen für codierte Farbfernsehsignale

Die hier angewendete Meßtechnik entspricht weitgehend der Weitverkehrs- Prüftechnik von CMTT-Empfehlung 567 (vg. Abschnitte 3.2 bis 3.4). Darüber hinaus wird zur Einpegelung und Überwachung von NTSC- und PAL-Farbcodern ein spezielles Meßgerät — das Vektorskop — eingesetzt (Bild 3–25). Dieses erlaubt eine anschauliche vektorielle Präsentation der modulierten Chrominanzinformation, wenn zur Justierung genau definierte Farbbalkenprüfsignale verwendet werden. Bild 3–26 zeigt das von der Europäischen Rund-

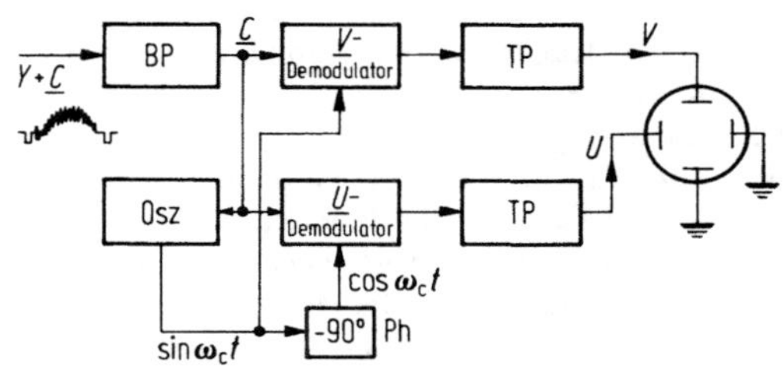

Bild 3-25. Vektorskop zur vektoriellen Darstellung des NTSC- und PAL-Chrominanzsignals auf dem Schirm einer Kathodenstrahlröhre. BP Bandpaß, Osz burstgesteuerter Oszillator, TP Tiefpaß, Ph Phasenschieber; *Y* Leuchtdichte-, *C* Gesamtchrominanzsignal; *U*, *V* Farbdifferenzsignale ($\underline{C} = U - \mathrm{j}\,V$).

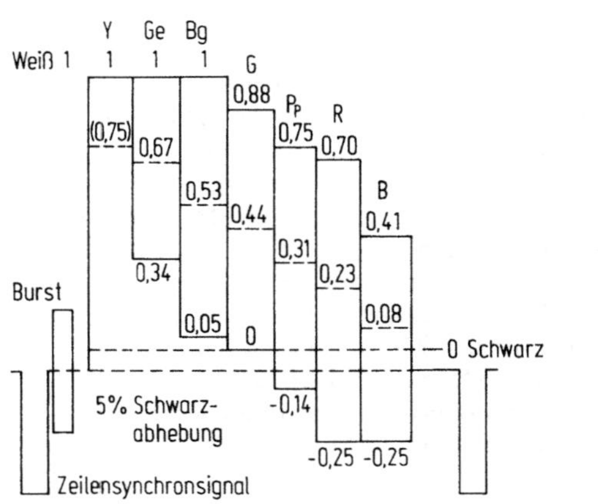

Bild 3-26. Farbbalkenprüfsignal (EBU/UER-Signal) nach CCIR-Empfehlung 471 [3.1]. In der Figur sind zusätzlich eine mögliche Schwarzabhebung sowie das Zeilen- und Burstsignal (PAL) eingetragen. Die Zahlenwerte beziehen sich auf den maximalen Schwarzweißsprung ($Y = 1$) und gelten für Primär- und Komplementärfarben von 100% Sättigung und 75% Amplitude (vgl. Bild 3-03). Die mittlere Stufung bezieht sich auf die den Farben zugeordneten Leuchtdichtewerte. (In Klammern gesetzter erster Wert: Leuchtdichte- (*Y*-) Optionswert anstelle von $Y = 1$). In Großbritannien (CCIR-R-Norm) und Nordamerika (CCIR-M-Norm) sind etwas abweichende Farbbalkensignale üblich

funkunion (UER/EBU) vorgeschlagene Testsignal, das häufig verwendet wird (vgl. CCIR-Empfehlung 471 [1.1]).

Wird auf einem Videokanal codierte Farbinformation übertragen, wirken sich Verzerrungen und Fremdstörungen z.T. ganz anders aus als beim monochromen Fernsehen [0.1], was bereits aus der Prüftechnik der Abschnitte 3.3 und 3.4 hervorgeht. Kritisch sind zunächst vor allem die differentiellen (d.h. leuchtdichtepegelabhängigen) Amplituden- und Phasenfehler, welche das geträgerte Chrominanzsignal verändern (bei NTSC und PAL in Amplitude und Phase); dann aber auch die Pegel- und Laufzeitungleichheiten zwischen Luminanz und Chrominanz, welche bei NTSC und PAL die Farbsättigung und die horizontale zeitlich-örtliche Deckung von Schwarzweiß- und Kolorierungsauszug beeinflussen. Der letztgenannte Fehler ergibt sich auch beim SECAM-System; für die andern erwähnten Verzerrungsarten ist dieses Verfahren weniger empfindlich.

Modulationstiefemessungen an Wandlern

Die Modulationstiefe von Kameras und Filmabtastern wird mit Hilfe von optischen Strichrastern gemessen. Bild 3–27 zeigt einen Ausschnitt aus einem solchen Testbild mit einem typischen zugehörigen Ausgangssignal der Bildquelle. Für Typenprüfungen und Abnahmemessungen haben sich spezielle Prüfvorlagen eingebürgert, worauf hier nicht näher eingegangen sei. Die Modulationstiefe bei hohen Videofrequenzen hängt bei Kameras von Bildröhre und Optik ab. Ein typischer Wert ist 40% bei 5 MHz. Der Aperturkorrekturverstärker ist bei solchen Messungen auf flachen Frequenzgang einzustellen (vgl. Kapitel 1).

Modulationsverzerrungen besonderer Art treten bei Lichtpunktabtastern durch die endliche Nachleuchtzeit der Phosphore in Erscheinung. Bild 3–28 zeigt eine Schaltung zur Kompensation dieses Effekts. Zum Abgleich der verschiedenen Zeitkonstanten dient ein Testbild mit horizontalen Balken gemäß Bild 3–29.

Zur Messung der Modulationstiefe von Bildwiedergaberöhren (Großflächen-, Detailkontrast) sind besondere mechanisch — optische Anordnungen erforderlich, auf die hier nicht eingegangen wird.

Gradationsmessung an Wandlern

Zur Messung der Aussteuerkennlinie von Bildsignalgebern werden ähnlich wie für die Modulationstiefemessungen optische Testvorlagen verwendet. Die Graustufung kann in der Remission bzw. Transmission linear oder logarithmisch sein. Eine diskrete Stufung von z.B. zehn Schritten wird einem kontinuierlichen Verlauf z.T. vorgezogen. Die Transferkennlinie von Wiedergabeanordnungen wird in analoger Weise mit Hilfe eines elektronischen Stufentestsignals und eines Leuchtdichte-

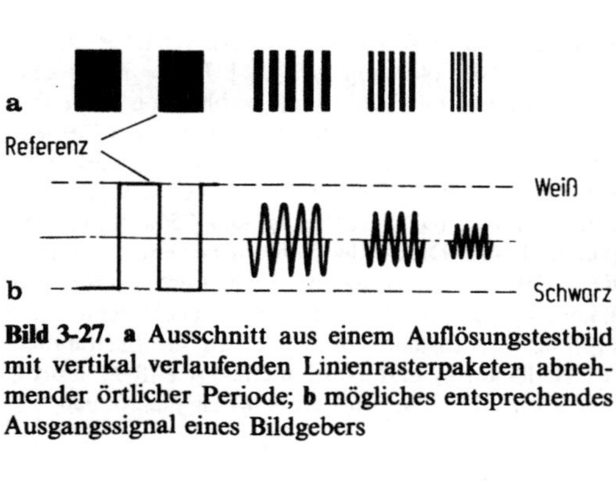

Bild 3-27. **a** Ausschnitt aus einem Auflösungstestbild mit vertikal verlaufenden Linienrasterpaketen abnehmender örtlicher Periode; **b** mögliches entsprechendes Ausgangssignal eines Bildgebers

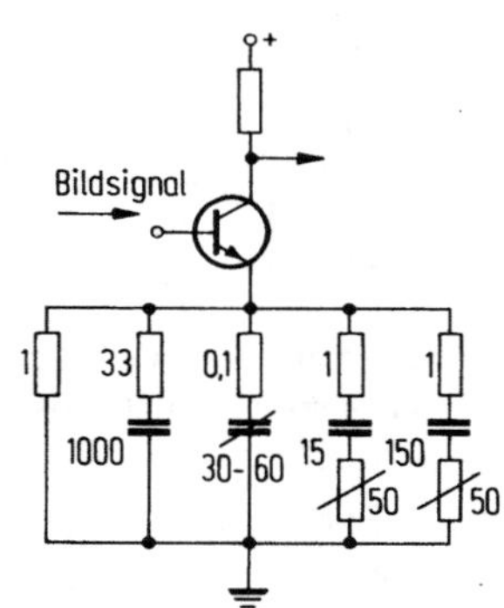

Bild 3-28. Mögliche Schaltung zur Entzerrung des Phosphornachleuchtens in einem Lichtpunktabtaster (nach [0.5]). Werte der Schaltkomponenten in kΩ und pF

Bild 3-29. Balkentestbild zum Abgleich der Phosphor-Nachleuchtkorrektur in Lichtpunktabtastern (vgl. Bild 3-28)

messers mit hinreichend kleinem Meßwinkel ermittelt.

Geometriefehlermessungen an Wandlern

Man hat zunächst zwischen zwei verschieden zu wertenden Arten von Geometriefehlern zu unterscheiden.

Unter allgemeinen Rastergeometriefehlern wird die Abweichung des Rasterelements von der im Idealfall linearen horizontalen und vertikalen Orts-Zeit-Zuordnung verstanden. Die Messung erfolgt bei Bildgebern in der Weise, daß ein optisches Kreuz-Strich-Raster oder eine Vorlage gemäß Bild 3–30 am Bildquellenausgang mit einem entsprechenden elektronisch erzeugten Strichraster verglichen wird. Die Abweichungen vom Sollwert werden in Einheiten der Bildbreite angegeben. Bei Bildwiedergabeanordnungen (Monitoren) vollzieht sich die Prüfung zweckmäßig in der Weise, daß ein als Lichtbild vorliegendes Ringraster-Testbild (Bild 3–30) mit einem Diaprojektor auf den Bildschirm geworfen wird, während der Empfänger gleichzeitig mit einem elektronisch erzeugten linearen Kreuzgitter beaufschlagt ist. Die Abweichungen vom Sollwert können auf dem Bildschirm, der als hinreichend flach vorausgesetzt wird, ausgemessen werden. Das Projektionsobjektiv darf nur geringe Verzeichnungsfehler aufweisen und soll langbrennweitig sein.

Geometriefehler der hier beschriebenen Art sind subjektiv nicht extrem kritisch. Sie manifestieren sich bei der Wiedergabe bekannter geometrischer Formen, wie z. B. Kreisen, sowie bei bewegtem Bildinhalt. Bei Studiogeräten dürfen die Abweichungen nur etwa 1 bis 2% der Bildbreite betragen.

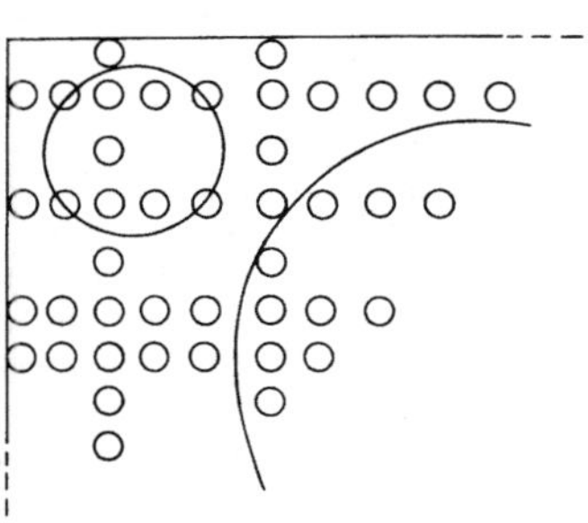

Bild 3-30. Ausschnitt (linke obere Ecke) aus einem Testbild, das zur Prüfung der Ablenklinearität von Bildgebern und Studiomonitoren dient. Näheres siehe Text

Starke magnetische Felder der Wechselstrom-Energieversorgung können die Geometrie der Ablenkung der Bildröhren beeinflussen. Die subjektiven Auswirkungen solcher Störungen hängen in hohem Maße von der Differenz zwischen vertikaler Rasterfrequenz und Netzfrequenz ab („Bauchtanz“).

Ganz anders zu werten sind Rasterdeckungsfehler im Bereich der Aufnahme und Wiedergabe farbiger Bilder. Beim simultanen Farbfernsehen müssen sich sowohl auf Sende- als auch auf Empfangsseite die roten, grünen und blauen Teilraster zur Vermeidung von Farbsäumen genau decken. Die Abweichungen sollten möglichst innerhalb der Dimensionen eines Leuchtdichtebildpunktes liegen. Die Messung kann in der Weise durchgeführt werden, daß man beispielsweise das grüne Raster als Referenz nimmt und die Abweichungen der roten und blauen Teilraster auf dieses bezieht. Innerhalb eines zentralen Kreises, dessen Durchmesser 80 oder 100% der Bildhöhe entspricht, gelten für die Rasterdeckung besonders strenge Vorschriften.

Das Problem der Teilrasterkonvergenz führte auf der Wiedergabeseite in den siebziger Jahren zu verbesserten Farbbildröhrentypen (Schlitzmaskenröhre usw., siehe Kapitel 1), und auf der Aufnahmeseite zu automatischen Bildbreite-, Bildhöhe- und Konvergenzregelungen.

Halbleiter-Flächensensoren weisen im Vergleich zu den Vakuum-Bildaufnahmeröhren den Vorteil auf, daß sie frei von Rasterverzerrungen sind. Ähnliche Vorteile können flache Bildwiedergabeanordnungen bieten.

Ermittlung von Farbabstandswerten

Die Farbtreue einer Farbfernseh-Bildquelle (Kamera, Filmgeber) und -Wiedergabeanordnung läßt sich — zumindest näherungsweise — zahlenmäßig angeben. Bei Gebern verwendet man dazu farbmetrisch definierte einfarbige Bildvorlagen und ermittelt für eine vorgegebene Beleuchtung die Anteile der roten, grünen und blauen Primärfarbensignale. Aus diesen läßt sich durch einen farbmetrischen Rechenprozeß für jedes Muster die Farbabweichung bestimmen. Wiedergabeseitig interessieren beim Farbfernsehen die CIE-Normfarbwerteanteile der Primärfarben. Diese sollen vor allem bei Studiomonitoren, die der Qualitätsbeurteilung dienen, den Nennwerten von Tabelle

1–II im Anhang 1.4.2 möglichst nahe kommen [1.26; 3.21; 3.22; 3.17].

Toleranzen im Bereich der Programmausrüstung

Tabelle 3–IX im Abschnitt 3.7 (Anhang) orientiert u.a. auch ausführlich über Betriebstoleranzen im Bereich eines PAL-Farbfernsehstudios.

Filme und Magnetbänder

Ein kurzer Abriß über Filmsensitometrie findet sich in Abschnitt 1.3. Richtlinien für die Aufbewahrung von Filmen und Magnetbändern sind [3.20] zu entnehmen.

3.6 Messungen im trägerfrequenten Bereich

3.6.1 Sendermeßtechnik

Die Meßtechnik der Fernsehsender ist — was den Modulator mit seiner Signalaufbereitung betrifft — Videomeßtechnik. Darauf soll im folgenden nicht weiter eingegangen werden (s. vorangehende Abschnitte 3.2 bis 3.5).

Messungen über den ganzen Fernsehteil des Senders können bei Restseitenband-Amplitudenmodulation nur über einen definierten Demodulator ausgeführt werden. Es ist sinnvoll, dieses Gerät so auszulegen, daß es dem entsprechenden Teil eines quasi-idealen Heimempfängers nahekommt. Der ideale Verlauf der Sende- und Empfangsfiltercharakteristiken für restseitenband-amplitudenmodulierte Signale geht auf Arbeiten von Nyquist zurück. Man nennt diesen Teil des Empfängers deshalb Nyquist-Demodulator. In den meisten neueren Empfängern wurde die ursprüngliche Enveloppendemodulation durch eine mit Trägerzusatz arbeitende synchrone Demodulation abgelöst, die wesentlich verzerrungsfreier arbeitet, da die Quadraturkomponente kaum noch störend in Erscheinung tritt [0.1; 2.26].

Quadraturkomponenten ergeben inhärente, d.h. dem System anhaftende Verzerrungen. Bei Meßdemodulatoren ist es wichtig, daß man diese von Geräteunvollkommenheiten klar trennen kann. Zu letzteren sind auch allfällig vorhandene Gruppenlaufzeit-Restfehler zu zählen.

In Tabelle 3–VI sind für einige Prüfsignale und den Fall der laufzeitfehlerfreien Enveloppendemodulation für die Fernsehnormen B/G (625 Zeilen, 5 MHz Videobandbreite) die theoretisch zu erwartenden Signalverzerrungen aufgezeigt. Sie sind CCIR-Bericht 404–2 entnommen [1.1], der interessante weitere Information zum vorliegenden Thema beinhaltet.

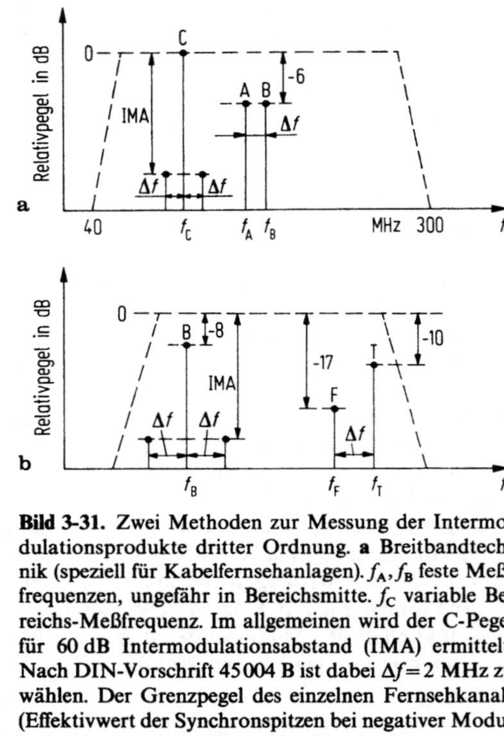

Bild 3-31. Zwei Methoden zur Messung der Intermodulationsprodukte dritter Ordnung. **a** Breitbandtechnik (speziell für Kabelfernsehanlagen). f_A, f_B feste Meßfrequenzen, ungefähr in Bereichsmitte. f_C variable Bereichs-Meßfrequenz. Im allgemeinen wird der C-Pegel für 60 dB Intermodulationsabstand (IMA) ermittelt. Nach DIN-Vorschrift 45004 B ist dabei $\Delta f = 2$ MHz zu wählen. Der Grenzpegel des einzelnen Fernsehkanals (Effektivwert der Synchronspitzen bei negativer Modulation) ist dann bei *n* Fernsehkanälen im Frequenzmultiplexbetrieb in Dezibeleinheiten:

$$U_g = U_{60} - 7{,}5 \lg n .$$

b Kanaltechnik. Hier wird mit den nominellen Trägerpegeln des einzelnen Fernsehkanals gemessen (f_B Bildträger-, f_T Tonträger-, f_F Farbträgerfrequenz; B Bild-, T Ton-, F Farbträgerpegel (NTSC, PAL). Der Intermodulationsabstand IMA sollte z.B. mindestens 54 dB betragen. In Kabelfernsehanlagen werden die Tonträgerpegel — bezogen auf die nominellen CCIR-Pegel (−10, vereinzelt −13 dB für 625-Zeilen-Systeme) — häufig verhältnismäßig stark abgesenkt; es geht hier darum, für die Bild- und Tonqualität einen optimalen Kompromiß zu finden. Nach DIN 45004 K hat Δf 1,1 MHz zu betragen. Als Bezugspegel gilt allgemein der Effektivwert der Synchronspitze des Bildsignals (vgl. z.B. [2.36])

Tabelle 3–VI. Auszug aus CCIR-Bericht 402-2 [1.1]. Einfluß der Quadraturverzerrung auf die Prüfzeilensignale bei Enveloppendemodulation. Die aufgeführten Zahlenwerte gelten für die CCIR-B/G-Normen im Bereich einer Senderaussteuerung von Schwarz (Pegel 73%) bis Weiß (Pegel 10%) und eine idealisiert linear ansteigende Nyquist-Flanke um den Bildträger (Frequenzbereich gemäß Norm ±0,75 MHz). Die Videofrequenzkreise haben im Bereich von 0 bis 5 MHz einen flachen Amplitudengang. Die Verzerrungsangaben in Prozenten beziehen sich auf den nominellen Schwarzweißsprung des Videosignals von 0,7 V_{ss}. Die Prüfzeilensignale finden sich in den CMTT-Empfehlungen 569-1 und 567-1 [3.1].

Signalelement	Parameter	Verzerrung
Schwarzweißsprung via 2T-Impuls-Filter (Bild 3-20), ansteigend oder abfallend	Amplitude des Unterschwingens	3%
	Gruppenlaufzeitfehler auf halber Signalhöhe (voreilend)	69 ns
	Steig- oder Fallzeit (Amplitudengrenzen 10%, 90%)	240 ns
2T-Impuls (Halbamplitudendauer 200 ns)	Amplitudenreduktion	11%
	Halbamplitudendauer	156 ns
	größte negative Echoamplitude	6,7%
20T-Impuls	Grundliniendepression	6%
	Amplitudenreduktion	13,8%
	Phasenverzerrung	5° 50′
Farbbalken, 0,7 V_{ss}	Chrominanz-Spitzenamplitude	92,1%
	Chrominanz→Luminanz-Intermodulation	9,9%
Luminanztreppe	nichtlineare Verzerrung, über Zeile	0%
Luminanztreppe mit überlagerter Chrominanz (ohne oberste Stufe)	differentielle Amplitude	3,7%
	differentielle Phase	0°
	Chrominanz → Luminanz-Intermodulation, nichtlineare Verzerrung über Zeile	4,4%

3.6.2 Intermodulations- und Geräuschmessungen, insbesondere bei Frequenzmultiplexsystemen (CCIR-Normen B/G)

Um die im allgemeinen besonders kritischen Intermodulationsprodukte dritter Ordnung — d.h. Kreuzmodulationsprodukte — zu erfassen, muß mit mindestens drei Träger-Meßfrequenzen gearbeitet werden (vgl. Abschnitt 2.6.2). Zwei in Europa beim Kabelfernsehen (negative Bildmodulation) angewandte Meßmethoden dieser Art sind in Bild 3–31 aufgezeigt (a Breitbandtechnik, b Kanaltechnik).

In Vielkanalsystemen ist es, vor allem in Übersee, auch üblich, bei Quasi-Vollauslastung des Systems zu messen. Man kann dabei so vorgehen, daß man — mit Ausnahme des zu messenden Fernsehkanals — alle Kanäle des Systems mit Nenn-Bild- und Tonträgern beaufschlagt. Solche Verfahren ergeben besonders zuverlässige Resultate, erfordern aber einen beträchtlichen Testaufwand. Bezugspegel ist bei beiden Meßmethoden nach DIN 45004 der Synchronpegel des einzelnen Fernsehkanals (bei Breitbandtechnik entspricht dies dem Hauptsignal).

Intermodulationsmessungen in Kanaltechnik finden auch bei der Prüfung von Fernsehsendern und -umsetzern Anwendung, da bei solchen Anlagen die Endverstärkung fast ausnahmslos für Bild- und Tonsignal(e) gemeinsam erfolgt.

Während Rauschsignale (Effektivwert, unbewertet) bzw. Intermodulationssignale (SS-Wert) im Videobereich auf das maximale Luminanz-Bild-Austastsignal (BA-Signal) bezogen werden (vgl. Ausführungen der vorangehenden Abschnitte), wählt man, wie ebenfalls erwähnt, im geträgerten Bereich bei negativer Bildmodulation den Effektivwert der Synchronspitze als Bezugssignal. Will man in beiden Ebenen durchgeführte Messungen miteinander vergleichen, hat man zahlenmäßig den videofrequenten Abständen beim Rauschen

7 dB und bei Intermodulations- und anderen spitzen-spitzenmäßig gemessenen Störsignalen 16 dB hinzuzufügen (vgl. z. B. [3.15]).

3.7 Anhang

Die Tabellen 3–VII und 3–VIII dieses Abschnitts enthalten Zusatzinformation zur Durchführung subjektiver Bildbewertungen (vgl. Abschnitte 3.1 und 3.2).

In Tabelle 3–IX sind aufgrund englischer Untersuchungen ausführliche Betriebstoleranzwerte für das PAL-Farbfernsehsystem aufgelistet. Die Angaben beziehen sich auf die CCIR-I-Normen, sind aber auch für die CCIR B/G-Normen (europäischer Kontinent usw.) richtungweisend. In diesem Zusammenhang sei auch auf CCIR-Bericht 624–2 (Fernsehsysteme) sowie CCIR-Empfehlung 472–1 (Videofrequente Charakteristiken für den internationalen Farbfernseh-Programmaustausch auf 625 Zeilen) verwiesen [1.1; 3.12].

Tabelle 3–VII. Subjektive Bildbewertungsskalen. Nach CCIR-Empfehlung 500-2 [1.1].

Note	Qualitätsskala		
	Deutsch	Englisch	Französisch
5	sehr gut	excellent	excellent
4	gut	good	bon
3	ziemlich gut	fair	assez bon
2	schlecht	poor	médiocre
1	sehr schlecht	bad	mauvais
	Störskala		
	Deutsch	Englisch	Französisch
5	unsichtbar	imperceptible	imperceptible
4	sichtbar, aber nicht störend	perceptible, but not annoying	perceptible, mais non gênant
3	leicht störend	slightly annoying	légèrement gênant
2	störend	annoying	gênant
1	stark störend	very annoying	très gênant
	Vergleichsskala		
	Deutsch	Englisch	Französisch
+3	viel besser	much better	bien meilleur
+2	besser	better	meilleur
+1	etwas besser	slightly better	un peu meilleur
0	gleich	the same	le même que
−1	etwas schlechter	slightly worse	un peu plus mauvais
−2	schlechter	worse	plus mauvais
−3	viel schlechter	much worse	bien plus mauvais

Tabelle 3–VIII. Angaben zur Durchführung subjektiver Bildbewertungen. Nach CCIR-Empfehlung 500-2 [1.1]. Die Versuche sollten vorzugsweise mit „Nichtexperten" — 10 bis 20 an der Zahl — durchgeführt werden, die vorgängig in die Testmethode einzuführen sind. Es sind die bestgeeigneten der in Tabelle 3–VII aufgeführten Skalen zu verwenden. Etwa fünf Testvorlagen ruhenden Bildinhalts und/oder bewegte Bildsequenzen sind zu bewerten. Die Bildinhalte sollten etwas kritischer als der Durchschnitt sein. Bilder und hinzugefügte Unvollkommenheiten sind dem Betrachter in zufälliger Folge zu präsentieren. Ein Beobachtungsintervall soll nicht länger als etwa eine halbe Stunde dauern. Die objektiven Randbedingungen zur Durchführung der Versuche sind nachstehender Tabelle zu entnehmen. Sie gilt für 50 Halbraster/s.

Symbol	Gegenstand	Zahlenwert
a	Verhältnis Betrachtungsabstand zu Bildhöhe	6[a]
b	Spitzen-Schirmleuchtdichte in cd/m^2	70 ± 10[b]
c	Leuchtdichte des nicht erregten Bildschirms, bezogen auf Spitzenleuchtdichte	$\leq 0{,}02$
d	Schirm-Leuchtdichteverhältnis Schwarz zu Weiß im völlig dunklen Raum	etwa 0,01
e	Umfeldleuchtdichte, bezogen auf Spitzenleuchtdichte des Bildschirms	etwa 0,1[c]
f	restliche Raumbeleuchtung	niedrig[d]
g	Art der Farbe des Umfeldes	Weiß[e]
h	Verhältnis des Raumwinkels des Umfeldes, das die obigen Bedingungen erfüllt, zum Raumwinkel des Bildes	≥ 9

[a] Normalerweise 6, andere Werte sind ausdrücklich zu nennen.
[b] Versuche besonderer Natur können abweichende Leuchtdichten erfordern.
[c] Wenn das Verhältnis größer als 0,1 ist, sollten die Normfarbwertanteile näher bei Normlicht D_{65} liegen[f].
[d] Solange die dritte Vorschrift in obiger Tabelle (Symbol c) erfüllt ist, genügt diese ungenaue Umschreibung.
[e] Nicht sehr kritisch; der Wert sollte zwischen Normlicht A und D_{65} liegen[f]. Man beachte aber Fußnote c.
[f] Vgl. Festlegungen der Commission Internationale de l'Eclairage (CIE) im Internationalen Elektrotechnischen Wörterbuch, Gruppe 45, Nr. 45-15-145. Weitere Literaturstellen z. B. [0.1; 0.10].

Tabelle 3–IX. Betriebstoleranzwerte für das PAL-System (England, Signalausstrahlung gemäß CCIR-I-Norm), von denen angenommen wird, daß sie über etwa 90% der Zeit eingehalten sind. (Näheres s. [3.12].) Die Meßmethoden entsprechen, soweit relevant, der CMTT-Empfehlung 567-1 (vgl. Abschnitt 3.3). Es bedeuten: A ein Coder; B Studioausrüstung (vier Mischer, drei Matrixschalter und normale zusätzliche Geräte); C drei Magnetbandaufzeichnungsanlagen (je eine Aufnahme und eine Wiedergabe); D Gesamttoleranz von A, B und C (Additionsgesetz: quadratisch gemäß Gl. [3.10]; Ausnahme: Parameter 6, 7 und 17; dort nach 3/2-Gesetz entsprechend Gl. [3.11], Abschnitt 3.4.1); E nationale Richtfunkkette; F ein Großsender; G zwei Umsetzer mit De- und Remodulation des Bildsignals, in Kette geschaltet; H Gesamttoleranz von A bis G.

Parameter		Übertragungsabschnitt							
		A	B	C	D	E	F	G	H
1. Frequenzabweichung des Farbträgers[a]	in ± Hz	1	1	1	1	0	0	0	1
2. Maximale Schwankung des Farbträgers	in ± Hz/s	0,1	0,1	0,1	0,1	0	0	0	0,1
3. Phasenfehler zwischen U- und V-Komponente des Chrominanzsignals	in ± Grad	1	0	0	1	0	0	0	1
4. Entsprechender U-/V-Laufzeitfehler	in ± ns	5	0	0	5	0	0	0	5
5. Farbträgerrest bei Schwarzweißsignal	in %	0,5	0,5	0	1	0	0	0	1
6. Chrominanzsignal-Phasenfehler in Austastpegelnähe, bezogen auf Burstphase	in ± Grad	0,5	2	2	2	0	2	3	5
7. Amplitudenfehler zwischen Burst und Chrominanzsignal	in ± %	1	7	6	11	0	5	10	18
8. Fehler in der Burstpaketlänge	in ± ns	230	230	230	230	0	0	0	230
9. Fehler in der mittl. Burstamplitude	in ± %	1	3		3	14	8	14	22
10. Burstamplitudendifferenz bei aufeinanderfolgenden Zeilen	in %	5	5		5	0	0	0	5
11. Startfehler des Bursts, bezogen auf Zeilensynchronsignal	in ± ns	100	100		100	40	35	55	126
12. Abweichung zwischen Einzelburstphase und mittlerer Burstphase	in ± Grad	0,5	0,5		0,5	0	0	0	0,5
13. Rauschen, unbewertet	in dB	70	55	38	38	49	60	40	36
14. Luminanz-Nichtlinearität	in %	1	4	12	14	6	8	13	27
15. Differentielle Amplitude	in ± %	0	6	10	13	8	6,5	13	26
16. Differentielle Phase	in ± Grad	0	6	8	11	8	6,5	13	25
17. Chrominanz-Luminanz-Übersprechen	in ± %	0	2	4	5	9	4	13	21
18. Amplitudenungleichheit Chrominanz/Luminanz	in ± %	2	6	10	12	14	8	14	24
19. Laufzeit-Ungleichheit Chrominanz/Luminanz	in ± ns	5	50	60	78	40	35	55	109
20. Dachschräge Rechteckwechsel	K in %[b]	0,5	2	3	4	3,5	1,5	5	9
21. 2T-Impuls-/Balkenverhältnis[c]	K in %	0,5	2	3	4	2,5	2	4	8

[a] Für die CCIR-B/G-Normen gilt ein Toleranzwert von ±5 Hz.

[b] Bildrechteckwechsel: Siehe Bild 3-07. Für den Zeilenrechteckwechsel ist der K-Wert so definiert, daß im Vergleich zum Bildrechteckwechsel halbe Toleranzen resultieren [3.10] (s. auch Tabelle 3–I).

[c] Vgl. Bild 3-08.

Literaturverzeichnis

Einführende und allgemeine Literatur

0.1 Bernath, K. W.: Grundlagen der Fernseh-System- und Schaltungstechnik. Berlin, Heidelberg, New York: Springer 1982 (Einführungsband zur vorliegenden Ausgabe)

0.2 Schönfelder, H.: Bildkommunikation. Berlin, Heidelberg, New York: Springer 1983

0.3 Theile, R.: Fernsehtechnik. Berlin, Heidelberg, New York: Springer 1973

0.4 Schröter, F. (Hrsg.): Fernsehtechnik I: Grundlagen des elektronischen Fernsehens. Fernsehtechnik II: Technik des elektronischen Fernsehens. Berlin, Göttingen, Heidelberg: Springer 1956 u. 1963

0.5 Dillenburger, W.: Einführung in die Fernsehtechnik, Bd. 1, 4. Aufl. u. Bd. 2. Berlin: Schiele & Schön 1975 u. 1969

0.6 Schönfelder, H.: Fernsehtechnik 1 u. 2 Darmstadt: v. Liebig 1972 u. 1973

0.7 Mäusl, R.: Fernsehtechnik. München: Pflaum 1981

0.8 Mayer, N.: Technik des Farbfernsehens. Berlin: Radio-Foto-Kinotechnik 1967

0.9 Goussot, L.: La télévision monochrome et en couleur. Paris: Eyrolles 1972

0.10 Lang, H.: Farbmetrik und Farbfernsehen. München, Wien: Oldenbourg 1978

0.11 Morgenstern, B.: Farbfernsehtechnik. Stuttgart: Teubner 1977

0.12 Carnt, P. S.; Townsend, G. B.: Colour television, Vol. 1 and 2. London: Iliffe 1961/1969

0.13 McIlwain, K.; Dean, Ch. E.: Principles of color television. New York: Wiley, London: Chapman & Hall 1956

0.14 Zworykin, V. K.; Morton, G. A.: Television, 2nd ed. New York, London; Wiley 1954

0.15 Kirschstein, F.; Krawinkel, G.: Fernsehtechnik. Zürich: Hirzel 1952

0.16 Kerkhoff, F.; Werner, W.: Fernsehen. Eindhoven: Philips 1951

0.17 Doetsch, G.: Tabellen zur Laplace-Transformation und Anleitung zum Gebrauch. Berlin, Göttingen, Heidelberg: Springer 1947

0.18 Jahnke, E.; Emde, F.: Tables of functions with formulae und curves, 4th ed. New York: Dover 1945

Literatur zu Artikel 1

Vorbemerkung: Ausführliche technische Daten über die gängigen Magnetbandaufzeichnungssysteme finden sich in den im Abschnitt 1.3.1.aufgeführten CEI/IEC-Dokumenten.

1.1. CCIR Recommendations and Reports of the XVth Plenary Assembly, Vol. XI, Part 1: Broadcasting service (television). Genf: UIT 1982 (in engl., franz. u. span.)

1.2 Celio, T.: Die photoelektronischen Abtastmethoden in der Technik der Bildwiedergabe. Basel, Stuttgart: Birkhäuser 1975

1.3 Ratheiser, L.; Pichler, H.: Optoelektronik. München: Franzis 1976

1.4 Teichmann, H.: Angewandte Elektronik I: Elektronische Leitung, Elektronenoptik. Darmstadt: Steinkopff 1975

1.5 Heimann, W.: Eigenschaften und Anwendungen von Fernseh-Bildaufnahmeröhren mit Widerstands-Photoschichten. AEÜ 9 (1955) 13–19

1.6 Kuhl, W.: Das Plumbikon, eine neue Fernsehkameraröhre vom Vidikontyp und deren Eigenschaften. Rundfunktech. Mitt. 6 (1964) 223–226

1.7 Holoch, G.; Kaufmann, A.: Vergleich der Eigenschaften von 3-Röhren-Farbkameras mit 3″ Superorthikon bzw. Plumbikon. Rundfunktech. Mitt. 10 (1966) 16–23

1.8 Crowell, H. H.; Labuda, E. F.: The silicon diode array camera tube. Bell Syst. Tech. J. 48 (1969) 1481–1528

1.9 Neuhauser, R. G.: The Saticon color TV camera tube. J. SMPTE 87 (1978) 147–152

1.10 Yoshida, O.: Chalnicon — a new camera tube for color TV use. Jap. Electron. Eng. 10 (1972) 40–44

1.11 van Roosmalen, J. H. T.: Eine neue Konzeption für Fernseh-Kameraröhren. Fernseh- u. Kinotechnik 36 (1982) 291–298

1.12 Kaufmann, A.: Fernsehkameras — Stand der Technik, neuere Entwicklungen. Fernseh- u. Kinotechnik 37 (1983) 140–148

1.13 Groll, H. R.: Moderne Technik der Fernseh-Aufnahme, Bearbeitung und Speicherung. Fernseh- u. Kinotechnik 37 (1983) 95–101

1.14 Koch, R.: Flächenhafte Halbleiter-Bildsensoren. Rundfunktech. Mitt. 27 (1983) 213–224

1.15 Reimers, U.: Auflösungsgrenzen in Fernsehkameras mit Halbleiter-Bildsensoren. Fernseh- u. Kinotechnik 35 (1981) 287–293

1.16 Reimers, U.: Farbfilter-Strukturen für Fernsehkameras mit einem Halbleiter-Bildsensor. Fernseh- u. Kinotechnik 36 (1982) 299–305

1.17 Herbst, H.; Knauer, K.; Koch, R.: CCD und CID — optoelektronische Halbleitersensoren für die Fernsehtechnik. Rundfunktech. Mitt. 21 (1977) 77–86

1.18 Kurzmitt. d. Red. (bol.): Professionelle CCD-Kamera von RCA serienreif. Fernseh- u. Kinotechnik 38 (1984) 186

1.19 Wölber, J.: Dia-Abtaster mit p^2CCD-Zeilen. Fernseh- u. Kinotechnik 33 (1979) 5–9

1.20 Brand, G.: Signalverarbeitung mit analogen Speichern in der Fernsehtechnik. Fernseh- u. Kinotechnik 30 (1976) 81–85

1.21 Kraus, U.: Principien der optischen Farbcodierung in elektronischen Einröhren-Farbkameras. Fernseh- u. Kinotechnik 27 (1973) 387–390, 432–434

1.22 Koubek, M.: Interplex, ein Einröhren-Farbfernsehkamerasystem it hoher Auflösung. Siemens-Z. 49 (1975) 451–456

1.23 Schade, O. H.; Mertz, P.: The resolving-power functions and quantum processes of television cameras. J. SMPTE 77 (1968) 607–609

1.24 Stok, Ph. L.: Ein Farbkamerasystem der 2. Generation für Elektronische Berichterstattung (EB). Rundfunktech. Mitt. 23 (1979) 107–112

1.25 Franken, A.: 18-mm-Plumbiconröhren mit verbesserter Leistung. Rundfunktech. Mitt. 23 (1979) 113–117

1.26 Hisdal, B.: Reproduzierbarkeit und Akzeptierbarkeit der Farbwiedergabe von Fernsehkameras. Fernseh- u. Kinotechnik 38 (1984) 48–52

1.27 Sand, R.: Dreidimensionales Fernsehen. Fernseh- u. Kinotechnik 37 (1983) 321–328

1.28 Fujio, T.: A study of high-definition TV-system in the future. IEEE Trans. on Broadcasting, Vol. BC-24, No. 4 (1978) 92–100

1.29 Wendland, B.: Einführungsstrategien für HiFi-Fernsehsysteme. Fernseh- u. Kinotechnik 35 (1981) 325–332

1.30 Techniken für Fernsehsysteme erhöhter Bildqualität. 15 Vorträge; 2. Dortmunder Fernsehseminar, Sept. 1984. Sonderpublikation, Fernseh- u. Kinotechnik (1984)

1.31 Kimura, E.; Ninomiya, Y.: High definition television broadcast system by a satellite. Television: the journal of the Roy. Telev. Soc. 21 (1984) 202–205

1.32 Laveant, P.: Luminescence des terres rares et télévision couleur. Rev. Tech. Radiodiff. Telev. (TDF) No. 35 (1974) 12–21

1.33 Arp, F.: Der Feinkontrast von Fernseh-Bildröhren. Rundfunktech. Mitt. 3 (1959) 105–113

1.34 Law, H. B.: A three gun shadow-mask color-kinescope. RCA-Rev. 16 (1955) 122–139

1.35 Bruch, W.: Farbbildröhren: Ein Überblick über die wichtigsten Farbfernsehwiedergabeverfahren. Telefunken-Ztg. 38 (1965) 83–105

1.36 Miyaoka, S.: The Trinitron color television tube. Wireless World 12 (1971) 589–592

1.37 Wagner, H. G.: Der Einfluß der Phosphorfarben auf die Farbwiedergabe beim Fernsehen. Fernseh- u. Kinotechnik 9 (1973) 304–306

1.38 Seifert, H.; Stephan, G.: Farbbildröhre A 66-500 X und Ablenkeinheit AEF 1080, Bauelemente eines selbstkonvergierenden Farbfernsehsystems. Tech. Mitt. AEG-Telefunken 65 (1975) 242–249

1.39 Manz, F.: Die 68-cm-Trinitron-Farbbildröhre. Funkschau 48 (1976) 679–680

1.40 Roth, W.: Neuer Eidophor-Projektor für die Großprojektion von Farbfernsehbildern. Fernseh- u. Kinotechnik 7 (1971) 45–50

1.41 Sand, R.: Fernseh-Wiedergabe für größere Zuschauerkreise. Fernseh- u. Kinotechnik 33 (1979) 265–271

1.42 Kurzmitt. d. Red. (Si.): Farbbildröhre mit nur einer Strahlenkanone. Funkschau 51 (1979) 376–377

1.43 Tannas, L. E. Jr.; Goede, W. F.: Flat-panel displays: a critique. IEEE Spectrum (July 1978) 26–32

1.44 Credelle, T. L.: Large-screen flat-panel television: the guided-beam display. Television: the Journal of the Roy, Telev. Soc. 19 (1982) May/June 21–24

1.45 Anderson, Ch. E.; Roizen, J.: A color videotape recorder. J. SMPTE 68 (1959) 667

1.46 Dillenburger, W.: Beitrag zur Wahl des Trägers sowie der Bandbreite im FM-Kanal und zur schaltungstechnischen Gestaltung einer Magnetaufzeichnungsanlage für Fernsehbildsignale. Rundfunktech. Mitt. 3 (1960) 113–129

1.47 Bruch, W.: Das Tripal-Verfahren, Aufzeichnung von Farbfernsehbildern. Funkschau 39 (1967) 563

1.48 Zahn, H.: Gedanken zur Konzeption eines 1″-Studio-Aufnahmesystems nach dem Segmented-Field-Verfahren. Fernseh- u. Kinotechnik 31 (1977) 163–167

1.49 Hathaway, R. A.; Ravizza, R.: The design philosophy of the VPR-1 helical scan machine with automatic scan tracking. Tagungsband, Session E, des 10. Int. Fernsehsymp. von Montreux, E6/1–E6/9

1.50 Hofmann, H.; Schachlbauer, H.: Digitale Time-Base-Correctoren in der Videotechnik. Rundfunktech. Mitt. 21 (1977) 68–76

1.51 Bolewski, N.: Zwei neue Amateur-Aufzeichnungssysteme: Video 2000 und LVR. Fernseh- u. Kinotechnik 33 (1979) 272–276

1.52 Manz, F.: Betamax in PAL-Version. Funkschau 51 (1979) 71–74

1.53 Schultze, R.: Dropout-Störungen bei der magnetischen Videosignalspeicherung. Bild u. Ton 32 (1979) 17–22

1.54 Hedlund, L. V.: Ein computergestütztes MAZ-System nach Standard „C". Fernseh- u. Kinotechnik 35 (1981) 83–90

1.55 Habermann, W.: Die Diskussion um das zukünftige Aufzeichnungsformat für digitale Videosignale — Eine Bestandsaufnahme. Fernseh- u. Kinotechnik 27 (1983) 71–80

1.56 Heitmann, J.: Digitale Videoaufzeichnung — Grundlagen, Standardisierung, Entwicklungen. Fernseh- u. Kinotechnik 38 (1984) 41–47, 85–94

1.57 Heitmann, J.; Loos, R.; Müller, J.: Digitale Videoaufzeichnung — Grundlagen, Standardisierung, Entwicklungen; Teil 3: Ein experimenteller digitaler Videorecorder. Fernseh- u. Kinotechnik 38 (1984) 187–194

1.58 Dickopp, G.; Redlich, H.: Die Bildplatte System TED. Tech. Mitt. AEG-Telefunken 63 (1973) 288–298

1.59 Compaan, K., Kramer, P.: Das Philips „VLP"-System. Philips Tech. Rdsch. 33 (1973) H. 7, 190–201 (Sonderheft mit weiteren Beiträgen über das genannte System)

1.60 Schiess, J.: Das CED-Bildplattensystem. Neue Zürcher Ztg., Forschung u. Technik Nr. 292, 15. 12. 1982, 65

1.61 Staes, K.: Elektronische Maskierung bei Farbfilmabtastern. Fernseh- u. Kinotechnik 32 (1978) 295–299

1.62 Abramson, A.: Picture quality: Film vs. television. J. SMPTE 77 (1968) 613–621

1.63 Theile, R.; Fix, H.; Gondesen, K.-E.: The technical aspects of television program production on film and video tape. J. SMPTE 81 (1972) 273–276

1.64 Brettschneider, B.; Zikesch, W.: Eigenschaften und Bearbeitung der neuen Video-News-Kinefilme. Fernseh- u. Kinotechnik 30 (1976) 359–361

1.65 Ryan, R. T. (Ed.): Principles of color sensitometry. Scarsdale N. Y.: Soc. of Motion Picture and Telev. Eng. 1974

1.66 Holoch; G.: Möglichkeiten zur Verbesserung der Filmwiedergabe im Fernsehen durch Anpassung der Systemparameter mit elektronischen Mitteln. Rundfunktech. Mitt. 26 (1982) 1–9

1.67 Schönfelder, H.: Möglichkeiten der Qualitätsverbesserung beim heutigen Fernsehsystem. Fernseh- u. Kinotechnik 37 (1983) 187–196

1.68 Messerschmid, U.: Digitaltechnik im Fernsehen — Ein aktueller Überblick. Fernseh- u. Kinotechnik 35 (1981) 459–464

1.69 Schönfelder, H.: Nachrichtenreduktion in der Fernsehtechnik. Fernseh- u. Kinotechnik 27 (1973) 3–8, 53–55

1.70 Mayer, N.; Sand, R.: Digitale Verarbeitung von FBAS-Signalen; Zerlegung in die Komponenten und Wiederherstellung ohne Qualitätsverlust. Rundfunktech. Mitt. 25 (1981) 7–11

1.71 Zedler, G.: Quellencodierung für digitale Fernsehübertragung. NTZ 35 (1982) 230–233

1.72 Draheim, P.: Digitaltechnik im Fernsehgerät. NTZ 35 (1982) 96–98

1.73 Jacobsen, M.; Weltersbach, W.: Digitaler PAL-Decoder für Farbfernsehempfänger. NTZ 35 (1982) 524–529

1.74 Schönfelder, H.: Verbesserung der PAL-Bildqualität durch digitale Interframetechnik. Fernseh- u. Kinotechnik 38 (1984) 231–238

1.75 Messerschmid, U.: Bandbreitenreduktion bei der Fernsehübertragung mit Pulscodemodulation durch Verringerung der Abtastfrequenz. NTZ 22 (1969) 515–521

1.76 Stenger, L.: Eine an die Wahrnehmungseigenschaften des Auges angepaßte Pulscodemodulation der TV-Chrominanzsignale. Fernmelde-Ing. 32 (1978) H. 4

1.77 Bacchi, H.; Moreau, A.: Orthogonale Transformation von Farbfernsehbildern in Echtzeit. Philips Tech. Rdsch. 38 (1979) 124–137

1.78 Jaeschke, F.; Ost, J.: Nachrichtenreduktion beim Fernsehen. Fernmelde-Ing. 25 (1971) H. 4

1.79 Wendt, H.: Schmalband-Codierung. NTZ 30 (1977) 245–250

1.80 Burgmeier, J.: Dreidimensionale DPCM mit Entropiecodierung und adaptivem Filter. NTZ 30 (1977) 251–254

1.81 BBC; IBA; BREMA: Broadcast Teletext specification. London, Sept. 1976

1.82 Pilz, F.: Digital codierte Übertragung von Text und Graphik in den Vertikal-Austauschintervallen des Fernsehsignals. Fernseh- u. Kinotechnik 31 (1977) 277–283

1.83 Bernath, K. W.; Bärfuss, Ch.; Klingler, R.: Feldversuche mit Videotext-Systemen in der Schweiz. Münchner Kreis: Elektronische Textkommunikation; Kaiser, W. (Hrsg.) Berlin, Heidelberg, New York: Springer 1978

1.84 Hofmann, H.; Lau, A.: Ergebnisse der Ausbreitungsversuche mit Videotextsignalen nach dem englischen Teletext-Standard über die Fernsehsender von ARD und ZDF. Rundfunktech. Mitt. 23 (1979) 25–36

1.85 Möll, G.: Neue Leistungsmerkmale für einen künftigen Videotextstandard. Rundfunktech. Mitt. 27 (1983) 116–133

1.86 Messerschmid, U.: Videotext in der Bundesrepublik Deutschland — Stand und Ausblick. Fernseh- u. Kinotechnik 38 (1984) 179–185

1.87 TDF: Didon — Antiope; Spécification technique, norme L 1981. Supplement à Radiodif.-Telev. 47 (1982) No. 1

1.88 Messerschmid, U.: Technische Aspekte des Vergleichs der Systeme für Videotext und Bildschirmtext. Rundfunktech. Mitt. 23 (1979) 18–24
1.89 Sonderheft Videotex. Tech. Mitt. PTT (Schweiz) 62 (1984) H. 10

Literatur zum Kapitel 2

2.1 CCIR Recommendations and Reports of the XVth Plenary Assembly, Vol. V: Propagation in non-ionized media. Genf: UIT 1982 (in engl., franz. u. span.)
2.2 CCIR Recommendations and Reports of the XVth Plenary Assembly, Vol. IX, Part 1: Fixed service using radio-relay systems. Genf: UIT 1982 (in engl., franz. u. span.)
2.3 CCIR Recommendations and Reports of the XVth Plenary Assembly, Vol. X and XI, Part 2: Broadcasting satellite service (sound and television). Genf UIT 1982 (in engl., franz. u. span.)
2.4 Fleischer, H. (Hrsg.): Lehrbuch der Fernmeldetechnik, 3. Aufl. Berlin: Schiele & Schön 1973
2.5 Beckmann, P.: Die Ausbreitung der ultrakurzen Wellen. Leipzig: Geest & Portig 1963
2.6 Grosskopf, J.: Wellenausbreitung I u. II. Mannheim, Wien, Zürich: Bibliograph. Inst. 1970
2.7 Heilmann, A.: Antennen I, II u. III. Mannheim, Wien, Zürich: Bibliograph. Inst. 1970
2.8 Brand, H.; Hügli, H.: Fernseh-Empfangstechnik I u. II. Bern, Stuttgart: Tech. Rdsch. 1972 u. 1973
2.9 Thiessen, P.: Über den Einfluß der Geländebeschaffenheit auf die Ausbreitung elektromagnetischer Wellen im Bereich IV. Rundfunktech. Mitt. 8 (1964) 27–38
2.10 Bernath, K.; Brand, H.: Über den Einfluß der Mehrwegeausbreitung auf das trägerfrequente Spektrum des Fernsehsignals. Tech. Mitt. PTT (Schweiz) 35 (1957) 401–412
2.11 Stepp, W.: Die Ausbreitung elektromagnetischer Wellen im Meter-, Dezimeter- und Zentimeterwellenbereich. Rundfunktech. Mitt. 12 (1968) 169–184
2.12 Barsis, A. P.: Radio wave propagation over irregular terrain in the 76- to 9200-MHz frequency range. IEEE Trans. VT-20, No. 2 (1971) 41–62
2.13 Kern, K.: Mathematische Statistik und Wahrscheinlichkeitsrechnung in der Funkübertragungstechnik. Fernmelde-Ing. 19 (1965) H. 4 u. 6
2.14 Méthodes nouvelles d'établissement de plans d'assignation de frequences pour la télévision. Doc. Tech. UER/EBU No. 3080, Bruxelles, 1960 (in engl. u. franz.)
2.15 Tech. data, European VHF/UHF Broadcasting Conf., Stockholm 1961. Genf: UIT 1961 (in engl. u. franz.)
2.16 Propagation ionosphérique des ondes métriques en Europe (télévision en bande I). Doc. Tech. UER/EBU, Vol. I, No. 3214, Bruxelles, 1976 (in engl. u. franz.)
2.17 Site selection for VHF and UHF transmitting stations. Tech. Doc. UER/EBU No. 3104, Bruxelles, 1965 (in engl. u. franz.)
2.18 High-altitude VHF and UHF broadcasting stations. Tech. Doc. UER/EBU No. 3108, Bruxelles, 1968 (in engl. u. franz.)
2.19 Specifications for 625-line television transmitters. Tech. Doc. UER/EBU No. 3106, Bruxelles, 1970 (in engl. u. franz.)
2.20 Kniestedt, J.: Technik der Fernsehsender. Berlin: Schiele & Schön 1975
2.21 Wichmann, L.: Ein 10-kW-Fernsehsender für UHF mit gemeinsamer Bild-/Tonträger-Verstärkung. Radio Mentor Electronic 42 (1976) 380–384
2.22 Heydel, J., Vogt, N.: Fernsehumsetzer. Berlin: Schiele & Schön 1969
2.23 Dambacher, P.; Kislinger, K.: Stereo- und Zweiton-Technik beim Fernsehen. Fernseh- u. Kinotechnik 35 (1981) 273–278
2.24 Bäsig, J.: Zweikanal-Tonübertragung im Fernsehen. Fernseh- u. Kinotechnik 38 (1984) 61–64
2.25 Schwarz, H., Weltersbach, W.: HiFi-Qualität für den Fernsehton. Fernseh- u. Kinotechnik 35 (1981) 279–286
2.26 Schneeberger, G.: Beurteilung und Stand der Fernseh-Tonqualität beim Differenzträger-Tonempfang. Rundfunktech. Mitt. 26 (1982) 106–111
2.27 Carl, H.: Richtfunkverbindungen, 2. Aufl. Stuttgart, Berlin, Köln, Mainz: Berliner Union, Kohlhammer 1972
2.28 Brodhage, H., Hormuth, W.: Planung und Berechnung von Richtfunkverbindungen, 9. Aufl. Berlin, München: Siemens 1968
2.29 Radio-relays for television. Tech. Doc. UER/EBU No. 3110, Bruxelles 1969 (in engl. u. franz.)
2.30 Büchs, J.-D.; Geidel, W.; Heer, R.: Übertragung digitaler Signale auf Richtfunkstrecken. Wiss. Ber. AEG-Telefunken 51 (1978) 191–202
2.31 Klutz, H. J.; Wasser, J.; Zschunke, W.: Digitale Farbfernsehübertragung mit 34 Mbit/s. Fernseh- u. Kinotechnik 31 (1977) 206–210
2.32 Final acts on the World Administrative Radio Conf. for the planning of the broadcasting satellite service in the frequency bands 11.7–12.2 GHz (regions 2 and 3) and 11.7–12.5 GHz (region 1). Genf: UIT (in engl., franz. u. span.)
2.33 Süverkrübbe, R.: Satellitentechnik — Verteiler- und Rundfunksatelliten. Rundfunktech. Mitt. 24 (1980) 72/80
2.34 Satellite broadcasting design and planning of 12-GHz systems. Tech. Doc. UER/EBU No. 3220, Bruxelles, 1976 (in engl. u. franz.)

2.35 Weinlein, W.: Überblick über den Stand der Satellitenrundfunktechnik. Fernseh- u. Kinotechnik 38 (1984) 239/250

2.36 Fiebranz, A.: Großgemeinschafts-Antennenanlagen. Heidelberg: Hüthig 1977

2.37 Rheinfelder, W. A.: CATV system engineering, 4th ed. Slough Berks (Engl.): Foulsham-Tab 1976

2.38 Simons, K.: Technical handbook for CATV systems, 3rd ed. Philadelphia (USA): Jerrold 1968

2.39 Kabelfernsehen. Kommission für den Ausbau des technischen Kommunikationssystems, Arbeitskreis Technik und Kosten. Anlageband 5 zum Telekommunikationsbericht. Berlin: Bundesministerium für das Post- und Fernmeldewesen 1976

2.40 Schmid, H.: Theorie und Technik der Nachrichtenkabel. Heidelberg: Hüthig 1976

2.41 Artbauer, J. (Hrsg.): Kabel und Leitungen. Stuttgart, Berlin: Berliner Union, VEB Verlag Technik 1961

2.42 Kraus, G.; Klupsch, H.: Die statistische Verteilung von Augenblickswert und Amplitude einer Summe von n gleich großen Wechselspannungen mit inkommensurablen Frequenzen. AEÜ 17 (1963) 6.12

2.43 Fiebranz, A.: Berechnungsgrundlagen für Großgemeinschafts-Antennenanlagen. Rundfunktech. Mitt. 18 (1974) 70–77

2.44 Düerkop, P.: Improving the signal quality in CATV networks by system equalizing amplifiers. 13th Int. Telev. Sympos., Montreux. Symp. rec. on CATV-sessions (1983) 223–235

2.45 Krick, W.: Verbesserung der Kabelfernsehübertragung durch ein optimales kohärentes Trägersystem. Rundfunktech. Mitt. 23 (1979) 209–216

2.46 Pickel, H.; Rauth, E.: Neue Kabelfernseh-Systeme. Tech. Mitt. AEG-Telefunken 68 (1978) 276–279

2.47 Brand, H.: Die Belegung von Nachbarkanälen in Fernseh-Gemeinschaftsantennenanlagen. Tech. Mitt. PTT (Schweiz) 56 (1978) 306–314

2.48 Flor, W.: Beurteilung intermodulationsgestörter Fernsehbilder. Rundfunktech. Mitt. 21 (1977) 62–67

2.49 Special issue on interactive broad-band cable systems; div. Autoren. IEEE Trans. COM-23, No. 1 (1975)

2.50 Dombrowsky, R.: Niederfrequente Störbeeinflussung von koaxialen Kabelverbindungen und verschiedene Verfahren zu ihrer Beseitigung. Fernmeldepraxis 38 (1961) 1–7, 267–269

2.51 Gysel, H.: Untersuchungen von Fernsehempfängern mit Blick auf den Betrieb in Kabelverteilanlagen. Tech. Mitt. PTT (Schweiz) 62 (1984) 16–21

2.52 Technische Grundforderungen für die Übertragungsqualität von Gemeinschaftsantennenanlagen. Bern: Generaldirektion PTT 1974. (Erweiterte Neufassung 1985 in Arbeit)

2.53 Zimmermann, R.: Kabelfernsehsysteme, ihre Technik und mögliche neue Nutzungsformen. NTZ 36 (1983) 800-805

2.54 Baack, C.; Elze, G.: Einsatzmöglichkeiten von Lichtwellenleitern in der Fernseh-Übertragungstechnik einschließlich Kabelfernsehen. Fernseh- u. Kinotechnik 36 (1982) 222–226

2.55 Kersten, R. T.: Einführung in die optische Nachrichtentechnik. Berlin, Heidelberg, New York: Springer 1983

2.56 Timmermann, C. C.: Video-Übertragungssysteme mit Glasfasern — Einsatzmöglichkeiten, Realisierung und Grenzen dieser Technik. Fernseh- u. Kinotechnik 32 (1978) 6–10

2.57 Midwinter, J. E.: potential broad-band services. Proc. IEEE 68 (1980) 1321–1327. (Betrifft Glasfasernetze)

2.58 Bauch, H.: Künftige Kommunikationstechnik mit Lichtleitern. NTZ 32 (1979) 150–153

2.59 Lentiez, G.: The Biarritz optical fibre system. 12th Int. Telev. Symp., Montreux. Symp. rec. on CATV sessions (1981) 324–336

2.60 Lange, H.: Übertragung von Fernseh- und Stereotonsignalen über Lichtwellenleiter mit hoher Qualität, 12th Int. Telev. Symp., Monreux. Symp. rec. on CATV sessions (1981) 283–297

2.61 Mogensen, G. E.: High quality transmission of TV on optical trunk and subscriber lines. 12th Int. Telev. Symp., Montreux. Symp. rec. on CATV sessions (1981) 298–307

2.62 Welter, R.; Berger, H.; Guekos, G.; Dill, A.; Sollberger, A.; Steffen, W.: Möglichkeiten und Grenzen der AM- und FM-Übertragung von Fernsehsignalen auf Glasfasern. Tech. Mitt. PTT (Schweiz) 60 (1982) 208–215

2.63 Kanzow, J.: Service-integrated local networks (Optical transmission, broadband switching, ISDN-principles, network structure, integration of telephony and CATV, future broadband services, compatibility with existing CATV networks). 12th Int. Telev. Symp., Montreux. Symp. rec. on CATV sessions (1981) 372–391

2.64 Coyne, J. J.; Tough, G. A.: Elie — An integrated broadband communication system using fiber optics. 13th Telev. Symp., Montreux. Symp. rec. on CATV sessions (1983) 11–15

2.65 Ritchie, W. K.: An integrated services cable-TV network. 13th Int. Telev. Symp., Montreux. Symp. rec. on CATV sessions (1983) 16–26

2.66 Kneisel, E. K.: Ziele, Strategien und Aktivitäten der Deutschen Bundespost für die Einführung optischer Breitband-Nachrichtensysteme im Fernmeldenetz. Fernmeldepraxis 59 (1982) 827–848. (Hinweis: Abschnitt 4, S. 836–844, behandelt das BIGFON-Projekt)

2.67 Bobilin, R. T.: Interframe Picturephone coding using unconditional vertical and temporal subsampling techniques. Bell Syst. Tech. J. 53 (1974) 395–400

2.68 van Buul, M. C. W.; Van de Polder, L. J.: Standards conversion of a videophone signal with 313 lines into a TV signal with 625 lines. Philips Res. Reps. 29 (1974) 413–428

2.69 Wengenroth, G.: Die Codierung von Farbfernseh- und Bildfernsprechsignalen in einem digitalen optischen Teilnehmeranschluß. NTZ-Arch. 4 (1982) 103–107

2.70 Bostelmann, G.: Ein Codex für Bildfernsprechsignale mit subjektiv optimiertem Bewegungsdetektor. Frequenz 33 (1979) 2–8

2.71 Klein, P.: Fernsprech-Bildkonferenz. NTZ 30 (1977) 239–244

Literatur zum Kapitel 3

3.1 CCIR Recommendations and Reports of the XVth Plenary Assembly, Vol. XII: Transmission of sound broadcasting and television signals over long distances (CMTT). Genf: UIT 1982 (in engl., franz. u. span.)

3.2 Küpfmüller, K.: Die Systemtheorie der elektrischen Nachrichtenübertragung, 4. Aufl. Stuttgart: Hirzel 1974

3.3 Dobesch, H.; Sulanke, H.: Zeitfunktionen, Theorie und Anwendung. Berlin: VEB Verlag Technik 1966

3.4 Schwartz, M.: Information transmission, modulation and noise, 2nd ed. New York, Toronto, London: McGraw-Hill 1970

3.5 Natrella, M. G.: Experimental statistics. Washington DC: Nat. Bur. Stand. Handbook No. 91, 1963

3.6 Bernath, K.; Kretz, F.; Wood, D.: The EBU method for organizing subjective tests of television picture quality. EBU Rev. (Technical) No. 186 (1981) 66–75

3.7 Thomson, W. E.: The synthesis of a network to have a sine-squared impulse response. Proc. IEE, Part III, 99 (1952) 373–376

3.8 Wolf, P.: Eine zweckmäßige Erweiterung des Impuls-und Sprungsignals. Rundfunktech. Mitt. 9 (1965) 19–25

3.9 Grosskopf, H.; Wolf, P.: Kritische Bemerkungen zu Vorschlägen für internationale Prüfzeilensignale. Rundfunktech. Mitt. 13 (1969) 148–158

3.10 Weaver, L. E.: Television video transmission measurements. St. Albans (Engl.): Marconi 1973

3.11 Measurement and control. IBA Tech. Rev. No. 1. London: Independent Broadcasting Authority 1972

3.12 Technical reference book. IBA Tech. Rev. No. 2. London: Independent Broadcasting Authority 1977

3.13 Mesures vidéo et correction des circuits vidéo. Doc. Tech. UER/EBU No. 3116, Bruxelles, 1978 (in engl. u. franz.)

3.14 Receiving and measuring stations for broadcasting purposes. Tech. Doc. UER/EBU No. 3102, Bruxelles, 1965 (in engl. u. franz.)

3.15 Osborne, B. W.: Television signal-to-noise ratio before and after demodulation. Radio and Electron. Eng. 47 (1977) 555–561

3.16 Dillenburger, W.: Fernsehmeßtechnik. Berlin: Schiele & Schön 1960

3.17 EBU-Standard for chromaticity tolerances for studio monitors. Tech. Doc. UER/EBU No. 3213, Bruxelles, 1975 (in engl. u. franz.)

3.18 Principes directeurs pour la conception des oscilloscopes de contrôle en télévision, 2ème éd. Doc. Tech. UER/EBU No. 3221, Bruxelles, 1978 (in engl. u. franz.)

3.19 Conditions de visionnage optique des films destinés à la télévision en coleur. Doc. Tech. UER/EBU No. 3091, Bruxelles, 1970 (in engl. u. franz.)

3.20 Conservation des bandes magnétiques et des films cinématographiques. Doc. Tech. UER/EBU No. 3202, Bruxelles, 1974 (in engl. u. franz.)

3.21 Methods of measurement of the colorimetric fidelity of television cameras. Tech. Doc. UER/EBU No. 3237, Bruxelles 1983 (in engl. u. franz.)

3.22 Hisdal, B.: Transformation und Anwendung von Farbabstandswerten für Fernsehzwecke. Fernseh- u. Kinotechnik 38 (1984) 95–99

3.23 Hafranke, H.; Eitz, G.; Schuster, K.: Automatische Überwachung und Korrektur der Übertragungswege im Fernsehstudio. Fernseh- u. Kinotechnik 37 (1983) 291–296

3.24 Löber, G.: Automatische Überwachung der technischen Qualität von Fernsehsendern. Rundfunktech. Mitt. 26 (1982) 180–186

Sachverzeichnis

GPSR Compliance

The European Union's (EU) General Product Safety Regulation (GPSR) is a set of rules that requires consumer products to be safe and our obligations to ensure this.

If you have any concerns about our products, you can contact us on ProductSafety@springernature.com

In case Publisher is established outside the EU, the EU authorized representative is:

Springer Nature Customer Service Center GmbH
Europaplatz 3
69115 Heidelberg, Germany

Batch number: 10683525

Printed by Printforce, the Netherlands